T0224708

Fahrzeugmesstechnik

Dirk Goßlau

Fahrzeugmesstechnik

Grundlagen der Messtechnik und Statistik, Prüfstandstechnik, Messtechnik im Motoren- und Fahrzeugversuch

Springer Vieweg

Dirk Goßlau
Fahrzeugtechnik und -antriebe
BTU-Cottbus-Senftenberg
Cottbus, Deutschland

ISBN 978-3-658-28478-7   ISBN 978-3-658-28479-4   (eBook)
https://doi.org/10.1007/978-3-658-28479-4

Die Deutsche Nationalbibliothek verzeichnet diese Publikation in der Deutschen Nationalbibliografie;
detaillierte bibliografische Daten sind im Internet über http://dnb.d-nb.de abrufbar.

. Verantwortlich im Verlag: Markus Braun
Springer Vieweg ist ein Imprint der eingetragenen Gesellschaft Springer Fachmedien Wiesbaden GmbH und ist
ein Teil von Springer Nature.
Die Anschrift der Gesellschaft ist: Abraham-Lincoln-Str. 46, 65189 Wiesbaden, Germany

Inhaltsverzeichnis

1	**Einleitung**	1
2	**Grundlagen der Messtechnik**	3
	2.1 Kurzer historischer Abriss zur Messtechnik	4
	2.2 Grundbegriffe der Messtechnik	8
	2.3 Grundlegende Messmethoden	9
	2.4 Signale und Signalwandlung	12
	Literatur	15
3	**SI-Einheitensystem, Gleichungen, Einheiten, Darstellungen**	17
	3.1 Internationales Einheitensystem (SI)	17
	3.2 Gleichungen	20
	Literatur	22
4	**Energieprinzip der Messtechnik**	25
5	**Grundbegriffe der Messtechnik**	29
	5.1 Anforderungen an Systeme im Kraftfahrzeug	29
	5.2 Kenngrößen von Messmitteln	32
	5.2.1 Abtasttheorem	32
	5.2.2 Einheitssignale	36
	5.2.3 Statische Kennfunktionen und Kennwerte	38
	5.2.4 Dynamische Kennfunktionen und Kennwerte (Kennlinien)	39
	Literatur	41
6	**Temperaturmessung**	43
	6.1 Einleitung und Übersicht	43
	6.2 Temperatureinheiten und Umrechnungen	48
	6.3 Thermoelement	49
	6.4 Metall-Widerstandsthermometer	56

6.5   Heißleiter/Thermistoren (NTC = Negative Temperature Coefficient) . . .   59
6.6   Montage/Anschluss von Thermoelementen und
       Widerstandsthermometern   60
       6.6.1   Aufbringen auf Oberflächen   60
       6.6.2   Einbringen in Bauteile   61
       6.6.3   Montage in Fluidführungen   65
       6.6.4   Anschluss von Thermoelementen und
                Metall-Widerstandsthermometern   66
       6.6.5   Wheatstone'sche Messbrücke   72
6.7   Strahlungspyrometer   75
6.8   Thermografie, Wärmebildkamera   77
6.9   Weitere Temperaturmessmethoden   80
Literatur   80

7   Dehnungsmessstreifen (DMS)   81
     Literatur   86

8   Druckmessung   87
     8.1   Messprinzip und Grundlagen   88
     8.2   U-Rohr-Manometer   90
     8.3   Federmanometer   94
     8.4   Druckmessumformer   95
            8.4.1   Druckmessumformer mit Dehnmessstreifen-Prinzip
                     (DMS-Prinzip)   96
            8.4.2   Druckmessumformer nach dem piezoresistiven Prinzip   98
            8.4.3   Druckmessumformer mit Dünnfilm-
                     und Dickschichttechnik   99
            8.4.4   Weitere Drucksensoren   99

9   Volumen- und Massenstrommessung   101
     9.1   Physikalische Grundlagen, Wirkdruckprinzip   102
     9.2   Volumenstrommessung   104
            9.2.1   Volumenzähler   105
            9.2.2   Schwebekörper-Verfahren   105
            9.2.3   Magnetisch-Induktive Durchflussmessung (MID)   106
            9.2.4   Ultraschall-Durchflussmessung   108
     9.3   Massenstrommessung   111
            9.3.1   Hitzdraht- und Heißfilmanemometrie   112
            9.3.2   Coriolis-Prinzip   116
     Literatur   118

10   Drehmomentmessung   119
      10.1   Drehmomenterfassung mittels DMS   119
      10.2   Induktive und kapazitive Drehmomenterfassung   121

10.3 Drehmomenterfassung mittels Kraft und Hebelarm 121
10.4 Piezoelektrischer Kraftaufnehmer 122

11 Drehzahlmessung 125
11.1 Optische Drehzahlsensoren 126
11.2 Induktive Signalgeber 127
11.3 Erfassung mittels Wirbelstrom 128
11.4 Hall-Generator 128
11.5 AMR- und TMR-Sensoren 130
Literatur 131

12 Kraftstoffverbrauchsmessung 133
12.1 Heizwertbestimmung 135
12.2 Kraftstoffverbrauchsmessung am Motorenprüfstand 141
12.2.1 Kraftstoffwaagen 141
12.2.2 Kraftstoff-Massenstrommessung nach
dem Coriolis-Prinzip 143
12.2.3 Kraftstoff-Volumenstrommessung mit Hilfsenergie 144
Literatur 145

13 Abgasmessung 147
13.1 Abgasemissionsmessung am Motorenprüfstand 149
13.1.1 Analyse von Kohlenwasserstoffen 149
13.1.2 Analyse von Stickoxiden 152
13.1.3 Analyse von Sauerstoff 152
13.1.4 Analyse von Kohlenmonoxid und Kohlendioxid 153
13.1.5 Ermittlung der Partikelmasse oder –anzahl 154
13.1.6 FTIR-Spektroskopie – Fourier Transform
Infrarot Spektroskopie 156
13.2 Abgasmessung am Rollenprüfstand 159
13.3 Abgasmessung auf der Straße – PEMS/RDE 165
Literatur 167

14 Indizierung 169
14.1 Einleitung 169
14.2 Genereller Aufbau 171
14.2.1 Piezoelektrischer Drucksensor 172
14.2.2 Kurbelwinkelsensor 174
14.2.3 Ladungsverstärker 174
14.2.4 Indiziersystem 177
14.2.5 Mess- und Berechnungsgrößen 178
Literatur 183

15   Motorenprüfstand   185
 15.1   Genereller Aufbau   186
 15.2   Belastungseinrichtung   186
         15.2.1   Elektrische Belastungseinrichtung   187
         15.2.2   Wasserbremsen   188
         15.2.3   Wirbelstrombremsen   190
         15.2.4   Regelungsarten Belastungseinrichtung-
                      Verbrennungsmotor   192
 15.3   Fahrhebelsteller   194
 15.4   Prüfstandsautomatisierung   194
 15.5   Medienkonditionierung   195
 15.6   Gebäude-Infrastruktur   195
 15.7   Schnittstellen   198
 Literatur   199

16   Rollenprüfstand   201
 16.1   Theorie   201
         16.1.1   Abbildung von Straßenlasten auf der Rolle   202
         16.1.2   Ausrollversuche – coast down   206
 16.2   Belastungseinrichtung und Rolle   209
 16.3   Fahrzeugfixierung   209
 16.4   Fahrerleitgerät, Fahrtwindgebläse, Operator   210
 16.5   Zyklen   212

17   Fahrzeugmesstechnik   217
 17.1   Wichtige Sensoren im Serienfahrzeug   217
         17.1.1   Lambda-Sonde   217
         17.1.2   Temperatursensoren   222
         17.1.3   Klopfsensor   223
         17.1.4   Drehratensensor   224
         17.1.5   Lenkradwinkelsensor   228
 17.2   Messtechnik in der Fahrzeugentwicklung und –beurteilung   229
         17.2.1   Grundlagen GPS   230
         17.2.2   Geschwindigkeitsmessung   231
         17.2.3   Lagebestimmung   232
         17.2.4   Radkräfte   233
         17.2.5   Messlenkrad   235
 Literatur   235

18   Bremsanhänger   237
 Literatur   240

19 Windkanal 241
Literatur. 245

20 Statistik und Fehlerbetrachtung 247
20.1 Messfehler 247
20.2 Trennung systematischer und zufälliger Fehleranteile 249
20.3 Korrektur systematischer Messfehler. 251
20.4 Statistische Auswertung. 256
20.5 Messunsicherheit 264
20.6 Anwendungsbeispiel zur Angabe eines Messwertes
mit Messunsicherheit. 267

Formelzeichen und Abkürzungen 271

Stichwortverzeichnis. 275

Einleitung 1

Messen begleitet uns im alltäglichen Leben, ohne dass wir uns dessen immer recht bewusst sind. Sei es z. B. beim Schritt auf die Personenwaage, bei dem wir ganz bewusst einen Messvorgang durchführen oder beim Überholmanöver auf der Landstraße, bei dem wir die Entfernung zum Gegenverkehr sehr gut erfassen, allerdings nicht als Messvorgang wahrnehmen, sondern nur als Pauschalurteil *passt/passt nicht*. Beim Überholmanöver führen wir eine Entfernungsmessung zum Gegenverkehr durch, vergleichen diese mit der für den Überholvorgang benötigten Strecke und entscheiden, ob die Entfernung zum Gegenverkehr, die dieser aufgrund seiner Geschwindigkeit beim Ende des Überholmanövers noch haben wird, ausreicht. Die zum Überholen notwendige Strecke resultiert aus der Geschwindigkeitsdifferenz zwischen eigenem und zu überholendem Fahrzeug und u. U. aus der Beschleunigungsfähigkeit des eigenen Fahrzeugs und wird ebenfalls „berechnet". Diese komplexe mathematische und metrologische (messtechnische) Aufgabe lösen wir unbewusst innerhalb von ein paar Zehntelsekunden. An diesem Beispiel lässt sich schon erkennen, dass das Erfassen vermeintlich einfacher Vorgänge messtechnisch durchaus komplex sein kann.

In diesem Buch werden für die wichtigsten Messgrößen in der Fahrzeug- und Motorenentwicklung Messprinzipien und ausgeführte Messgeräte vorgestellt, dabei wird auch der Aufbau von Motorenprüfständen, Rollenprüfständen und Abgasmessanlagen betrachtet und teils kommentiert. Für die praktischen Ausführungen werden in den ersten Kapiteln die theoretischen Grundlagen geschaffen. Das letzte Kapitel des Buches widmet sich der Einschätzung der Qualität von Messergebnissen.

© Springer Fachmedien Wiesbaden GmbH, ein Teil von Springer Nature 2020
D. Goßlau, *Fahrzeugmesstechnik*, https://doi.org/10.1007/978-3-658-28479-4_1

Grundlagen der Messtechnik

2

Die Messtechnik befasst sich mit Geräten und Methoden zur Erfassung und Darstellung physikalischer Größen als Eigenschaften von Objekten, die den Anwender interessieren. Diese Eigenschaft wird üblicherweise als Produkt aus Zahlenwert und Einheit dargestellt. Zum Beispiel macht eine Temperaturangabe als reiner Zahlenwert 37 keinen Sinn, erst durch den Vergleich mit einer Maßeinheit 37 °C wird daraus eine sinnvolle Angabe. Als Produkt 37 K ergibt sich eine wesentlich andere Aussage über die gemessene Temperatur als bei 37 °C. Messen bedeutet also das Vergleichen der interessierenden Eigenschaft mit einem Normal.

In der Fahrzeugmesstechnik befasst man sich mit speziellen, auf diese Anwendung hin ausgerichteten Geräten. Dazu gehören nicht nur Messgeräte und -größen, die im Fahrzeug eingesetzt werden, sondern auch solche, die sich im direkten Umfeld oder weit entfernt (z. B. GPS-Satelliten, Telemetrie) befinden können. Neben direkten Fahrzeugmessungen (Längs-, Quer- und Vertikaldynamik, etc.) werden auch indirekte Größen ermittelt und ausgewertet (z. B. Kraftstoffverbrauch, Abgas-Emissionen, Temperaturen, Drücke, Lenkwinkel, Körperschall [Klopfsensoren] usw.). In der Fahrzeugentwicklung kommen komplexe Messsysteme, mit denen unter verschiedensten Randbedingungen sehr viele Messgrößen gleichzeitig bei transienten Betriebszuständen erfasst werden, zum Einsatz. Beispiele hierfür sind Motoren- und Rollenprüfstände, Windkanäle und auch Messungen auf der Straße im öffentlichen Verkehr. Hier ist schon erkennbar, dass Messsysteme für Fahrzeugentwickler oft mobil sein und zuverlässig unter widrigen Bedingungen funktionieren müssen. Als Beispiel seien die üblichen Umgebungstemperaturgrenzen in der Fahrzeugentwicklung von −40 °C bis +60 °C genannt, die in entsprechend ausgerüsteten Prüfständen eingestellt werden bzw. bei der Straßenerprobung durch Aufsuchen geeigneter Gelände vorhanden sind. So findet z. B. die Heißlanderprobung oft im Death Valley in den USA sowie in weiteren Gebieten mit ähnlichen klimatischen Verhältnissen statt, die Kaltlanderprobung in Finnland und

© Springer Fachmedien Wiesbaden GmbH, ein Teil von Springer Nature 2020
D. Goßlau, *Fahrzeugmesstechnik*, https://doi.org/10.1007/978-3-658-28479-4_2

Schweden. Weitere Anforderungen werden gleichzeitig an Rüttel- und Schockfestigkeit, Widerstand gegen mechanische Fremdkörper und Feuchtigkeit/Spritzwasser, gegen elektromagnetische Strahlung, aggressive Medien und auch gegen Missbrauch durch den Benutzer gestellt.

2.1 Kurzer historischer Abriss zur Messtechnik

Anfangs diente der menschliche Körper als Vergleichsmaßstab. Übliche Längenmaße waren u. a. Elle, Fuß und Spanne. Für größere Längen wurden Vielfache gebildet, z. B. entsprach ein Doppelschritt etwa 5 Fußlängen, aus 1000 Doppelschritten entwickelte sich das Entfernungsmaß der Meile (aus mille für tausend). Hier wird auch sofort ein Problem deutlich: die Maßeinheiten leiteten sich von körperlichen Gegebenheiten ab, die regional und auch zeitlich unterschiedlich waren. Mit wachsendem Warenaustausch über große Entfernungen wurden Messungen mit festgelegten Einheiten eingeführt. So wurde z. B. die Seemeile in vielen Kulturkreisen unabhängig voneinander als Teil (meist eine Bogenminute) des Äquatorialbreitengrades definiert und war damit bereits vor Jahrhunderten global relativ gut vergleichbar. Trotz Fehlens einheitlicher Normale wurden bereits in der Antike wahre Meisterleistungen beim Messen von Entfernungen und Winkeln vollbracht: Die altägyptischen Pyramiden von Gizeh entstanden etwa um 2650…2500 v. u. Z., also vor etwa 4500 Jahren. Nach [1] betragen die Abweichungen vom rechten Winkel im Grundriss der größten Pyramide zwischen $1''$ und $58''$. Das entspricht $0,000278°… 0,0161°$!

Geschichtliche Meilensteine (Abb. 2.1) (Tab. 2.1):

Abb. 2.1 Moderne Interpretation einer Sonnenuhr

Tab. 2.1 Geschichtliche Meilensteine der Messtechnik

Nippur-Elle (Längennormal) in Mesopotamien	Etwa 3000 v. u. Z.
Sonnenuhr	Nach [2] etwa 1300 v. u. Z. in Ägypten
Kompass mit schwimmender Nadel	Nach [3] etwa 11. Jh. in China
Beweis der Endlichkeit der Lichtgeschwindigkeit durch Ole Rømer, Verfinsterung (Überdeckung) des Jupitermondes Io, Abb. 2.2	1676
Ur-Meter in Paris	1799
Bestimmung der Lichtgeschwindigkeit durch Hippolyte Fizeau	1849
internationale Meterkonvention	1875
Definition der Masse anhand des Kilogramm-Prototyps (Urkilogramm), Abb. 2.3	1889
Messung nichtelektrischer Größen mit elektr. Mitteln	1900
Elektronische Messschaltungen, Abb. 2.4	1920
Einführung des SI durch Umbenennung des mkgs-Systems	1960
Neudefinition der Sekunde (Cs-Schwingungsuhr), Abb. 2.5	1967
Neudefinition des Meters anhand der Lichtgeschwindigkeit	1983
Neudefinition des Kilogramms anhand der Avogadro-Konstante	Ausstehend, in den nächsten Jahren erwartet

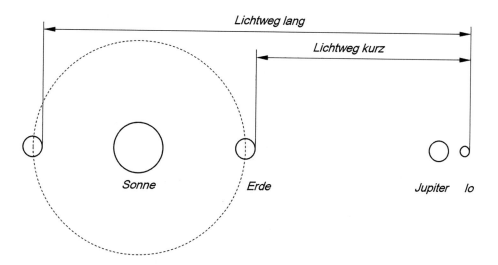

Abb. 2.2 Prinzip zu Rømer, Beweis der Endlichkeit der Lichtgeschwindigkeit

Abb. 2.3 Internationaler
Kilogramm-Prototyp
(Urkilogramm), [4]

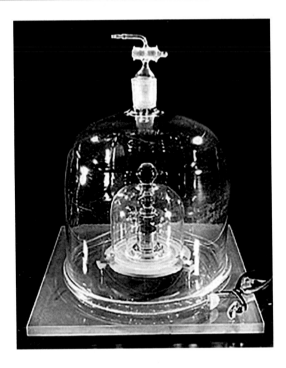

Abb. 2.4 Wheatstonsche
Messbrücke

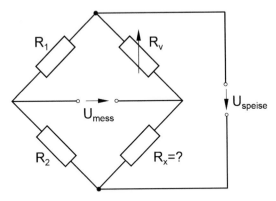

Heute ist ein international gültiges Einheitensystem, das SI (von französisch: Système international d'unités, siehe Abschn. 3.1), gesetzlich festgelegt. Einheiten sind die Grundlage für das Messen, sie definieren eine Größe bzw. Referenz. Es gibt unterschiedliche Einheitensysteme für verschiedene Anwendungen, z. B. in der Landwirtschaft, Finanzwirtschaft, Medizin usw. In der Messtechnik wird auf das SI zurückgegriffen.

Die historischen Einheiten für Länge, Masse und Zeit sind dem menschlichen Erfahrungsraum entsprungen und hatten oft unterschiedliche Grundlagen, sodass es zu Differenzen in ihrer Genauigkeit kam. Beispiele hierfür: Elle, Fuß, Zoll, Lot, Steine, Sonnentage und Monde. Auch zahlenbasierte Einheiten unterschieden sich regional, z. B. 1 Zimmer = 4 Dekaden = 40 Stück oder 1 Zimmer = 5 Dutzend = 60 Stück. Des Weiteren

Abb. 2.5 Atomuhren der PTB Braunschweig, [4]

Abb. 2.6 Braunschweiger Elle aus dem 16.Jahrhundert, heute noch am Braunschweiger Altstadtrathaus zu sehen

erschwerten, neben unterschiedlichen Bezugsmaßen, auch unterschiedliche Zahlensysteme (z. B. 10er-basiert vs. 12er-basiert) die Vergleichbarkeit beim Messen, was sowohl technische Entwicklungen, als auch den Warenaustausch behinderte. Neben dem allgemein üblichen Dezimalsystem (Basis: 10) existiert für Winkel- und Zeitangaben heutzutage noch das abweichende Sexagesimalsystem (Basis: 60), in der Informationstechnologie das Hexadezimalsystem (Basis: 16). Später wurden regionale Referenzkörper öffentlich zugänglich ausgestellt, an denen sich die Bevölkerung orientieren und ihre Messgeräte kalibrieren konnte, siehe z. B. die Braunschweiger Elle in Abb. 2.6. Im SI-Einheitensystem ist das Kilogramm die einzige Einheit, die noch auf diese Weise definiert ist.

Auf der bahnbrechenden Arbeit der Franzosen basierend, wurde um 1875 das „m-kg-s"-System eingeführt. 17 Staaten schlossen sich offiziell diesem System an. Mit dem Beginn des 20. Jahrhunderts wurde das „m-kg-s"-System um viele Spezialeinheitensysteme, die die Behandlung physikalischer Teilgebiete vereinfachen, erweitert. Somit waren auch neue Umrechnungsfaktoren nötig. 1960 wurde auf der 10. Generalkonferenz für Maß und Gewicht das „Systeme international de Poids et Mesures" (SI-Einheitensystem) eingeführt.

2.2   Grundbegriffe der Messtechnik

Die allgemeinen Grundlagen der Messtechnik sind in der DIN 1319 katalogisiert und beschrieben. Folgend sind in Tab. 2.2 kurz die wichtigsten Grundbegriffe aufgeführt.

Tab. 2.2 Grundbegriffe der Messtechnik

Messen:	Experimenteller Vorgang, durch den ein spezieller Wert einer physikalischen Größe als Vielfaches einer Einheit oder eines Bezugswertes ermittelt wird
Eichen:	Prüfen eines Messgerätes unter Berücksichtigung der eichrechtlichen Vorschriften, kann nur unter Aufsicht von staatlichen Eichbehörden durchgeführt werden
Kalibrieren:	Überprüfung von Messgeräten, für die es keiner Einhaltung gesetzlicher Vorschriften bedarf, Messsystem wird auf den Zusammenhang zwischen Eingangs- (Mess-) und Ausgangsgröße geprüft. Dafür wird ein weiteres Messgerät mit deutlich geringerer Messunsicherheit verwendet
Empfindlichkeit:	Änderung der Ausgangsgröße eines Messgerätes, bezogen auf die sie verursachende Änderung der Eingangsgröße
Hysterese:	Merkmal eines Messgerätes, dass der, sich zu ein und demselben Wert der Eingangsgröße ergebende, Wert der Ausgangsgröße, von der vorausgegangenen Aufeinanderfolge der Werte der Eingangsgröße abhängt
Messobjekt:	Träger der Messgröße (Körper, Stoff, elektr. Welle, Energieträger, …)
Messgröße:	Physikalische Größe, deren Wert durch eine Messung ermittelt werden soll
Messwert:	Gemessener Wert einer Größe, Angabe als Produkt aus Zahlenwert und Einheit
Messergebnis:	Einzelner Messwert oder aus mehreren Werten ermitteltes Ergebnis
Messreihen:	Gesamtheit aller Messwerte, die am gleichen Objekt nacheinander ermittelt wurden
Messmittel:	Maßverkörperung, Normale, Messgerät
Messgegenstand:	Messbare Eigenschaft eines Körpers
Messeinrichtung:	Konstruktion, die Messaufnehmer, Messverstärker, Wandler, Anzeige- und Ausgabegeräte, usw. beinhaltet
Messmethode:	Allgemeine Regel zur Durchführung einer Messung, nicht an physikalisches Prinzip gebunden
Differenzmethode:	Messgröße (oder Abbildungsgröße) wird einer Vergleichsgröße gegenübergestellt, Voraussetzung: Vergleichsgröße = konstant (z. B. Messschieber, Längenmaßstab)
Messprinzip:	phys. Prinzip (charakteristische Einheit), das für Messung genutzt wird
Messverfahren:	Anwendung einer Messmethode unter Nutzung eines Messprinzips
Messunsicherheit:	Kennwert, der sich aus Messung und deren Auswertung ergibt und den Wertebereich des wahren Wertes beschreibt (Maß für die Genauigkeit, oft auch Unsicherheit genannt, ungleich der Messabweichung)
Messabweichung:	Differenz zwischen Messwert/Messergebnis und wahrem Wert
Messbereich:	Derjenige Bereich von Werten der Messgröße, für den gefordert wird, dass die Messabweichungen eines Messgerätes innerhalb festgelegter Grenzen bleiben

2.3 Grundlegende Messmethoden

Direkte Messung
Messgröße wird direkt mittels Normal verglichen, z. B. Messschieber oder Stahllineal, siehe Abb. 2.7

Indirekte Messung
Messgröße ist nicht direkt ermittelbar, geschieht mit Hilfe einer anderen Größe, z. B. Flüssigkeits-Ausdehnungsthermometer in Abb. 2.8

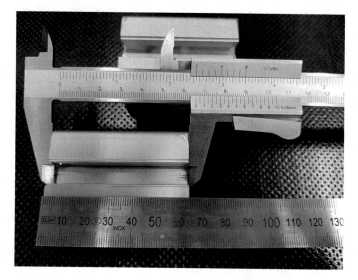

Abb. 2.7 Direkte Längenmessung mit Messschieber und Stahllineal

Abb. 2.8 Indirekte Temperaturmessung mittels Flüssigkeits-Ausdehnungsthermometer

Abb. 2.9 Ausschnitt der
Winkelmarkenscheibe eines
Kurbelwinkel-Aufnehmers

Inkrementale Messung

Messgröße wird durch Addition oder Subtraktion von Inkrementen zum Bezugspunkt ermittelt, z. B. Winkelmessung mittels Abtastung aufgebrachter Markierungen, siehe Abb. 2.9.

In der Fahrzeugmesstechnik kommen direkte Messverfahren äußerst selten zum Einsatz, nahezu alle Messaufgaben in der Fahrzeugentwicklung und auch bei Serienfahrzeugen bedingen indirekte oder inkrementale Messungen. Gründe dafür sind einerseits die Anforderungen an die Genauigkeit bzw. Messunsicherheit und andererseits die notwendige Weiterverarbeitung und Speicherung der Signale.

Um eine interessierende Eigenschaft eines Messobjektes zu bestimmen, ist eine sogenannte Messkette notwendig.

Die menschlichen Sinnesorgane sind nur zur groben Ermittlung von Messdaten verwendbar, außerdem erfassen unsere Sinne nur wenige Größen in begrenzten Bereichen. Deshalb gibt es in der Technik Messeinrichtungen für die verschiedensten physikalischen Effekte, die einerseits deutlich genauer sind als die menschlichen Sinne und andererseits Effekte erfassen, die den menschlichen Sinnesorganen nicht zugänglich sind. Diese Messeinrichtungen bestehen immer aus mehreren einzelnen Elementen, mindestens aber aus drei Geräten: Aufnehmer, Anpasser und Ausgeber.

Der Aufnehmer entnimmt dem Messobjekt die relevante Information und formt, unter Ausnutzung eines physikalischen Effekts, die Messgröße in ein entsprechendes Messsignal um. Eine weitere wichtige Aufgabe des Aufnehmers ist es, Auswirkungen eventueller Störgrößen zu minimieren, idealerweise zu eliminieren. Aufnehmer sollte man nicht, wie oft üblich, als Geber bezeichnen. Beispiel: Ein piezoelektrischer Druckaufnehmer gibt ein elektrisches Messsignal aus. Er ist demzufolge kein Druckgeber. Ein Temperaturaufnehmer für die Kühlmitteltemperatur kann z. B. ein Thermoelement sein, das aufgrund der Temperaturdifferenz zum Vergleichspunkt eine thermoelektrische Spannung erzeugt, also eine elektrische Größe statt der Temperatur ausgibt.

Aufnehmer unterteilen sich in zwei Gruppen und werden dabei als aktive oder passive Aufnehmer bezeichnet. Aktive Aufnehmer entnehmen ihre Energie, die zur Aufnahme und Übermittlung des Messsignals erforderlich ist, dem Messobjekt. Passive Aufnehmer benötigen eine Hilfsenergiequelle, um ein Messsignal auszugeben. Aufnehmer können auch aus mehreren Einzelelementen bestehen, die Messglieder genannt werden. Das Messglied, das unmittelbar die Messgröße erfasst, wird als Fühler bezeichnet. Beispiel: Die Lötstelle zwischen den zwei Drähten ist der Fühler eines Thermoelementes.

Der Ausgang des Aufnehmers ist mit dem Eingang des Anpassers verbunden. Das Messsignal wird im Anpasser umgeformt, um es für das nachgeschaltete Ausgabegerät entsprechend aufzubereiten. Aufwendige Messeinrichtungen beinhalten oft auch mehrere Anpasser hintereinander. Je nach Aufgabe werden die Anpasser in verschiedene Gerätetypen unterteilt:

Messverstärker
Die Energie des Eingangssignals steuert einen Hilfsenergiestrom, dieser erzeugt ein leistungsfähiges Ausgangssignal.

Messumformer
Ein analoges Messsignal wird in ein Ausgangssignal umgewandelt (eindeutiger Zusammenhang zwischen beiden Signalen, z. B.: Faltenbalg ist Druck-Kraft-Wandler).

Messwandler
Eingangs- und Ausgangssignal gleicher physikalischer Einheit, keine Hilfsenergie (P = konst.) (z. B. mechanischer Tachometer).

Messumsetzer
Eingangs- und/oder Ausgangssignal sind digital (Analog-Digital-Umsetzer, Digital-Analog-Umsetzer, Code-Umsetzer). Die Eingangssignale können mittels Rechengeräten verarbeitet werden. Hier können unterschiedliche Operationen durchgeführt werden, um Ausgangssignale zu bilden (Abb. 2.10).

Messumsetzer werden hinsichtlich ihrer mathematischen Operationen unterschieden in
Verknüpfungsgeräte, Funktionsgeräte und Zeitgeräte, (Tab. 2.3). Müssen beim Übertragen der Messsignale große Entfernungen zurückgelegt werden, kommen Telemetriegeräte (Funk, Bluetooth usw.) zum Einsatz. Sie sind auch bei bewegten Messelementen

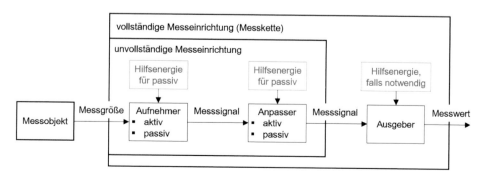

Abb. 2.10 Allgemeiner Aufbau einer Messeinrichtung

Tab. 2.3 Typen von Messsignal-Umsetzern

Verknüpfungsgeräte	Bilden aus zwei oder mehreren Eingangssignalen ein Ausgangssignal. Dies geschieht durch Additions-, Subtraktions-, Multiplikations- oder Divisionsoperationen
Funktionsgeräte	Bilden aus dem Eingangssignal eine mathematische Funktion. Dabei wird das Signal quadriert, radiziert, logarithmiert oder mit anderen Potenzfunktionen bearbeitet
Zeitgeräte	Ausgangssignale werden nach einer Zeitfunktion des Eingangssignals abgebildet, z. B. Differenzieren, Integrieren, Ermitteln einer Beschleunigung aus dem Verlauf der Geschwindigkeit

oder bei Messungen in lebensgefährlichen Bereichen sinnvoll. Besonders relevant sind sie beim Transfer von Daten von Fahrzeugen, Flugzeugen, Schiffen, Raumfahrzeugen und von schwer zugänglichen, hitze- oder strahlungsbelasteten Orten, z. B. Datenübermittlung zwischen Fahrzeug und Box in der F1, Reaktorüberwachung im Kernkraftwerk. Aber auch im täglichen Umgang finden wir Telemetrie, z. B. bei der heimischen Wetterstation.

Alle Anpasser benötigen für ihre Aufgabe eine Hilfsenergie (Ausnahme: Wandler). Das Ausgangssignal des Anpassers wird an den Ausgeber übertragen und dort der interessierende Messwert gebildet. Varianten sind Sichtausgeber und indirekte Ausgeber, wobei letztere nur mit weiteren Hilfsmitteln zu erfassen sind. Beispiele hierfür sind allgemein Datenträger. Sichtausgeber sind Oszilloskope, Digitalanzeigen, Zähler, Schreiber, Monitore usw.

Wird die Messkette jedoch nach dem letzten Anpasser unterbrochen und dessen Ausgangssignal ohne Ausgeber an eine weiterverarbeitende Einrichtung übergeben, spricht man von einer unvollständigen Messeinrichtung.

2.4   Signale und Signalwandlung

In der Messtechnik hat der Begriff Signal folgende Bedeutung: Ein Signal ist eine Zeitfunktion, die eine physikalische Größe mit dem Parameter I trägt. Es kann vom elektrischen Strom, von der elektrischen Spannung, von einem Fluid oder einer elektromechanischen Welle getragen werden.

Messsignale stellen Messgrößen im Signalflussweg einer Messeinrichtung durch zugeordnete physikalische Größen gleicher oder mehrerer Art dar, definiert die VDE 2600.

Bei Signalen unterscheidet man nach dem Wertevorrat des Parameters I (analog oder diskret), nach der zeitlichen Verfügbarkeit (kontinuierlich oder diskontinuierlich), nach der Modulationsart (frequenz- oder amplitudenmoduliert) oder nach anderen Merkmalsklassen.

Signalwandlung
Bei der Signalwandlung unterscheidet man zwischen der Wandlung der Signalform und der Veränderung des Informationsparameters. „Zerhackt" man zeitlich konstante Signalpegel, spricht man von der Wandlung der Signalform. Dabei bleibt die Amplitude, also

der Informationsparameter, erhalten. Verändert man den Informationsparameter, liegen die Gründe oft darin, Störwirkungen auf das Signal zu vermeiden. Mittels Modulation oder Nutzung der Frequenz als Informationsparameter kann dies umgesetzt werden.

Frequenzanaloge Signale

Störungen treten meist im Amplitudenbereich auf, weshalb der unempfindlichere Informationsparameter Frequenz genutzt wird.

Modulation

Auf ein Trägersignal wird ein zu übertragendes Signal oder eine Information aufgeprägt. Amplituden- (AM), Frequenz- (FM) oder Phasenmodulation (PM) werden bei sinusförmigen Trägern genutzt. Bei Impulsfolgen sind die Impulsfolgen-, Pulsamplituden-, Pulsfrequenz-, Pulsphasen- und Pulsdauermodulation gebräuchlich.

Analog/Digital- und Digital/Analog-Umsetzer

Analog/Digital- (ADU) und Digital/Analog-Umsetzer (DAU) transferieren Signale aus dem Analogen in die digitale Rechentechnik und aus dem digitalen Wertebereich in den quasianalogen Bereich. Ein digitaler Wert besteht aus einer bestimmten Bitkombination und seine Bitanzahl bestimmt die Anzahl unterscheidbarer Werte.

Abb. 2.11 zeigt die Graphen einiger Signalarten.

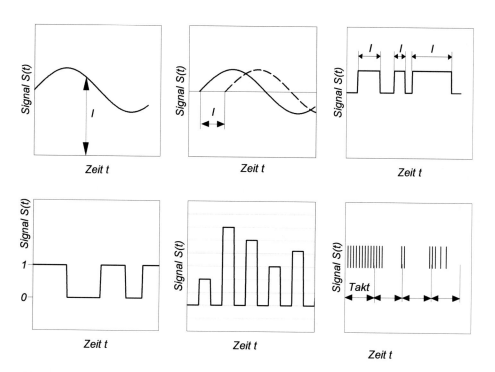

Abb. 2.11 Signalarten

Um in einer Messkette, in der elektronische Bauteile oder Messgeräte vorhanden sind, Signalauswertungen durchführen zu können, muss das meist analoge Signal (in der Natur gibt es keine digitalen Vorgänge) in ein digitales umgeformt werden. Dazu dienen die Analog/Digital-Umsetzer, welche ein analoges Eingangssignal in ein digitales Ausgangssignal wandeln.

Als Quantisierung bezeichnet man den Vorgang, einem bestimmten Analogwertebereich einen Digitalwert zu geben. Der Vorgang kann jedoch nicht völlig fehlerfrei ablaufen und es entstehen die sogenannten Quantisierungsfehler, siehe dazu auch Abschn. 20.1.

Beispiel Parallel - A/D - Umsetzer

Diese Bauart, auch Flash-Wandler genannt, ist der einfachste ADU-Typ. Das analoge Eingangssignal wird mit verschiedenen Referenzspannungen verglichen. Jeder mögliche Ausgangswert (Auflösung) besitzt einen Komparator (Spannungsvergleicher). Wegen des Aufwands werden sie nur bei geringen Auflösungen verwendet. (z. B.: 8 Bit entspricht einer Komparatoranzahl: $2^8 - 1 = 255$)

Sensorsysteme werden zunehmend digitalisiert. Heute wird, anstelle von Sensoren mit analoger Signalauswertung, das elektrische Signal eines Sensors digitalisiert und dann beispielsweise an einen Mikrocontroller geleitet, der es weiterverarbeitet. Zwei Verfahren haben sich hier durchgesetzt. Zum einen wird das Sensorsignal direkt mit einem ADU gewandelt und mithilfe des Datenbusses an den Mikrocontroller übermittelt. Dies hat jedoch den Nachteil, dass es sehr kostenintensiv ist, da mehrere ADU benötigt werden. Eine weitere Möglichkeit bietet die Verwendung von analogen Multiplexern. So werden die Sensorsignale zeitlich versetzt in einen ADU weitergeleitet. Diese Variante wird bei Messungen genutzt, bei denen das Signal geringe zeitliche Schwankungen erfährt. Vorteil: geringe Kosten.

Wichtige Normen

DIN 5483	Zeitabhängige Größen
DIN 5478	Maßstäbe in grafischen Darstellungen
DIN 43802	Skalen und Zeiger für elektrische Messinstrumente
DIN 43780	Genauigkeitsklassen von Messgeräten
DIN 43710	Thermospannungen und Werkstoffe der Thermopaare
DIN 40110	Wechselstromgrößen
DIN 40108	Gleich- und Wechselstromsysteme
DIN 1333	Zahlenangaben
DIN 1319	Physikalische Größen und Gleichungen
DIN 1304	Formelzeichen
DIN 1301	Einheiten
VDE 2600	Metrologie
VDE 0418	Bestimmungen für Elektrizitätszähler

VDE 0414	Bestimmungen für Messwandler
VDE 0411	Bestimmungen für elektronische Messgeräte und Regler
VDE 0410	Bestimmungen für elektrische Messgrößen

Literatur

1. Stadelmann, Rainer. Die ägyptischen Pyramiden : vom Ziegelbau zum Weltwunder. Mainz : Verlag von Zabern, 1997
2. https://aegyptologie.philhist.unibas.ch/fileadmin/user_upload/aegyptologie/Forschung/Projekte/King_s_Valley/NZZ_Webpaper_2014.pdf
3. Joseph Needham: *Science and civilisation in China*. Vol.4, Pt.3: *Civil engineering and nautics*. Cambridge Univ. Press, Cambridge 1971
4. PTB Braunschweig (Physikalisch Technische Bundesanstalt)

SI-Einheitensystem, Gleichungen, Einheiten, Darstellungen

3

3.1 Internationales Einheitensystem (SI)

Das System Internationale d'unites, kurz SI-System genannt, ist ein metrisches, dezimales System und definiert sieben Basiseinheiten. Es werden nur „harte" Größen, also physikalisch vorhandene, beschrieben. Nichtphysikalische Größen (z. B. aus der Wirtschaftslehre) werden hierbei nicht beachtet. Die Verwendung von SI-Einheiten ist in der EU sowie weiteren Ländern gesetzliche Pflicht. Das SI wird kontinuierlich gepflegt und weiterentwickelt. Gesetzlich bindend sind die Veröffentlichungen des *Bureau International des Poits et Mesures,* siehe [1], und zwar in der Originalsprache Französisch (für englische Texte wird in der URL die Länderkennung *fr* durch *en* ersetzt). Deutsche Übersetzungen und Kommentare werden regelmäßig von der Physikalisch Technischen Bundesanstalt in Braunschweig herausgegeben und sind auf den Netzseiten der PTB [2] einseh- und herunterladbar (Tab. 3.1).

Die einzige von den anderen Basiseinheiten unabhängige Basiseinheit ist die Temperatur, alle anderen Einheiten stehen zueinander in Bezug. So ist z. B. die Definition der Stromstärke abhängig von der Länge und, über die Kraft, von der Zeit und der Masse.

Die einzige, nicht durch physikalische Vorgänge beschriebene Basiseinheit ist das Kilogramm. Es ist definiert aus der Masse eines Zylinders aus einer Legierung aus 90 % Platin und 10 % Iridium mit 0,039 m Durchmesser und Höhe, siehe Abb. 3.1. Daher bestehen seit geraumer Zeit Bestrebungen, auch die Masse anhand von (als allgemeingültig angenommenen) Naturkonstanten zu definieren. Laut [4] wird hier die Definition anhand der Atomanzahl einer Siliziumkugel (sehr vereinfachte Darstellung) favorisiert. Die Kugel besteht dabei aus ^{28}Si-Isotopen mit einer Anreicherung von

© Springer Fachmedien Wiesbaden GmbH, ein Teil von Springer Nature 2020
D. Goßlau, *Fahrzeugmesstechnik*, https://doi.org/10.1007/978-3-658-28479-4_3

Tab. 3.1 Die sieben Basiseinheiten des SI und deren Definitionen, nach [3]

Größe	Einheit	Kürzel	Definition
Länge	Meter	m	Länge der Strecke, die das Licht im Vakuum während der Dauer von 1/299.792.458 Sekunde zurücklegt
Masse	Kilogramm	kg	Das Kilogramm ist gleich der Masse des Internationalen Kilogrammprototyps
Zeit	Sekunde	s	Das 9.192.631.770-fache der Periodendauer der dem Übergang zwischen den beiden Hyperfeinstruktur- niveaus des Grundzustandes von Atomen des Caesium- Isotops ^{133}Cs entsprechenden Strahlung
Stromstärke	Ampere	A	Stärke eines konstanten elektrischen Stromes, der, durch zwei parallele, geradlinige, unendlich lange und im Vakuum im Abstand von 1 m voneinander angeordnete Leiter von vernachlässigbar kleinem, kreisförmigem Querschnitt fließend, zwischen diesen Leitern pro Meter Leiterlänge die Kraft 2×10^{-7} N hervorrufen würde
Temperatur	Kelvin	K	1/273,16 der thermodynamischen Temperatur des Tripelpunkts von Wasser genau definierter isotopischer Zusammensetzung
Lichtstärke	Candela	cd	Die Lichtstärke in einer bestimmten Richtung einer Strahlungsquelle, die monochromatische Strahlung der Frequenz 540×10^{12} Hz aussendet und deren Strahl- stärke in dieser Richtung 1/683 W pro Steradiant[a] beträgt
Stoffmenge	Mol	mol	Die Stoffmenge eines Systems, das aus ebenso viel Einzelteilchen besteht, wie Atome in 0,012 kg des Kohlenstoff-Isotops ^{12}C in ungebundenem Zustand ent- halten sind. Bei Benutzung des Mol müssen die Einzel- teilchen spezifiziert sein und können Atome, Moleküle, Ionen, Elektronen sowie andere Teilchen oder Gruppen solcher Teilchen genau angegebener Zusammensetzung sein

[a]Steradiant mag nicht jedem Leser auf Anhieb gewärtig sein: 1 Steradiant (sr) bezeichnet den Raumwinkel, unter dem auf einer Kugeloberfläche mit einem Meter Radius eine Fläche von 1 m² eingeschlossen wird.

99,995 %, der Durchmesser beträgt 93,7 mm und die größte Abweichung (eines der beiden existierenden Exemplare) von der idealen Kugelform 40 nm. Alle Angaben nach [4]. Rechnen wir die Abweichung von 40 nm bei einem Durchmesser von 93,7 mm auf für unsere Sinne erfassbare Größen um, so ergäbe sich bei einem mittleren Durchmesser

Abb. 3.1 Ur-Kilogramm, PTB

von 12.734,935 km eine glatte Erdoberfläche, die maximal 5,44 m Abweichung von der Kugelform aufweisen würde.

Vom Urkilogramm existieren bisher 84 offizielle Kopien, die als nationale Normale dienen. Deutschland besitzt 4 Normale des kg, die von der PTB (Physikalisch Technische Bundesanstalt) erworben bzw. geerbt (ehem. Normal des Deutschen Reiches, im Krieg beschädigt; ehem. Normal der DDR) wurden. Die PTB ist die in Deutschland verantwortliche Behörde für das Eichwesen und vergibt weitere Normale als Vielfache des kg zwischen 1 mg und 5 t.

Aus den SI-Basiseinheiten wurden bisher 22 kohärente Einheiten abgeleitet, siehe Tab. 3.2. Kohärent bedeutet in diesem Zusammenhang, dass die Einheiten aus den Basiseinheiten als Produkte ohne zusätzliche numerische Faktoren gebildet werden. Die sieben SI-Basiseinheiten sind so gewählt, dass sich aus ihnen grundsätzlich alle existierenden Einheiten für alle (bisher) bekannten physikalischen Größen ableiten lassen.

Sämtliche im SI beschriebenen Einheiten können in extensive und intensive Größen unterteilt werden. Bei einer intensiven Größe hängt der Wert nicht von der Stoffmenge oder Anzahl ab, ein Beispiel dafür ist die Temperatur als einzige intensive Größe der SI-Basiseinheiten. Bei extensiven Größen ist der Wert abhängig von der Menge oder Anzahl.

Tab. 3.2 Die 22 kohärenten, abgeleiteten SI-Einheiten

Größe	Einheit	Kürzel	In anderen SI-einheiten	In SI-Basis–Einheiten
Ebener Winkel	Radiant	rad	$m\,m^{-1}$	1
Raumwinkel	Steradiant	sr	$m^2\,m^{-2}$	1
Frequenz	Hertz	Hz		s^{-1}
Kraft	Newton	N	$J\,m^{-1}$	$m\,kg\,s^{-2}$
Druck	Pascal	Pa	$N\,m^{-2}$	$m^{-1}\,kg\,s^{-1}$
Energie, Arbeit, Wärmemenge	Joule	J	$N\,m$, $W\,s$	$m^2\,kg\,s^{-2}$
Leistung	Watt	W	$J\,s^{-1}$, $V\,A$	$m^2\,kg\,s^{-3}$
Elektrische Ladung	Coulomb	C		$s\,A$
Elektrische Spannung	Volt	V	$W\,A^{-1}$, $J\,C^{-1}$	$m^2\,kg\,s^{-3}\,A^{-1}$
Elektrische Kapazität	Farad	F	$C\,V^{-1}$	$m^{-2}\,kg^{-1}\,s^4\,A^2$
Elektrischer Widerstand	Ohm	Ω	$V\,A^{-1}$	$m^2\,kg\,s^{-3}\,A^{-2}$
Elektrischer Leitwert	Siemens	S	Ω^{-1}	$m^{-2}\,kg^{-1}\,s^3\,A^2$
Magnetischer Fluss	Weber	Wb	$V\,s$	$m^2\,kg\,s^{-2}\,A^{-1}$
Magnetische Flussdichte, Induktion	Tesla	T	$Wb\,m^{-2}$	$kg\,s^{-2}\,A^{-1}$
Induktivität	Henry	H	$Wb\,A^{-1}$	$m^2\,kg\,s^{-2}\,A^{-2}$
Celsius-Temperatur	Grad Celsius	°C		K
Lichtstrom	Lumen	lm	$cd\,sr$	cd
Beleuchtungsstärke	Lux	lx	$lm\,m^{-2}$	$cd\,m^{-2}$
Radioaktivität	Becquerel	Bq		s^{-1}
Energiedosis	Gray	Gy	$J\,kg^{-1}$	$m^2\,s^{-2}$
Äquivalentdosis	Sievert	Sv	$J\,kg^{-1}$	$m^2\,s^{-2}$
Katalytische Aktivität	Katal	Kat		$mol\,s^{-1}$

## 3.2	Gleichungen

Unsere Messaufgabe lautet abstrakt immer

$$G = \{G\}[G]. \tag{3.1}$$

Gl. 3.1 bedeutet: phyikalische Größe = (Zahlenwert bzw. Vielfaches) x [Einheit]

Für eine Masseangabe von einer halben Tonne gilt also

$$m = \{m\}[m] = 0{,}5t = 500\,\text{kg} = 500.000\,\text{g} = 500.000.000\,\text{mg}. \tag{3.2}$$

Das Multiplikationszeichen wird in der Praxis oft weggelassen. Oft würden die Zahlenwerte bei Verwendung der Basiseinheiten oder der abgeleiteten Kohärenten unpraktische

Werte annehmen, wie in obigem Beispiel leicht erkennbar ist. Deshalb arbeiten wir mit Vielfachen nach Tab. 3.3, die durch Buchstaben abgekürzt werden.

Werden die Randbereiche der Vielfachen überhaupt verwendet? Ja, der Übersicht halber sogar in Verbindung mit weiteren Vielfachen.

Beispiel:	Masse der Erde	$= 5{,}974 * 10^{24}$ kg
	Masse eines Elektrons	$= 9{,}10938291(40) * 10^{-31}$ kg
	Speichervolumen Googlemail	$= 7{,}6988/10{,}244$ ZB (am 08. April/07. Mai 2012)

Zu beachten ist, dass bei abgeleiteten Einheiten das Meter (m) den anderen Einheiten stets nachgestellt wird (cm, dm, km), um Verwechslungen mit dem Vorsatz Milli... (m) zu vermeiden.

In der Fahrzeugtechnik bzw. allgemein in der angewandten Messtechnik sind meist Größen interessant, die sich aus mehreren physikalischen Einheiten zusammensetzen und auch eigene Einheiten besitzen. Um bei komplexeren Zusammenhängen die Übersicht zu behalten, werden dabei zugeschnittene Größengleichungen und Einheitengleichungen verwendet, wobei letztere gut zur Kontrolle der physikalischen Gleichung, die aufgestellt wurde, verwendet werden können.

Für das Beispiel Drehmoment M aus Leistung P und Drehzahl n ergibt sich die zugeschnittene Größengleichung zu

$$M = \frac{P}{2\pi n} = \frac{1}{2\pi} \frac{P}{kW} \frac{\min}{n} kW\min = 9.549{,}3 \frac{P}{kW} \frac{\min^{-1}}{n} Nm. \tag{3.3}$$

Die zugehörige Einheitengleichung lautet

$$Nm = Ws = \frac{Nm\,s}{s} = \frac{kg\,m^2\,s}{s^2\,s} = \frac{kg\,m^2}{s^2} \tag{3.4}$$

Tab. 3.3 Einheiten-Vielfache

Vorsatz	Buchstabe	Faktor	Faktor	Vorsatz	Buchstabe	Faktor	Faktor
Yotta	Y	10^{24}	Quadrillion	Dezi	d	10^{-1}	Zehntel
Zetta	Z	10^{21}	Trilliarde	Zenti	c	10^{-2}	Hundertstel
Exa	E	10^{18}	Trillion	Milli	m	10^{-3}	Tausendstel
Peta	P	10^{15}	Billiarde	Mikro	μ	10^{-6}	Millionstel
Tera	T	10^{12}	Billion	Nano	n	10^{-9}	Milliardstel
Giga	G	10^9	Milliarde	Pico	p	10^{-12}	Billionstel
Mega	M	10^6	Million	Femto	f	10^{-15}	Billiardstel
Kilo	k	10^3	Tausend	Atto	a	10^{-18}	Trillionstel
Hekto	h	10^2	Hundert	Zepto	z	10^{-21}	Trilliardstel
Deka	da	10	Zehn	Yokto	y	10^{-24}	Quadrillionstel

Tab. 3.4 Zeichen für
Dimensionsgleichungen

Grundgröße	Symbol	SI-Einheit	Dimension
Länge	l	m	L
Masse	m	kg	M
Zeit	t	s	T
EL. Stromstärke	i, I	A	I
thermodyn. Temperatur	T, Θ	K	T, Θ
Lichtstärke	I_v	cd	I_L
Stoffmenge	mol	mol	Mol

Einheitengleichungen bieten den Vorteil, dass man physikalische Größen leicht in andere Einheiten umrechnen kann (Bsp.: $Nm = J = Ws = 107 Erg = 0,238845896\,cal = k\,gm^2 s^{-2}$).

Weiter kann eine physikalische Größe statt mit dem Bezug auf ihre Teilkomponenten auch durch den Bezug auf die SI-Basiseinheiten bzw. deren Größen angegeben werden. Diese Darstellung wird Dimensionsgleichung genannt. Die Dimensionen werden durch große lateinische und griechische Buchstaben angegeben, siehe Tab. 3.4:

Mittels Dimensionsanalysen können nicht sofort erkennbare physikalische Zusammenhänge aufgeschlüsselt werden.

Beispiel

Bekannt ist der Dimensionszusammenhang der Größe X nach Gl. 3.5 aus der Aufnahme von Messwerten der Dichte, des Volumenstromes und der Fließgeschwindigkeit, nicht jedoch deren tatsächliche physikalische Art:

$$X = \rho\,\dot{V}\,v. \tag{3.5}$$

Die zugehörige Einheitengleichung lautet (Gl. 3.6):

$$X = \frac{kg}{m^2}\frac{m^2}{s}\frac{m}{s} = \frac{ML^4}{L^3 T^2} = \frac{kgm}{s} = N \tag{3.6}$$

Die gesuchte Größe stellt also eine Kraft dar. Dimensionsanalysen werden v. a. in der Strömungslehre, Thermodynamik und der Kombination aus beiden benutzt, um unbekannte Größen und deren Einflussfaktoren zu selektieren. Damit können unbekannte physikalische Zusammenhänge empirisch eruiert werden.

Literatur

1. www.bipm.org/fr/publications
2. https://www.ptb.de/cms/presseaktuelles

3. PTB Mitteilungen 2.2007, Themenschwerpunkt Das Internationale Einheitensystem (SI), URL: https://www.ptb.de/cms/fileadmin/internet/publikationen/ptb_mitteilungen/mitt2007/Heft2/PTB-Mitteilungen_2007_Heft_2.pdf
4. PTB Mitteilungen 2.2016, Experimente für das neue Einheitensystem (SI), URL: https://www.ptb.de/cms/fileadmin/internet/publikationen/ptb_mitteilungen/mitt2016/Heft2/PTB-Mitteilungen_2016_Heft_2.pdf

Energieprinzip der Messtechnik

4

Beim Messen wird dem Messobjekt eine Information entnommen, z. B. einem Fluid die Information über seine Temperatur. In der Natur ist kein Signalaustausch ohne einen Energieaustausch möglich. Will man also etwas über den Zustand eines Objektes erfahren bzw. über den Zustand einer Messgröße eines Objektes, so muss man dessen Zustandsenergie ändern und damit auch die Messgröße selbst. Durch die Signalübertragung entzieht man dem Messobjekt Energie oder fügt welche hinzu und beeinflusst somit die Messgröße selbst. Das bedeutet:

▶ Es gibt kein fehlerfreies Messen:

Die Beeinflussung des Ausgangszustandes eines Messobjekts – den man ja eigentlich ermitteln will – nennt man Anpassungsabweichung. Merken:

▶ 1. Jede Signalübertragung ist gleichzeitig eine Energieübertragung.
2. Jeder Energieaustausch beeinflusst die Messgröße oder das Messsignal innerhalb der Messkette.
3. Der Energieaustausch sollte für möglichst genaue Messergebnisse gegenüber der Zustandsenergie des Messobjektes so klein wie möglich sein.
4. Energiebedarf eines Messgerätes und Anpassungsabweichung müssen daher bei der Ergebnisauswertung immer berücksichtigt werden.

Anschauliches Beispiel für die Beeinflussung des Messobjektes: Überlegen Sie sich die Beeinflussung der Länge eines Messobjektes aus Moosgummi gegenüber einem aus Stahl beim Messen der Länge mittels Messschieber!

Der Zusammenhang des an einen Energieaustausch gebundenen Informationsaustausches wird oft infrage gestellt, wenn er nicht sofort ersichtlich ist. So taucht z. B.

© Springer Fachmedien Wiesbaden GmbH, ein Teil von Springer Nature 2020
D. Goßlau, *Fahrzeugmesstechnik*, https://doi.org/10.1007/978-3-658-28479-4_4

regelmäßig die Frage auf, welcher Energieaustausch bei der Beobachtung von Sternen, die sich einige Lichtjahre von der Erde entfernt befinden, stattfindet. Der Beobachter (oder das Messinstrument) kann den Stern nur als sichtbar erkennen, wenn er von diesem emittierte Photonen oder andere elektromagnetische Strahlung aufnimmt. Die Energie der Photonen geht im Augenblick der Beobachtung vom Stern auf den Betrachter über. Hier ist natürlich keine messbare Rückwirkung des Beobachters auf den Stern in der Form zu erwarten, dass sich der Energieinhalt des Sterns ändert. Allerdings mag das Beispiel verdeutlichen, dass auch hier der Informations- an einen Energieaustausch gebunden ist.

In Abb. 4.1 ist dargestellt, wie sich die Signalwandlung und der Energieaustausch bei der Temperaturmessung mittels Flüssigkeits-Ausdehnungsthermometer gestalten. Ist die Temperatur des zu messenden Mediums höher als die des eintauchenden Thermometers, fließt ein Wärmestrom vom Medium zum Thermometer, das ist der Energieaustausch. Dieser Wärmestrom führt zur Erwärmung des Thermometers und der darin enthaltenen Flüssigkeit. Infolge der Erwärmung dehnt sich die Flüssigkeit aus und nimmt mehr Volumen im Gefäß ein, die Flüssigkeitssäule steigt. Wir lesen den Stand der Flüssigkeit an der angebrachten Skala ab. Der Skala sind statt Längenwerten, die ja die Volumen-änderung der Flüssigkeit bei konstantem Röhrchenquerschnitt korrekt beschreiben würden, Temperaturwerte zugeordnet. Damit findet eine Signalwandlung von der Temperatur des Mediums zur Volumenveränderung der Flüssigkeitssäule und letztend-lich von einer Längenänderung wiederum zu einer Temperatur statt.

Es ist leicht nachvollziehbar, dass der Wärmestrom vom zu messenden Medium zum Thermometer eine Temperaturänderung des Mediums zur Folge haben muss. Dazu ein Rechenbeispiel:

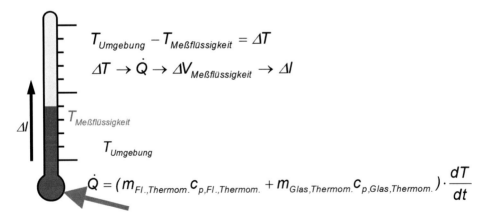

$$T_{Umgebung} - T_{Meßflüssigkeit} = \Delta T$$

$$\Delta T \rightarrow \dot{Q} \rightarrow \Delta V_{Meßflüssigkeit} \rightarrow \Delta l$$

$$T_{Meßflüssigkeit}$$

$$T_{Umgebung}$$

$$\dot{Q} = (m_{Fl.,Thermom.} c_{p,Fl.,Thermom.} + m_{Glas,Thermom.} c_{p,Glas,Thermom.}) \cdot \frac{dT}{dt}$$

Abb. 4.1 Signalwandlung und Energieübertragung bei der Temperaturmessung mittels Flüssig-keits-Ausdehnungsthermometer

In einem Gefäß befindet sich Wasser mit einer Temperatur von 90 °C, in das ein Quecksilberthermometer mit einer Temperatur von 20 °C eingetaucht wird. Die Masse des Wassers betrage 400 g, die zu erwärmende Masse des Thermometers 20 g. Welche Temperatur lesen wir am Thermometer ab?

Vor Beginn der Messung setzt sich die gesamte Wärmeenergie des Systems anhand Gl. 4.1 aus den Wärmeenergien des Thermometers und des Wassers zusammen:

$$W_{gesamt,1} = W_{Thermometer} + W_{Wasser} = c_{p,W} m_W T_W + c_{p,Th} m_{Th} T_{Th}. \tag{4.1}$$

Dabei ist die Wärmeenergie W jeweils abhängig von der spezifischen Wärmekapazität c_p, der Masse m und der Temperatur T. Vor der Messung weisen Thermometer und Wasser unterschiedliche Temperaturen auf. Die Messung ist korrekt ausgeführt, wenn die am Thermometer angezeigte Temperatur konstant ist. Das bedeutet, Thermometer und Wasser besitzen die gleiche Temperatur. Dementsprechend ergibt sich die gemeinsame Wärmeenergie zu diesem Zeitpunkt nach Gl. 4.2 zu:

$$W_{gesamt,2} = \left(c_{p,W} m_W + c_{Th} m_{Th} \right) T_2. \tag{4.2}$$

Die beiden Energien vor der Messung $W_{gesamt,1}$ und nach der Messung $W_{gesamt,2}$ sind gleich, wenn wir Wärmeaustausch mit der Umgebung ausschließen. Durch Gleichsetzen von Gl. 4.1 und 4.2 sowie Umstellen erhält man die gemeinsame Temperatur T_2 des Systems im ausgeglichenen Zustand:

$$T_2 = \frac{c_{p,W} m_W T_W + c_{p,Th} m_{Th} T_{Th}}{c_{p,W} m_W + c_{p,Th} m_{Th}}. \tag{4.3}$$

Die spezifische Wärmekapazität des Wassers beträgt $c_{p,W} = 4{,}204$ kJ kg^{-1} K^{-1}, die der eintauchenden Masse des Thermometers $c_{p,Th} = 0{,}7$ kJ kg^{-1} K^{-1}. Einsetzen der Werte liefert für die mittlere (und auch abgelesene) Temperatur den Wert von $T_2 = 89{,}422$ °C. Die Anpassungsabweichung beträgt also im betrachteten Fall $0{,}578$ °C! ◄

Grundbegriffe der Messtechnik

Zur Beurteilung von Messeinrichtungen und auch für deren Benutzung ist die Kenntnis einiger grundlegender Begriffe der Messtechnik hilfreich. Auf diese wird hier stark verkürzt eingegangen, weiterführende Literatur ist in [1–3] und vielen weiteren Quellen zu finden.

Generell wird zwischen dem Messen elektrischer und dem nichtelektrischer Größen unterschieden. In der Fahrzeugmesstechnik interessieren uns alle Zustandsgrößen, die die Fahrdynamik, die Thermodynamik, die Immissionen, die Emissionen und die Wechselwirkungen mit den Insassen sowie der Umwelt und anderen Verkehrsteilnehmern beeinflussen. In Tab. 5.1 sind einige fahrzeugrelevante Beispiele für elektrische und nichtelektrische Messgrößen dargestellt.

In der Fahrzeugmesstechnik werden vorwiegend speziell für die Anforderungen und die harten Einsatzbedingungen in der Entwicklung und im Erprobungseinsatz entwickelte Messgeräte eingesetzt. Diese werden durch Standardsensoren für weniger wichtige Messgrößen ergänzt. Im Serien-Fahrzeug selbst kommen dagegen hoch standardisierte, massenproduktionstaugliche, preiswerte Sensoren zum Einsatz.

5.1 Anforderungen an Systeme im Kraftfahrzeug

Die Systeme im Kraftfahrzeug müssen über die Lebensdauer von 5000 bis 10.000 Betriebsstunden (entspricht 250.000 bis 500.000 km) u. a. folgende Anforderungen erfüllen:

- Rüttelfestigkeit 3 g
- Schockfestigkeit 50 g bis mehrere 100 g

© Springer Fachmedien Wiesbaden GmbH, ein Teil von Springer Nature 2020
D. Goßlau, *Fahrzeugmesstechnik,* https://doi.org/10.1007/978-3-658-28479-4_5

Tab. 5.1 Beispiele für nichtelektrische und elektrische Messgrößen in der Fahrzeugmesstechnik

Nichtelektr. Größen	Beispiel	elektr. Größen	Beispiel
Drehmoment	des Motors	Gleichspannung	Generator, Batterie
Drehzahl/Drehfrequenz	des Motors	Stromstärke	Anlasser
Geschwindigkeit	des Fahrzeugs	Leistung (Wirk-, Blind-, Scheinleistung)	Sitzheizung
Beschleunigung/ Schwingung	des Fahrzeugs (Räder, Aufbau, Sitze, Insassen)	Magnetischer Fluss/ Feldstärke	EMV (elektromagnetische Verträglichkeit)
Körperschall	Klopfen des Motors	Frequenz, Amplitude, Spektrum	Sound Stereoanlage, Umfeldsensoren (Radar, Laser)
Druck	in der Kraftstoffleitung	Phasenwinkel	Zündwinkel
Massenstrom/ Volumenstrom	Kraftstoff	Kapazität	Steuergerät
Konzentration	Abgas	Induktivität	Drehzahlsensor
Kraft	Bremspedal	Wechselspannung	Generator, Zündspule
Temperatur	Kühlmittel, Öl		
Dichte	Umgebungsluft		
Viskosität	Öl		
Länge	Abstand zum Vordermann		
Position	Nockenwelle		
Dehnung	Abgasanlage		
Härte	Zylinderlaufbahn		
Zeit	Basis für inkrementale Messungen		
Wärme/Wärmemenge/ Wärmestrom	Kühlsystem, Abgasanlage		
Strahlung	Wärme, Licht		
Wellenlänge, Frequenz, Amplitude	Fahrbahnoberfläche		
Weg, Länge	Radaufhängung		

- Umgebungstemperatur $-40\,°C$ bis $+60\,°C$, im Motorraum bis $200\,°C$, in der Abgasanlage bis $1200\,°C$
- widerstandsfähig ggü. aggressiven Medien wie Kraftstoffe, Öle, Säuren, Alkohole
- Relativdrücke zwischen $-0{,}75$ bar und 3000 bar

- Luftfeuchtigkeit (relativ) 0 bis 100 %, Spritzwasserschutz, teilweise IP67[1] und höher
- Widerstandsfähigkeit gegenüber Schnee, Staub, Bremsenabrieb
- missbrauchssicher, d. h. versehentliche oder teilweise; bei sicherheitsrelevanten Systemen; auch absichtliche Veränderung oder Beschädigung werden erschwert, z. B. durch Zugänglichkeit nur mit Fachkenntnis und Spezialwerkzeug

Die Anforderungen treten in den meisten Fällen kombiniert auf und stellen daher sehr hohe Anforderungen an die im KFZ verbauten Sensoren.

Etwas weniger stringent im Allgemeinen oder viel schärfer im Einzelnen gestalten sich die Anforderungen an die Messtechnik im Entwicklungsbetrieb, die wir hier größtenteils betrachten wollen. Das hat mehrere Gründe:

1. Bei der Fahrzeugentwicklung herrschen oft definierte Umgebungsbedingungen, z. B. bei der Abgasmessung im Rahmen der Zertifizierung auf dem Rollenprüfstand.
2. Die Messaufgabe ist zeitlich, räumlich und bzgl. der Umgebungsbedingungen exakt definiert, z. B. Applikation auf dem Motorenprüfstand.
3. Die Messaufgabe ist zeitlich begrenzt, da sich die zu ermittelnden Messwerte bzw. deren Grenzen ändern, z. B. bei der Abgasmesstechnik.
4. Es findet kein Dauereinsatz statt oder die Messeinrichtungen werden in regelmäßigen Abständen kalibriert oder geeicht, z. B. Drehmomentmessflansch am Motorenprüfstand.
5. Die Messgenauigkeit muss deutlich besser als im Serieneinsatz sein, z. B. bei der Temperaturerfassung des Kühlmittels.
6. Die Messpositionen sind gegenüber dem Serieneinsatz deutlich aggressiveren Bedingungen ausgesetzt, z. B. Abgastemperaturmessung direkt nach dem Auslassventil.
7. Es werden spezielle Größen für die Entwicklung benötigt, die im Serieneinsatz nicht überwacht werden müssen, z. B. Kühlmittelvolumenstrom oder die Abgastemperatur vor Abgasturbolader. Letztere wird in modernen Motorsteuerungen anhand der auf dem Motorenprüfstand gewonnenen Messwerte und daraus abgeleiteter Modelle relativ gut berechnet.
8. Mobilität komplexer Messeinrichtungen, z. B. Abgasmesstechnik für RDE[2]-Messungen.

Die Anforderungen an Entwicklungswerkzeuge und die entsprechende Messtechnik sind in der Fahrzeugtechnik also sehr vielfältig.

---

[1]zu den IP-Schutzklassen siehe [4].

[2]RDE: Real Drive Emissions, ergänzende Abgasmessung zum WLTC, wird auf öfftl. Straßen gemessen.

5.2   Kenngrößen von Messmitteln

5.2.1   Abtasttheorem

Mit unseren Messmitteln übertragen wir Signale (siehe Abschn. 2.4), die uns als End-
ergebnis Messwerte liefern. Oft interessiert uns der zeitliche Verlauf von Messwerten,
z. B. beim Kaltstart/Warmlauf eines Motors, siehe Abb. 5.1. Es ist dort deutlich erkennbar, dass sich sowohl die Kühlmitteltemperatur als auch die Abgastemperaturen im
zeitlichen Verlauf des Zyklus' deutlich ändern. Bei Messung der Temperaturen nur
zu Beginn und zum Ende des NEFZ ginge die Information über die Nichtlinearität
der Temperaturverläufe verloren. Um den tatsächlichen Verlauf der Temperaturen zu
erfassen, muss also kontinuierlich oder in zeitlich diskreten, genügend kurzen Intervallen
gemessen werden.

Für die möglichst richtige Wiedergabe der zu messenden Größe ist es wichtig, deren
zeitlichen Verlauf bzw. die typische Frequenz der Werteänderung zu kennen. Analoge
Signale werden in nahezu allen Messeinrichtungen digitalisiert, d. h. es werden Werte
mit einer endlichen Frequenz aufgenommen. Dabei muss beachtet werden, dass:

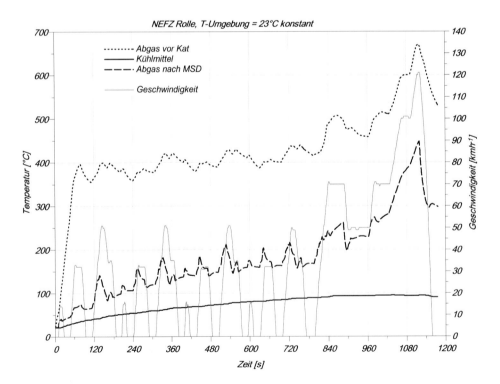

Abb. 5.1 NEFZ-Warmlauf auf dem Rollenprüfstand, PKW Golfklasse mit Ottomotor

- die Umsetzung bzw. Aufnahme eines Analogwertes eine bestimmte, wenn auch sehr kurze Zeit benötigt. Es werden also tatsächlich nur Proben (samples) entnommen.
- die Weiterverarbeitung des so gewonnenen Digitalsignals eine gewisse; ebenfalls meist sehr kurze; Zeit in Anspruch nimmt. Dementsprechend müssen zwischen den samples gewisse Zeitabstände liegen (bei Indiziermessungen gibt es z. B. für die Wertezwischenspeicherung und -weitergabe an den eigentlichen Auswerterechner einen leistungsfähigen Rechner mit großem Pufferspeicher und Echtzeit-Betriebssystem).
- um den wahren Verlauf der Zustandsgröße zu reproduzieren nicht mit unendlich hoher Frequenz abgetastet werden muss.

1933 wurde das Abtasttheorem erstmals von Kotelnikov in [5] formuliert, es ist heutzutage als Shannon-Theorem oder WKS-Theorem oder auch Nyquist-Shannon-Theorem bekannt. Shannon veröffentlichte es 1949 in [6] und bezog sich in der Herleitung auf mathematische Studien von Nyquist und Whittaker. Die Arbeit des Russen Kotelnikov war ihm höchstwahrscheinlich unbekannt, da diese erst 1950 außerhalb des damaligen Ostblocks zugänglich war. Unabhängig von Kotelnikov und Shannon formulierte Raabe das Abtasttheorem 1939 in [7] als ein Ergebnis seiner Dissertation.

▶   **Wichtig** Das Abtasttheorem lautet:

Enthält eine Zeitfunktion $x(t)$ keine höheren Frequenzen als f_0, so lässt sich der Originalverlauf aus Abtastwerten wiedergewinnen, die in Zeitabständen t_A kleiner als die halbe Periodendauer $T_0 = 1/f_0$ entnommen worden sind. Das bedeutet im Umkehrschluss: die Abtastfrequenz f_A muss größer als $2f_0$ sein, siehe Gl. 5.1 und 5.2:

$$t_A < 0{,}5T_0 \qquad\qquad\qquad\qquad\qquad (5.1)$$

$$f_A > 2f_0. \qquad\qquad\qquad\qquad\qquad (5.2)$$

Der Grenzfall des Abtasttheorems $f_A \geq 2f_0$ wird in der Praxis vermieden, meist werden 5…10 mal höhere Abtastraten gewählt. Grund hierfür ist, dass bei leichten Frequenzverschiebungen Interferenzprobleme auftreten können oder dass Unregelmäßigkeiten im Verlauf der Zustandsgröße nicht erkannt werden.

In Abb. 5.2 ist die Erfassung des Drehmomentes an der Kurbelwelle beim Anschleppen eines Verbrennungsmotors ($dn/dt = 20$ min^{-1}s^{-1}) mit den Abtastfrequenzen $f_A = 10$, 100 und 1000 Hz dargestellt.

Hier ist gut erkennbar, dass die niedrige Frequenz von $f_A = 10$ Hz nicht den wahren Drehmomentverlauf wiedergibt. Ab der Frequenz von $f_A = 100$ Hz wird der tatsächliche Verlauf wiedergegeben, was sich durch eine nochmals höhere Frequenz von $f_A = 1$ kHz bestätigen lässt.

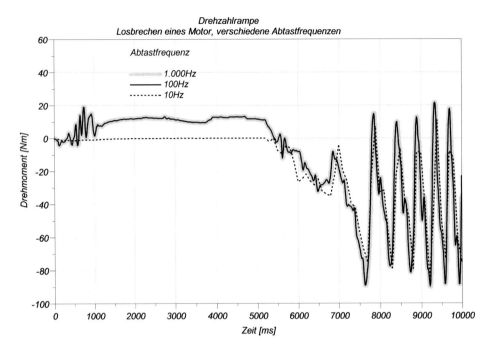

Abb. 5.2 Drehmomenterfassung mit verschiedenen Abtastfrequenzen beim Hochlauf eines Vier-zylindermotors

Schematisch wird die Änderung des Signals mit Verringerung der Abtastfrequenz in Abb. 5.3 ersichtlich. Mit zunehmender Verringerung der Frequenz tritt immer stärkerer Informationsverlust ein. Werden nur alle 180 ms Werte erfasst, gibt die Messeinrichtung ein konstantes Signal mit dem Wert Null aus, obwohl die Messgröße eine Sinusfunktion darstellt.

Wird mit konstanter Frequenz abgetastet und die Frequenz der Messgröße ändert sich, wandert der Wert des Ausgabesignals, siehe Abb. 5.4. Im gezeigten Beispiel ist die Abtastfrequenz $f_A = 0,1$ kHz, die Signalfrequenz ändert sich von 1 kHz auf 2 kHz. Neben dem Informationsverlust; der sich als Nichterfassen des sinusförmigen Verlaufes der Messgröße zeigt; ändert sich außerdem der Wert des Ausgabesignals.

Anschaulich sind Interferenzprobleme aus dem tägl. Leben bekannt, z. B. beim Betrachten von alten Westernfilmen, in denen eine Kutsche mit Speichenrädern losfährt und beschleunigt. Anfangs scheinen sich die Räder rückwärts zu drehen. Mit steigender Geschwindigkeit scheint die Rückwärtsdrehung langsamer zu werden, ist die Bildfolge-frequenz des Films gleich der Drehfrequenz der Räder, scheinen diese still zu stehen (Stroboskop-Effekt). Beschleunigt die Kutsche weiter, scheinen die Räder sich immer schneller vorwärts zu drehen. Ein weiteres Beispiel sind die farbigen Querstreifen auf einem Bild, wenn mit einer Digitalkamera (z. B. Mobiltelefon) der Bildschirminhalt eines Notebookmonitors fotografiert wird.

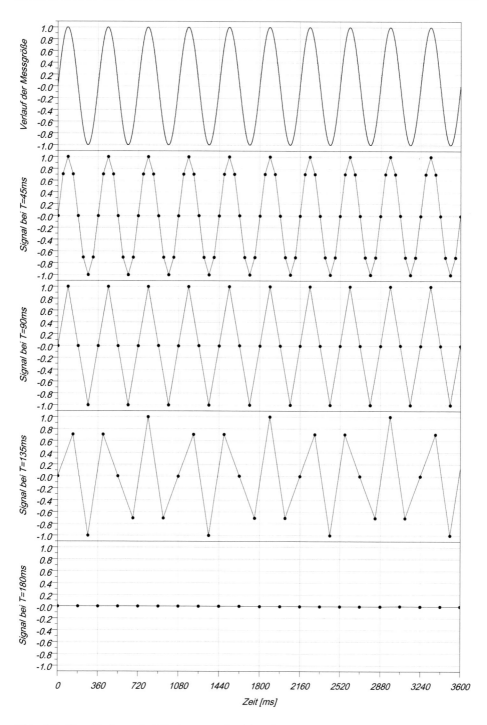

Abb. 5.3 Signaländerung bei Verringerung der Abtastfrequenz

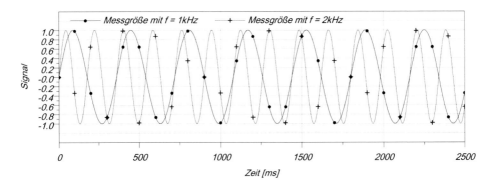

Abb. 5.4 Wandern des Ausgabesignals bei Änderung der Frequenz der Messgröße von 1 kHz auf 2 kHz, Abtatsung mit 0,1 kHz

5.2.2 Einheitssignale

Für gleiche Messaufgaben treten oft sehr unterschiedliche Wertebereiche der Zustandsgrößen, die ermittelt werden sollen, auf. Für alle möglichen Wertebereiche Messgeräte anzupassen, würde einen nicht handhabbaren Aufwand bedeuten. Um diesen zu umgehen, werden großteils Einheitssignale verwendet.

Einheitssignale sind elektrische oder pneumatische Signale, deren Wertebereich durch Vereinbarungen festgelegt ist. Das Signal ändert sich in diesem Bereich proportional zum Messwert, unabhängig vom Messbereichsumfang. Tab. 5.2 zeigt eine Auswahl elektrischer und pneumatischer Einheitssignale. Insbesondere die elektrisch analogen Signale werden in vielen Messgeräten und, sich an diese anschließenden, Auswerteeinheiten verwendet. Der Vorteil hierbei ist, dass mehrere Messgeräte für verschiedene Messaufgaben an eine Auswerteeinheit angeschlossen werden können. So kann z. B. an einen analogen Eingangskanal mit einem Wertebereich von $U = 0...10$ V jeder Sensor, der ein Ausgangssignal im genannten Wertebereich aufweist, angeschlossen werden. Der Eingangskanal ist so zu konfigurieren, dass seinem Spannungsamplitudenbereich der Wertebereich des Sensors zugeordnet wird, z. B. bei einem angeschlossenen Relativ-Drucksensor $p = 0...5$ bar.

Tab. 5.2 Elektrische und pneumatische Einheitssignale

Signalträger	Signalart	Informationsparameter	Wertebereich
Gleichspannung	Analog	Stromamplitude	0...20 mA 4...20 mA
		Spannungsamplitude	1...5 V, 2...10 V, $-10...10$ V
Wechselspannung	Analog	Spannungsamplitude	0...100 mV, 0...10 V
	Digital	Frequenz	0,3...3,4 kHz
Überdruck	Analog	Druckamplitude	0,2...1 bar

Beim Stromamplituden-Einheitssignal fällt auf, dass es die beiden Bereiche 0…20 mA und 4…20 mA gibt. Beim toten Nullpunkt (dead zero) des 0…20 mA-Signals ist das Ausgangssignal Null, wenn der Eingangswert ebenfalls Null ist. Das hat den Nachteil, dass man eine Leitungsunterbrechung nicht sofort erkennen kann (man weiß nicht, ob das Signal tatsächlich Null ist oder ob die Leitung unterbrochen ist). Das Problem kann umgangen werden, in dem man einen lebenden Nullpunkt (life zero, offset zero) verwendet, wie es beim 4…20 mA-Signal geschieht. Hier ist der Wert des Ausgangssignals von Null verschieden (nämlich 4 mA), wenn das Eingangssignal Null ist. Liegt bei life zero eine Leitungsunterbrechung vor, geht das Messgerät in den mechanischen Anschlag. Außerdem kann man mit life zero Nichtlinearitäten bei der Signalübertragung in der Nähe des Nullpunkts vermeiden, da man diesen Bereich (hier 0…4 mA) nicht nutzt.

Das Stromamplitudensignal ist gegenüber dem Spannungssignal zu bevorzugen, da es deutlich unempfindlicher gegenüber elektrischen Störspannungen ist. Außerdem können Stromausgänge von Messgeräten leicht in Spannungsausgänge umgewandelt werden, in dem die beiden Anschlüsse mit einem Widerstand gebrückt werden.

Beispiel

Ein Volumenstrommessgerät mit einem Signalausgang von $I = 4…20$ mA, der einem Messbereich von $dV/dt = 0…150 \mathrm{lmin}^{-1}$ entspricht, soll an die Prüfstandsautomatisierung angeschlossen werden. Diese weist allerdings nur Spannungseingänge für $U = 0…10$ V auf. Aufgabe: Stromsignal 4…20 mA in Spannungssignal 0…10 V wandeln. Das Ohmsche Gesetz lautet:

$$U = RI. \tag{5.3}$$

Um den für die Widerstandsbrücke notwendigen Wert zu finden, wird nach R umgestellt. Einsetzen der Werte ergibt:

$$R = \frac{10\,\mathrm{V}}{0{,}02\,\mathrm{A}} = 500\,\Omega. \tag{5.4}$$

Welche Spannung wird jetzt beim Volumenstrom $dV/dt = 0 \mathrm{lmin}^{-1}$ angezeigt? Der Stromausgang zeigt $I = 4$ mA beim Messbereichs-Nullpunkt an. Entsprechend Gl. 5.3 ergibt sich:

$$U = RI = 500\,\Omega\ 0{,}004\,\mathrm{A} = 2\,\mathrm{V} \tag{5.5}$$

Das muss beim Einrichten von Messkanälen in der Automatisierung beachtet werden. Für den betrachteten Fall wird also dem Eingangssignal der Automatisierung $U = 2…10$ V der Wertebereich für das Volumenstromsignal von $dV/dt = 0…150\ \mathrm{lmin}^{-1}$ zugeordnet, bzw. für den kompletten Eingangssignal-Wertebereich $U = 0…10$ V dementsprechend $dV/dt = -37{,}5…150\ \mathrm{lmin}^{-1}$. Anmerkung zu den zu verwendenden Widerständen: Die im einschlägigen Elektronikhandel angebotenen

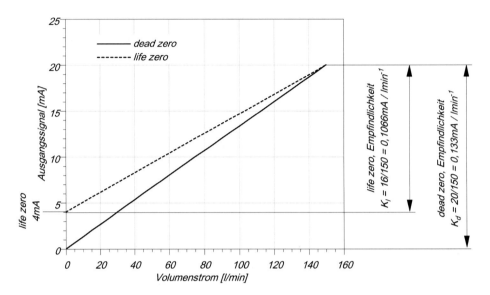

Abb. 5.5 Prinzip life/dead zero und Auswirkung auf die Empfindlichkeit

Standardwiderstände besitzen Toleranzen von $\pm 10\,\%$. Deshalb sind Widerstände mit deutlich geringeren Toleranzen zu verwenden. Der Kostenfaktor gegenüber Standardwiderständen beträgt etwa 10. ◄

Bei der Nutzung des life zero ist zu beachten, dass sich bei gleichem Wertebereich der Messgröße die Empfindlichkeit der Messeinrichtung verschlechtert, siehe Abb. 5.5. Im dort gezeigten Beispiel eines Volumenstrommessgerätes ist für dead zero eine Empfindlichkeit von $K_d = 0{,}133$ mA/lmin^{-1} vorhanden, für life zero nur noch $K_l = 0{,}1066$ mA/lmin^{-1}.

5.2.3 Statische Kennfunktionen und Kennwerte

Die Kennfunktion (auch: Übertragungsfunktion) beschreibt die Abhängigkeit des Ausgabesignals von der Eingangsgröße des Messgerätes im statischen Zustand. Statischer Zustand eines Messgerätes heißt, alle Übergangsfunktionen sind abgeklungen. Die Kennfunktion kann idealerweise linear sein, ist in der Praxis allerdings oft nichtlinear, siehe Abb. 5.6. Im Falle der linearen Übertragungsfunktion anhand a) in Abb. 5.6 ergeben sich anhand der hier anzuwendenden Geradengleichung zwei charakteristische Werte, die Nullpunktverschiebung bzw. der offset y_0 und der Übertragungsfaktor K. Der Übertragungsfaktor wird oft als Empfindlichkeit bezeichnet und stellt die Steigung der Geraden dar.

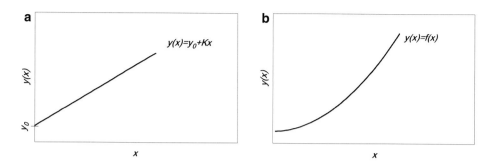

Abb. 5.6 Übertragungsfunktionen, **a** linear, **b** nichtlinear

Bei nichtlinearen Übertragungsfunktionen kann der Übertragungsfaktor nur in einem Punkt angegeben werden. Ist die gesamte Übertragungsfunktion interessant, muss sie mathematisch approximiert werden. Das gelingt mit Tabellenkalkulationsprogrammen wie Excel oder Auswertetools wie UniPlot. In beiden Programmen können Trendlinien auf in Diagrammen vorhandene Kurven gelegt und die zugehörigen Gleichungen angezeigt werden. Uniplot bietet hier größere Auswahlmöglichkeiten und das Benutzen verschiedener Interpolationsverfahren. Viele Messgeräte erlauben es außerdem, die Kennfunktion als Stützstellentabelle abzulegen und generieren hieraus automatisch eine Kennlinie.

Ein Beispiel dafür ist die Kalibrierung des Drehmoment-Messflansches am Motorenprüfstand. Dabei wird der Messflansch mittels Hebelarm und Eichgewichten (in den örtl. Eichämtern ausleihbar) in verschiedenen Stufen belastet. Die Soll- und Ist-Werte (Soll: Hebelarm x Eichgewicht, Ist: angezeigter Wert) werden tabellarisch in der zugehörigen Prüfstandsautomatisierung hinterlegt, welche daraus eine Übertragungsfunktion bildet.

5.2.4 Dynamische Kennfunktionen und Kennwerte (Kennlinien)

Ein Messvorgang findet meist nicht stationär, sondern dynamisch statt. Einerseits benötigt eine Messeinrichtung nach dem Zuschalten eine gewisse Zeit, bis alle Ausgleichsvorgänge abgeschlossen sind. Andererseits ändert sich in den meisten Fällen die Messgröße zeitlich, die Änderung der Messgröße wird in der Messeinrichtung zeitlich verzögert verarbeitet und dargestellt. Die dabei verstrichene Zeit wird Einschwingdauer genannt. Sie sollte so kurz sein, dass die Messeinrichtung gut der Änderung der Messgröße folgen kann. Ein anschauliches Beispiel ist das gut beobachtbare Ansteigen der Flüssigkeitssäule in einem Flüssigkeits-Glasthermometer nach Eintauchen in eine Flüssigkeit mit höherer Temperatur. Im Gegensatz dazu reagiert ein Infrarotsensor mit der angeschlossenen Auswerteschaltung und Digitalanzeige deutlich schneller. Beide Temperaturmessverfahren erfassen z. B. als Fieberthermometer die gleiche Messgröße im gleichen Wertebereich unter Nutzung völlig unterschiedlicher

physikalischer Prinzipien, trotzdem fällt uns die Beurteilung der Antwort der Messeinrichtung auf eine Änderung der Messgröße leicht, da wir sie direkt beobachten können.
Um verschiedenste Messeinrichtungen für unterschiedlichste Messgrößen miteinander

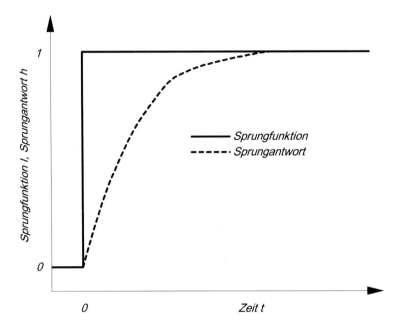

Abb. 5.7 Sprungfunktion und Sprungantwort

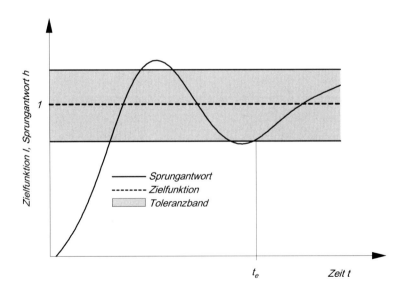

Abb. 5.8 Einschwingzeit einer Messeinrichtung

vergleichen zu können, werden standardisierte Eingangssignale definiert. Das sind meist harmonische, nichtperiodische oder stochastische Funktionen. Die Reaktion der Messeinrichtung auf diese Standardsignale wird Antwortfunktion genannt.

Für die Beurteilung von Messeinrichtungen ist die Sprungfunktion mit der entsprechenden Sprungantwort der Messeinrichtung gut geeignet, siehe Abb. 5.7. Sprungfunktionen können durch Ein-/Ausschalten einer Messgröße, z. B. einer elektrischen Spannung, gut dargestellt werden.

Für den Wert der Größe I wird üblicherweise ein Toleranzband verwendet, innerhalb dessen Grenzen sich das stabilisierte Signal befinden soll. Bis zum stabilen Verharren im Toleranzband vergeht die Einschwingdauer t_e, siehe Abb. 5.8.

Literatur

1. Hoffmann, J. (Hrsg.); Taschenbuch der Messtechnik, Fachbuchverlag Leipzig im Carl Hanser Verlag; München, Wien; 2007
2. Hoffmann, J. (Hrsg.); Handbuch der Messtechnik, Carl Hanser Verlag; München; 2012
3. Hart, H.; Einführung in die Meßtechnik; Verlag Technik; Berlin; 1989
4. Kotelnikov, V.A.; On the transmission capacity of the ‚ether' and of cables in electrical communications; Proceedings of the first All-Union Conference on the technological reconstruction of the communications sector and the development of low-current engineering; Moscow; 1933
5. Shannon, C.E.; Communication in the Presence of Noise; Proceedings of the IRE Institution of Radio Engineers; Bd. 37; 1949
6. Raabe, H.P.; Untersuchungen an der wechselseitigen Mehrfachübertragung (Multiplexübertragung); Elektrische Nachrichtentechnik; Bd. 16; 1939
7. DIN EN 60529; 2017; Hrsg. Deutsche Kommission Elektrotechnik Elektronik Informationstechnik in DIN und VDE

Temperaturmessung

6

Das Messen von Temperaturen ist wohl nahezu jedem aus der alltäglichen Anwendung bekannt, z. B. beim Ablesen der Raumtemperatur an einem dekorativen Thermometer oder von Werten der Wetterstation. Meist arbeiten die beiden Geräte mit unterschiedlichen Messverfahren, die nach verschiedenen Gesichtspunkten ausgewählt werden. In der Fahrzeugmesstechnik sind die Vielfalt der Messobjekte und die Anforderungen deutlich breiter als im alltäglichen Leben. Dementsprechend werden in diesem Kapitel die wichtigsten und für die Fahrzeugmesstechnik geeignetsten Temperaturmessverfahren vorgestellt.

6.1 Einleitung und Übersicht

An welchen Stellen werden im KFZ während der Vorentwicklung, Erprobung und im Serieneinsatz Temperaturen gemessen?

- an und in Bauteilen: kompletter Antriebsstrang, Fahrwerk, Karosserie, Ausstattung
- in Fluiden: Kühlmittel, Öle, Gase, Kraftstoffe, Kältemittel

Man kann also in die Temperaturmessung an Festkörpern und in Fluiden unterteilen. Um die Komplexität der Angelegenheit zu erkennen, wollen wir uns als Beispiel die Orte der Messung von Gastemperaturen überlegen, bevor wir auf die Sensorik eingehen. Welche Gastemperaturen sind für uns am KFZ interessant?

- Luft
- Brenngas
- Abgas
- Erdgas

© Springer Fachmedien Wiesbaden GmbH, ein Teil von Springer Nature 2020
D. Goßlau, *Fahrzeugmesstechnik*, https://doi.org/10.1007/978-3-658-28479-4_6

- Autogas
- Wasserstoff

Schauen wir uns die Messorte an, an denen für uns beispielsweise Lufttemperaturen interessant sind:

- für die Thermodynamik des Verbrennungsmotors: Ansaugluft in der Umgebung, an der Drosselklappe, bei Aufladung vor und nach Verdichter, im Saugrohr, direkt vor dem Brennraum am Einlassventil
- für die Klimatisierung: Fahrzeugumgebung, Innenraum an ein bis vier Positionen, vor und nach Niedertemperaturkühler
- für die Kühlung: Fahrzeugumgebung, vor und nach Hauptkühler, vor und nach ATL/ Kompressor, im Ansaugtrakt, in der Nähe aller Bauteile, im Getriebe, im Kurbelgehäuse, im Innenraum
- für die Motorsteuerung: Umgebung, im gesamten Ansaugtrakt, vor und nach ATL/ Kompressor, Innenraum
- für den Bauteilschutz: in der Umgebung warmer Bauteile, z. B. zwischen Abgasrohr und Fahrwerksbauteilen
- im Rennsport Lufttemperatur im Reifen

Welche weiteren Gastemperaturen; außer Temperaturen der Luft; sind interessant für Entwicklung und Applikation?

- Abgastemperaturen im gesamten Abgasstrang
- Temperaturen im Kurbelgehäuse
- Brenngas: diese Temperatur ist nicht direkt messbar, da die zeitliche Auflösung nicht realisierbar ist. Stattdessen werden Brenngastemperaturen aus Indizierdruckverläufen berechnet oder optisch, also ebenfalls indirekt; erfasst.

Welche Flüssigkeitstemperaturen sind interessant?

- Motorkühlmittel: diverse Messstellen im gesamten Kühlkreislauf, z. B. Wassermantel der Zylinder, Motoreintritt, Motoraustritt, Kühlerein- und austritt, Zylinderkopf, Heizungswärmetauscher, Getriebeöl-Kühlmittel-Wärmetauscher, Motoröl-Kühlmittel-Wärmetauscher, Kurzschlussleitung des kleinen Kühlmittelkreislaufes, Wärmespeicher, ATL, Ladeluftkühler, Ausdehnungsgefäß; generell sind bei Komponenten die Temperaturen vor und nach der Komponente interessant, um Wärmebilanzen erstellen zu können
- Schmieröltemperaturen: Motor- und Getriebeöl an diversen Stellen wie Ölsumpf oder Tank der Trockensumpfschmierung, im Hauptkanal, an allen Lagerstellen, an den Wärmetauschern, an der Pumpe, im Differential bzw. in weiteren Verteilergetrieben
- Wärmeträger in Klimatisierungsanlagen

An welchen Stellen werden Bauteiltemperaturen gemessen?

- Motor: Lager in verschiedenen Schichttiefen der Lagerschalen, Zylinderwände, Gehäuseoberflächen, Zylinderstege, Ventilstege, Kolben
- Getriebe: Lager, Gehäuse, Kupplungen
- Abgasanlage: Oberflächentemperaturen entlang des gesamten Abgasstranges, ATL, Katalysatoren, Sensoren (z. B. Lambda-Sonde)
- Gesamtfahrzeug: Motorraum (z. B. Oberflächen, Steuergeräte), Innenraum (z. B. bei Aufheizung in der Sonne bzw. Klimakammer)
- Fahrwerk: wärmebeaufschlagte Bauteile, z. B. Querlenker in Motor- oder Abgasanlagennähe, Abgastunnel

Man kann allein an der Aufzählung der Temperaturmessstellen, die nicht vollständig ist, erkennen, dass in der Fahrzeugentwicklung teilweise komplexe Messaufgaben unter

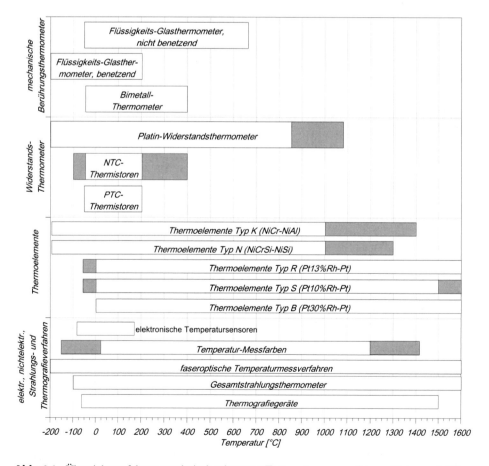

Abb. 6.1   Übersicht zu fahrzeugtechnisch relevanten Temperaturmessverfahren, Daten nach [1]

verschiedensten Umgebungsverhältnissen (Temperatur, Feuchte, Druck, aggressive Medien, starke Beschleunigungen/Vibrationen, Schmutzbelastung) und Randbedingungen (Bauraum, Dynamik, Genauigkeit, Reproduzierbarkeit) erfüllt werden müssen. Im Gegensatz dazu sind in Serienfahrzeugen nur sehr wenige Temperatursensoren zu finden. Hier werden üblicherweise die Temperatur des Kühlmittels an einer Stelle, die Temperaturen der Umgebungsluft und der Innenraumluft und selten die Bauteiltemperatur des Motors an einer Stelle erfasst.

Abb. 6.1 zeigt eine Übersicht zu fahrzeugtechnisch relevanten Messverfahren. Die dargestellten Messbereiche geben nach [1] Orientierungswerte für das jeweilige Verfahren an, die tatsächlichen Messbereiche sind abhängig von der technischen Umsetzung des jeweiligen Verfahrens. Die grau unterlegten Bereiche sind üblicherweise nur kurzzeitig nutzbar oder bedürfen weiterer Maßnahmen [1].

Die zu messenden Temperaturen in der Fahrzeugmesstechnik bewegen sich üblicherweise im Bereich von $-40\,°C$ bis $1200\,°C$ (mit Ausnahme des Brenngases, hier werden bis $2000\,°C$ erreicht, im Zündfunken der Zündkerze sogar noch höhere Werte).

Im folgenden Beispiel soll die Bedeutung möglichst genauer Temperaturerfassung anhand des Wärmestroms am Fahrzeugkühler gezeigt werden.

Beispiel

Ein Versuchsingenieur hat die Aufgabe, am Motorenprüfstand den maximalen Kühlmittelwärmestrom eines Motors zu bestimmen, um anhand der Messdaten den Fahrzeugkühler auslegen zu können. Am Motorenprüfstand wird an Stelle des Fahrzeugkühlers ein ausreichend dimensionierter Wasser-Wasser-Wärmetauscher verwendet. Zur Berechnung des Wärmestromes werden nach Gl. 6.1 die Messung des Kühlmittelmassenstromes (alternativ: des Kühlmittelvolumenstromes

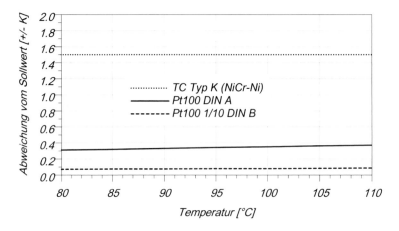

Abb. 6.2 Zulässige Messwertabweichungen von Thermoelement Typ K und von Platin-Widerstandsthermometern der Genauigkeitsklassen DIN A und 1/10 DIN B

in Verbindung mit der Dichte) und der Temperaturen am Wärmetauschereintritt und –austritt benötigt, die spezifische Wärmespeicherpapazität entspräche der für Wasser-Elthylenglykol im Verhältnis 1:1.

$$\dot{Q} = \dot{m} \int_{T_1}^{T_2} c_p(T)\, dT \qquad (6.1)$$

Die Ermittlung des Massenstromes sei ideal als fehlerfrei mit 100 kg/min angenommen, ebenso sei der Wärmetauscher gegenüber der Umgebung ideal isoliert, sodass hier nur die Effekte fehlerbehafteter Temperaturmessung deutlich werden. Der Versuchsingenieur kann sich zwischen Thermoelementen Typ K und Widerstands-thermometern Pt100 der Genauigkeitsklassen DIN A bzw. 1/10 DIN B entscheiden.

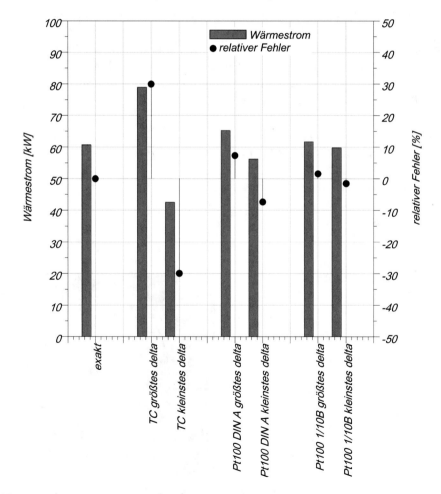

Abb. 6.3 Einfluss der Sensorgenauigkeit auf die Wärmestromberechnung, absolute Wärmeströme und relative Fehler

Die wahre Temperaturdifferenz zwischen Wärmetauscherein- und -austritt betrage 10 K, die Wärmetauschereintritts-Temperatur sei $T_2 = 100\,°C$.

Nach Abb. 6.2 lassen Thermoelemente in diesem Temperaturbereich Abweichungen von $\pm 1,5$ K zu, Pt100 DIN A von $\pm 0,37$ K und Pt100 1/10DIN B von $\pm 0,08$ K.

Wie groß sind die maximal möglichen Abweichungen bei der Ermittlung des Wärmestroms am Kühler bei Verwenden der unterschiedlichen Temperatursensoren? Dazu sind für jeden Sensortyp zwei extreme Abweichungen möglich:

1. Am Kühlereintritt zeigt der Sensor zu viel an, am Kühleraustritt zu wenig. Bei Verwendung von Thermoelementen ergäben sich $T_1 = 88,5\,°C$ und $T_2 = 101,5\,°C$. Die angezeigte Temperaturdifferenz beträgt also nicht mehr 10 K, sondern 13 K.
2. Am Kühleintritt wird zu wenig angezeigt, am Kühleraustritt zu viel. Hier betrüge dann die durch die Thermoelemente angezeigte Temperaturdifferenz nur noch 7 K.

Entsprechend Gl. 6.1 ergeben sich die in Abb. 6.3 dargestellten Wärmeströme und relativen Fehler. Beachtlich ist der Fehler von $\pm 30\,\%$ bei Einsatz von Thermoelementen Typ K. Der Fehler kann durch Verwenden von Widerstandsthermometern Pt100 1/10DIN B auf $\pm 1,6\,\%$ verringert werden. ◄

6.2   Temperatureinheiten und Umrechnungen

Gebräuchliche Einheiten für Temperaturangaben sind:

- Kelvin [K], SI-Einheit
- Grad Celsius [°C]

Abb. 6.4 Umrechnungen der Temperatur aus °C

	Grad Celsius [°]
$T_{Celsius}$	T_C
T_{Kelvin}	$T_C + 273,15$
$T_{Réaumur}$	$T_C \cdot 0,8$
$T_{Fahrenheit}$	$T_C \cdot 0,8 + 32$
$T_{Rankine}$	$T_C \cdot 0,8 + 491,67$
$T_{Rømer}$	$T_C \cdot (21/40) + 7,5$
$T_{Delisle}$	$(100 - T_C) \cdot 1,5$
T_{Newton}	$T_C \cdot 0,33$

- Grad Fahrenheit [°F]
- Grad Rankine [°Ra]
- Grad Réaumur [°R]

Da das Kelvin die SI-Basiseinheit der Temperatur ist, wird es ohne den Vorsatz Grad benutzt. Alle weiteren, vom Kelvin abgeleiteten Einheiten sind dagegen mit dem Vorsatz Grad zu benutzen. Die Umrechnungen aus der Angabe in °C sind Abb. 6.4 zu entnehmen. Temperaturdifferenzen werden generell in Kelvin [K] angegeben.

6.3 Thermoelement

Thermoelemente nutzen thermoelektrische Effekte zur Wandlung einer Temperaturdifferenz zwischen Messstelle und Vergleichsstelle in ein Spannungssignal. Die drei (wesentlichen) thermoelektrischen Effekte sind:

- Peltier-Effekt: Wenn in einer geschlossenen Schleife aus zwei unterschiedlich edlen Metallen ein Strom fließt, wird (je nach Stromrichtung) ein Wärmestrom an einer der Verbindungsstellen absorbiert, führt also zu einer Temperaturverringerung gegenüber dem stromlosen, isothermen Zustand. An der gegenüberliegenden Verbindungsstelle wird ein gleich großer Wärmestrom emittiert und führt dort zu einer Temperaturerhöhung. Mit Peltier-Elementen kann also gekühlt oder geheizt werden, je nach Stromrichtung und thermischen Umgebungsbedingungen an den Vergleichsstellen. Der Peltier-Effekt wird oft für die Bereitstellung von Vergleichsstellen mit konstanter Temperatur genutzt.
- Thomson-Effekt: Wird ein einzelner elektrischer Leiter an einer Stelle erwärmt, befinden sich vor und nach dieser Stelle Punkte jeweils gleicher Temperatur, die niedriger als die an der Erwärmungsstelle ist. Wird dieser Leiter nun von elektrischem Strom durchflossen, so ändern sich die Temperaturen an den beiden Punkten vor und nach der Erwärmungsstelle. Der Thomson-Effekt wird bei der Messung mit Thermoelementen oft vernachlässigt.
- Seebeck-Effekt: Wird eine Schleife aus zwei unterschiedlich edlen Metallen an den Verbindungspunkten der beiden Metalle jeweils unterschiedlichen Temperaturen ausgesetzt, fließt ein elektrischer Strom durch diese Schleife und ein Spannungspotential ist messbar. Der Seebeck-Effekt wird für die Messung mit Thermoelementen genutzt.

Thermoelemente bestehen also grundsätzlich aus zwei Leitern aus unterschiedlich edlen Metallen bzw. Metalllegierungen, die miteinander verbunden sind. Um anhand des fließenden Stromes bzw. des sich daraus ergebenden Spannungspotentials die Temperatur an der Messstelle einfach (anhand von Kennlinien) bestimmen zu können, muss die zweite Verbindungsstelle einer konstanten Temperatur ausgesetzt sein. Man spricht von der Vergleichsstelle.

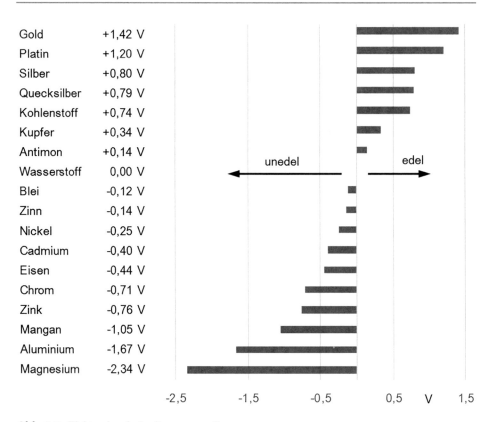

Gold	+1,42 V
Platin	+1,20 V
Silber	+0,80 V
Quecksilber	+0,79 V
Kohlenstoff	+0,74 V
Kupfer	+0,34 V
Antimon	+0,14 V
Wasserstoff	0,00 V
Blei	-0,12 V
Zinn	-0,14 V
Nickel	-0,25 V
Cadmium	-0,40 V
Eisen	-0,44 V
Chrom	-0,71 V
Zink	-0,76 V
Mangan	-1,05 V
Aluminium	-1,67 V
Magnesium	-2,34 V

Abb. 6.5 Elektrochemische Spannungsreihe

In Abb. 6.5 sind die Standardelektrodenpotentiale verschiedener Stoffe dargestellt. Das Standardelektrodenpotential wird auch als Redox-Potential bezeichnet. Es beschreibt die Bereitwilligkeit eines Ions, die fehlenden Elektronen aufzunehmen. Redox beschreibt, dass die oxidierte Form (das Ion) in die reduzierte Form (Atom) zurückkehrt. Standard bedeutet, dass die Stoffmenge von 1 mol/l vorliegt. Beispiel:

$Cu^{2+}+2e^{-} \to Cu$, Redoxpotential: +0,34V

Für Zink beträgt das Redoxpotential $-0,76$ V. Daraus ergibt sich, dass Zink bei Reaktionen edlere Metalle reduziert bzw. selbst oxidiert wird. Diese Tatsache wird z. B. bei sogenannten Opferanoden in Warmwasserspeichern oder an Schiffsrümpfen ausgenutzt. Solange nichtoxidiertes Zink an der Opferanode vorhanden und elektrische Leitung (in den Beispielen durch mineralhaltiges Wasser) zum zu schützenden Bauteil vorhanden ist, verhindert die Opferanode durch ihre Oxidation die Oxidation des zu schützenden Bauteils.

Thermoelemente erzeugen also ein Spannungspotential zwischen der der Messgröße ausgesetzten und der Vergleichsstelle. An der Vergleichsstelle kann diese Spannung zwischen den beiden Leiterenden gemessen und in eine Temperatur umgerechnet werden. Bis zur Vergleichsstelle sollten die Leitungen aus der Thermopaarung des benutzten Thermoelements bestehen, nach der Vergleichsstelle können andere elektr. Leiter, die allerdings beide gleich sein müssen, verwendet werden (meist Kupfer). Verlängerungen bis zur Vergleichsstelle werden auch Thermoleitungen genannt. Kostengünstigere Leitungen mit ähnlichen thermoelektrischen Eigenschaften werden als Ausgleichsleitungen bezeichnet.

Die gängigsten Thermoelement-Paarungen sind:

- NiCr-Ni (Thermoelement Typ K)
- Pt-RhPt (Thermoelement Typ B)
- Fe-CuNi (Thermoelement Typ J)
- NiCr-CuNi (Thermoelement Typ E)

Die Kennlinien verschiedener Paarungen sind in Abb. 6.6 dargestellt.

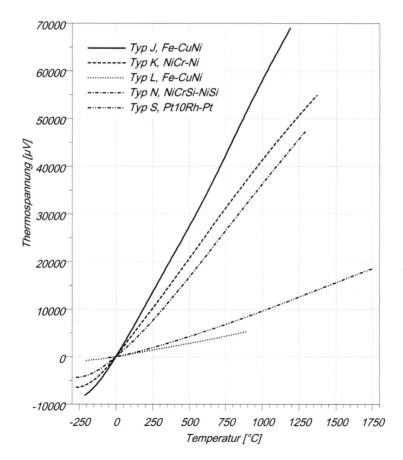

Abb. 6.6   Kennlinien verschiedener Thermoelemente

Die Grenzabweichungen bzw. Messgenauigkeiten können Abb. 6.7 entnommen werden.

In der Fahrzeugmesstechnik ist der Typ K das universell eingesetzte Thermoelement, da es den größten Temperaturbereich abdeckt. Ergänzt wird es durch den Typ B bzw. S.

Dabei werden die Thermoelementpaarungen nahezu ausschließlich als Mantelthermoelemente ausgeführt, siehe Abb. 6.8. Die Verbindung mit der Vergleichsstelle bzw. Ausgleichsleitungen erfolgt mittels genormter Stecker-Kupplungssysteme, ebenfalls in Abb. 6.8 erkennbar. Der eigentliche Messwertaufnehmer ist in Abb. 6.8 oben zu sehen, eine Nahaufnahme in Abb. 6.9 zeigt die Verlötung der beiden Leitungen. Hier wird auch ein Problem bei der Verwendung von Mantelthermoelementen erkennbar. Die Temperatur der Messgröße kann nur erfasst werden, wenn vom Messobjekt Wärme auf den Mantel und von diesem auf den eigentlichen Messwertaufnehmer, die Verbindungsstelle der beiden Thermoelementleitungen, oder in umgekehrter Richtung (je nach Temperaturgefälle) übertragen wird. Erst wenn keine Wärme mehr übertragen wird, besitzen Messwertaufnehmer, Mantel und Messobjekt die gleiche Temperatur und der korrekte Wert; die Anpassungsabweichung ausgeschlossen; wird aufgenommen. Finden nun schnelle zeitliche Änderungen der Temperatur statt, kann der Messwertaufnehmer diesen je nach thermischer Trägheit mehr oder weniger gut folgen. Mantelthermoelemente sind in verschiedenen Durchmessern verfügbar, z. B. von $D_{Mantel} = 0{,}15...8$ mm. Als Faustregel gilt demnach, dass für dynamische Messungen der kleinste vertretbare Manteldurchmesser gewählt wird. Allerdings verringern sich mechanische und thermische Belastbarkeit mit dem Manteldurchmesser. Abb. 6.10 zeigt ein beschädigtes Mantelthermoelement, das im Abgaskrümmer eines Ottomotors verbaut und zu hohen thermischen Belastungen ausgesetzt war.

Für die wichtigsten Thermoelemente haben sich folgende Farben etabliert:

- Typ K: grün
- Typ J: schwarz
- Typ S: orange
- Typ R: orange

	Klasse I		Klasse II	
	Temperaturbereich	Grenzabweichung	Temperaturbereich	Grenzabweichung
Typ J	-40°C bis +375°C	± 1,5°C	-40°C bis +333°C	± 2,5°C
	375°C bis 750°C	± 0,004 ·|t|	333°C bis 750°C	± 0,004 ·|t|
Typ K, Typ N	-40°C bis +375°C	± 1,5°C	-40°C bis +333°C	± 2,5°C
	375°C bis 1000°C	± 0,004 ·|t|	333°C bis 1600°C	± 0,0075 ·|t|
Typ R, Typ S	0°C bis +1100°C	± 1°C	0°C bis +600°C	± 1,5°C
	1100°C bis 1800°C	± [1+0,0034(t-1100)]°C	600°C bis 1600°C	± 0,0025 ·|t|

Abb. 6.7 Grenzabweichungen einiger, genormter Thermoelemente

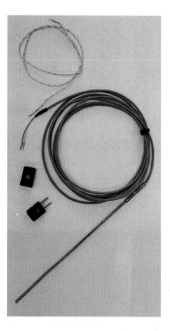

Abb. 6.8 Mantelthermoelement Typ K, Innenseele mit Messwertaufnehmer, Kupplung und Stecker

Abb. 6.9 Messspitze eines Thermoelements Typ K, Verlötung des Thermopaares

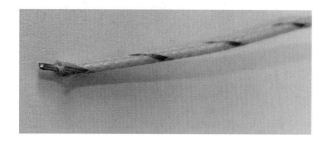

Üblicherweise werden die Leitungen des jeweiligen Typs, Stecker, Kupplungen und Thermo- bzw. Ausgleichsleitungen in der gleichen Farbe geliefert. Im Prüfstandsbetrieb und bei der Fahrzeugerprobung werden üblicherweise Messmodule mit 8 oder 16 Steckplätzen für Thermoelemente benutzt. Diese Module (siehe Abschn. 6.6.4) werden mittels CAN[1] an den Messrechner angeschlossen. Bei detaillierten Messungen kann die Anzahl der Thermoelemente am Motor und seiner Peripherie durchaus mehr als 150 erreichen. Die Anbindung mittels o. a. Module am Motorenprüfstand zeigt Abb. 6.11. Im Vergleich

---

[1]CAN: Controller Area Network, weit verbreiteter Datenbus in der Fahrzeug- und Messtechnik.

Abb. 6.10 Durch thermische
Überlastung beschädigtes
Mantelthermoelement

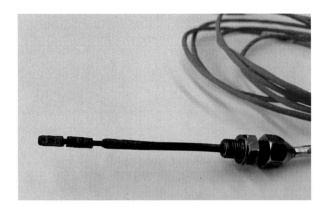

Abb. 6.11   Modulare Anbindung von Thermoelementen am Motorenprüfstand

zu Abb. 6.12, in der die Anbindung an Thermoelement-Decks des Prüfstandslieferanten
dargestellt ist, wird der räumliche Vorteil der Modulanbindung deutlich.

In Abb. 6.13 sind Thermoelemente an einer rotglühenden Abgasanlage im Motorenprüfstand erkennbar.

Abb. 6.12   Anbindung von Thermoelementen am sogenannten Messgalgen im Motorenprüfstand

Abb. 6.13   Thermoelemente an einer Abgasanlage im Motorenprüfstand

6.4   Metall-Widerstandsthermometer

Elektrische Leiter besitzen einen temperaturabhängigen elektrischen Widerstand. Ist dessen Kennlinie bekannt, kann die Temperatur direkt mittels Widerstandsmessung ermittelt werden. Allgemein ergibt sich der temperaturabhängige Widerstand von Metallen anhand Gl. 6.2 aus dem elektrischen Widerstand R_0 bei der Bezugstemperatur T_0 und der Temperatur T sowie materialabhängigen Konstanten α und β zu:

$$R(T) = R_0\left[1 + \alpha(T - T_0) + \beta(T - T_0)^2\right] \tag{6.2}$$

Bei Temperaturmessung in °C wird 0 °C als Bezugstemperatur ϑ_0 gewählt. Damit vereinfacht sich Gl. 6.2 zu

$$R(T) = R_0\left[1 + \alpha T + \beta T^2\right] \tag{6.3}$$

Wird weiterhin nur der lineare Koeffizient α berücksichtigt, vereinfacht sich Gl. 6.2 zu:

$$R(\vartheta) = R_0(1 + \alpha\vartheta) \tag{6.4}$$

Die Empfindlichkeit E beträgt:

$$E = \frac{dR}{d\vartheta} = R_0\alpha \tag{6.5}$$

Aus dem gemessenen Widerstand R_0 kann nun die Temperatur berechnet werden:

$$\vartheta = \frac{R(\vartheta) - R_0}{\alpha R_0} \tag{6.6}$$

Für Widerstandsthermometer werden in den meisten Fällen Nickel oder Platin verwendet. Dabei werden die Drähte so gestaltet, dass sich bei 0 °C ein Widerstand von $R_0 = 100\,\Omega$ oder $R_0 = 1000\,\Omega$ ergibt. Die Bezeichnung Pt100 heißt also: Widerstandsthermometer aus Platin mit $R_0 = 100\,\Omega$. Üblich ist weiterhin ein Bezugswiderstand von $R_0 = 500\,\Omega$. Beide, Nickel und Platin, sind Kaltleiter, bei denen der elektrische Widerstand mit der Temperatur ansteigt. Kaltleiter werden auch PTC für Positive Temperature Coefficient genannt. Je höher der Nennwiderstand ist, desto geringer ist der Einfluss des Eigenwiderstandes der Leitung zwischen Widerstandsthermometer und Auswerteeinheit.

Die Kennlinien von Ni100 und Pt-100 sind in Abb. 6.14 dargestellt. Wegen des größeren Temperaturbereiches in Verbindung mit der sehr guten Linearität der Kennlinie werden in der Fahrzeugmesstechnik meist Pt-100 eingesetzt.

Für diese gibt es zwei Genauigkeitsklassen lt. Gl. 6.7 und 6.8:

$$A : \pm(0{,}15 + 0{,}002|\vartheta|) \tag{6.7}$$

$$B : \pm(0{,}30 + 0{,}005|\vartheta|) \tag{6.8}$$

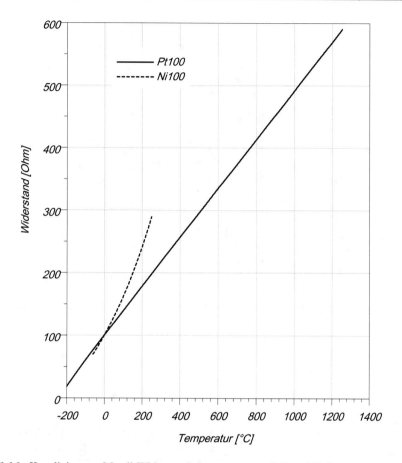

Abb. 6.14   Kennlinien von Metall-Widerstandsthermometern mit $R_0 = 100\ \Omega$

Die Temperatur wird in Gl. 6.7 und 6.8 in [°C] eingesetzt. Neben den beiden angegebenen Klassen A und B sind auf dem Markt Pt100 mit 10facher Genauigkeit gegenüber Klasse B, oft als Pt100 1/10 DIN B bezeichnet, und mit 1/3 DIN A erhältlich. Damit sind Pt100 bei jeder Temperatur in der Abbildung der Messgröße den Thermoelementen überlegen, allerdings auch deutlich teurer.

In Abb. 6.15 ist deutlich erkennbar, dass Widerstandsthermometer, ebenso wie Thermoelemente, mit einem Metallmantel als Schutz des eigentlichen Widerstandsthermometers zum Einsatz kommen können. Die Durchmesser des aus korrosionsbeständigem Metall gefertigten Mantels sind genormt und ähnlich bzw. meist gleich denen der Thermoelemente (siehe Abschn. 6.3). Der Grund dafür ist die Verwendung gleicher Klemmringverschraubungen zur Installation in Fluiden, siehe Abschn. 6.6.3.

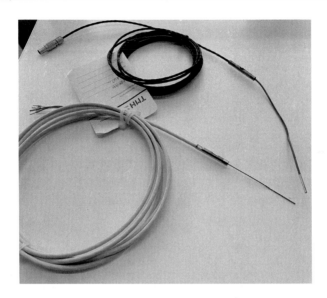

Abb. 6.15 Pt100 Vierleiter-Mantelwiderstandsthermometer, weiß mit offenen Leitungsenden, schwarz mit Lemo-Stecker

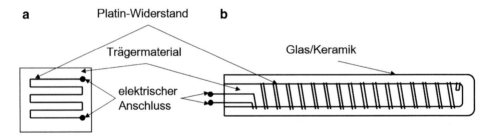

Abb. 6.16 Platinmesswiderstände, **a** Schichtwiderstand, **b** Drahtaufwicklung

Metall-Widerstandsthermometer können als Drahtaufwicklung oder in Dünnschicht-technik ausgeführt sein, siehe Abb. 6.16. Statt eines Glaskörpers kommen für gewickelte Widerstände auch Keramiken zum Einsatz.

Der Nenn-Widerstand R_0 bei 0 °C wird bei gewickelten Drähten durch Kürzen der Rohdrahtlänge eingestellt.

Bei Dünnschichtelementen wird zuerst eine Platinschicht auf einen isolierenden Körper aufgebracht (aufgedampft oder aufgestäubt), anschließend werden die Leiter-bahnen mittels Laser ausgeschnitten und ebenfalls auf den Nennwiderstand R_0 abgeglichen (Abb. 6.17).

Abb. 6.17 Dünnschicht-
Widerstandsthermometer
Pt1000, die Breite beträgt
2 mm

6.5   Heißleiter/Thermistoren (NTC = Negative Temperature Coefficient)

In Halbleitern[2] nimmt die Zahl der freien Ladungsträger mit steigender Temperatur zu. Damit steigt die Leitfähigkeit und der Widerstand verringert sich. Näherungsweise kann Gl. 6.9 geschrieben werden.

$$R(T) = R_0 e^{b\left(\frac{1}{T} - \frac{1}{T_0}\right)} \tag{6.9}$$

Im Gegensatz zu Widerstands-Metallthermometern wird bei NTC-Kennwerten der Widerstand bei der Nenntemperatur $T_0 = 25\,°C$ zugrunde gelegt. Die Kennlinie ist nichtlinear und stark abhängig von der Dotierung bzw. Stoffhomogenität. In den letzten Jahren konnte die Reproduzierbarkeit der Kennlinie bei verschiedenen Produktionschargen deutlich verbessert werden, sodass Thermistoren inzwischen ähnliche Messgenauigkeiten erreichen wie Metall-Widerstandsthermometer. Fertigungsbedingt sind die meisten PTC-Sensoren als kleine Perlen ausgeführt, sie besitzen somit geringere Zeitkonstanten als Metall-Mantel-Widerstandsthermometer und erlauben punktuelle Messungen. Demgegenüber steht als negative Eigenschaft die geringere Langzeitstabilität.

NTC werden üblicherweise für die Temperaturmessung von Kühlmittel und Umgebungsluft im Serienfahrzeugbau eingesetzt. In der Entwicklungsarbeit spielen sie eine eher untergeordnete Rolle.

---

[2]Hier betrachtete Halbleiter bestehen meist aus gepressten oder gesinterten Metalloxiden von Mangan, Eisen, Nickel, Kupfer, Kobalt oder Titan.

6.6   Montage/Anschluss von Thermoelementen und Widerstandsthermometern

Für die am häufigsten in der Fahrzeug- und Motorenentwicklung verwendeten Mantel-Thermoelemente und –Metall-Widerstandsthermometer gibt es drei Möglichkeiten der Montage am Messobjekt:

1. Aufbringen auf Oberflächen
2. Einbringen in Bauteile
3. Montage in Fluidführungen (Flüssigkeiten oder Gase)

Vorab noch eine Darstellung der Genauigkeiten von Widerstandsthermometern und Thermoelementen, siehe Abb. 6.18. Die deutlich niedrigste zulässige Abweichung zeigt das Pt100 1/10 DIN B. Ebenfalls gut erkennbar ist der begrenzte Einsatzbereich der Platin-Widerstandsthermometer bis etwa $T = 500\,°C$ im Vergleich zu den beiden dargestellten Thermoelementen, die bei Temperaturen bis etwa 1100 °C (Typ K) bzw. 1600 °C (Typ R und Typ S) eingesetzt werden können. Mit größerem Aufwand können Platin-Widerstandsthermometer bis zu Temperaturen von etwa 1100 °C eingesetzt werden. Im Temperaturbereich von $-50…120\,°C$ sind Platin-Widerstandsthermometer bzgl. der Messgenauigkeit den beiden dargestellten Thermoelementen vorzuziehen.

6.6.1   Aufbringen auf Oberflächen

Die einfachste Methode ist das Aufkleben mittels wärmeleitfähiger Kleber, die üblicherweise mit Metallpartikeln versetzt sind und aus zwei Komponenten bestehen (Klebemasse und Härter). Diese Klebstoffe sind mit unterschiedlichen Metallanteilen (z. B. Aluminium) erhältlich, sodass dem Messobjekt ähnliche Materialeigenschaften an der Klebestelle realisiert werden können.

In Abb. 6.19 sind aufgeklebte Thermoelemente zur Messung der Oberflächentemperatur des Gehäuses eines Automatikgetriebes erkennbar. Ebenfalls gut zu sehen sind auf diesem Bild die Zugentlastungen (Schraubschellen), die neben der mechanischen Entlastung des Thermoelementes auch Vibrieren während des Betriebes verringern. Der große Sensor mittig rechts in Abb. 6.19 ist ein Infrarotthermometer. Zum Aufkleben wird idealerweise eine Nut in das betreffende Bauteil gefräst, in die das Mantel-Thermoelement oder –Widerstandsthermometer gelegt wird. Anschließend wird der Zweikomponentenklebstoff aufgebracht. Dabei ist darauf zu achten, dass Lufteinschlüsse zwischen Bauteil und Temperatursensor zuverlässig vermieden werden.

Das Anbringen mit Hilfe von Metallfolie ist in Abb. 6.20 dargestellt. Dabei wird die dort zu sehende Folie mittels Punktschweißen auf dem Messobjekt befestigt, in diesem Beispiel auf einer Abgasanlage. Dabei ist auf guten Kontakt zwischen Messobjekt und Thermoelement zu achten.

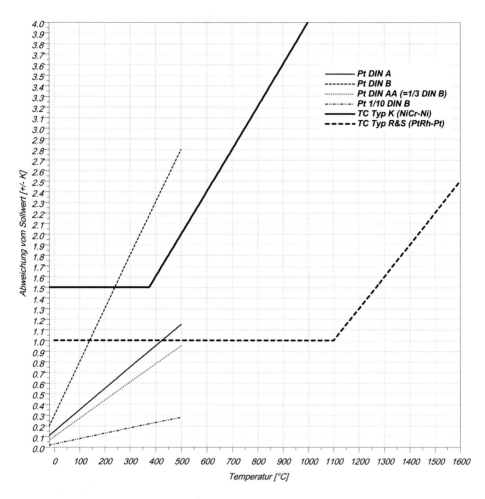

Abb. 6.18   Genauigkeitsklassen von Platin-Widerstandsthermometern und Thermoelementen

6.6.2   Einbringen in Bauteile

Besonders in der Motorenentwicklung ist die Kenntnis detaillierter Temperaturver-
teilungen im Motor notwendig. Beispielhaft sei das an der Zylinderwand erklärt.
Abb. 6.21 zeigt schematisch den Temperaturverlauf vom Brennraum durch die Zylinderwand ins Kühlmittel. Hier ist erkennbar, dass es z. B. nicht eine diskrete Wandtemperatur
gibt, sondern einen Temperaturverlauf innerhalb der Wand. Beachtenswert ist der große
Temperaturgradient von etwa 300 K über der Wandstärke von 4 mm. Über der Zylinderhöhe ist der Temperaturverlauf nichtlinear, siehe Abb. 6.22. Am Zylinderfuß wird die
Wandtemperatur wesentlich von der Öltemperatur beeinflusst, in mittlerer Höhe von
der Kühlmitteltemperatur und weiter oben von der Temperatur des Zylinderkopfes. Des

Abb. 6.19 Gehäusetemperaturmessstellen mittels Thermoelementen Typ K an einem Wandler-automaten

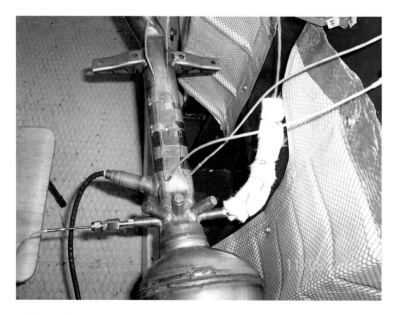

Abb. 6.20 Thermoelemente Typ K zum Erfassen der Oberflächentemperatur einer Abgasanlage, mittels punktgeschweißter Folien fixiert

Abb. 6.21 Schematischer Temperaturverlauf an der Zylinderwand über der Wandstärke

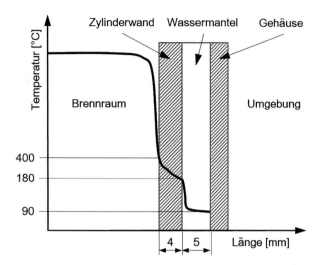

Abb. 6.22 Schematischer Temperaturverlauf in der Zylinderwand über der Zylinderhöhe

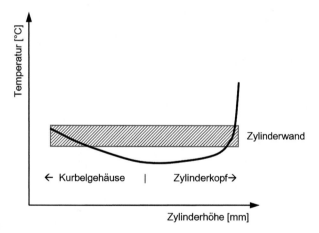

Weiteren ist die Temperatur über dem Umfang des Zylinders ebenfalls nicht konstant, siehe Abb. 6.23. An den Zylinderstegen ist sie am höchsten, da zwischen benachbarten Zylindern je nach Motorkonstruktion wenig oder kein Kühlmittel strömt. Bei querdurchströmten Motoren liegt der Kühlmitteleinlass oft auf der Abgasseite, dementsprechend ist die Zylinderwandtemperatur dort am niedrigsten und auf der gegenüberliegen Kühlmittelauslass-Seite etwas höher. Da bei den meisten Motoren ein zentraler Kühlmittelzulauf; oft an der Stirnseite des Motors; und ein zentraler Kühlmittelauslass vorhanden ist, sind die Temperaturen der einzelnen Zylinder ebenfalls unterschiedlich.

Diese Temperaturverläufe ändern sich in ihrer Form und den Werten in Abhängigkeit vom Motorbetriebspunkt, vom transienten Betriebsverhalten, von der Kühlmittel- und

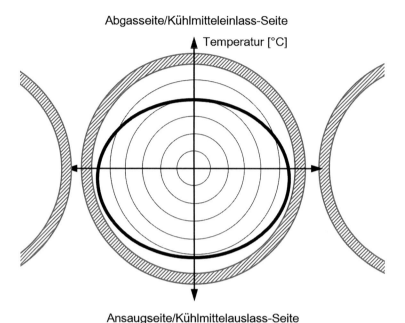

Abb. 6.23 Temperaturverteilung über dem Zylinderumfang (Temperaturunrunde)

Öltemperatur und auch als Funktion von Applikationsparametern wie Zündwinkel und Lambda[3].

Um solche Temperaturverläufe; die für die Bauteilfestigkeit und die Einhaltung definierter Spiele wichtig sind; zu erfassen, ist das Einbringen von Temperaturaufnehmern (z. B. Thermoelementen) ins Bauteil notwendig. Um möglichst exakt die gewünschte Position zu erreichen werden üblicherweise Bohrungen eingebracht, deren Durchmesser etwas größer ist als der des Mantel-Thermoelementes.

Das Thermoelement wird dann soweit in die Bohrung eingeschoben, dass es am Grund auftrifft und soweit gestaucht, dass einer der Euler-Knickfälle eintritt. Anschließend wird der Mantel am Austritt des Thermoelementes aus der Bohrung mittels Keil festgeklemmt, mittels Schraubplatte fixiert oder mit bereits erwähnten Zweikomponentenklebstoffen verklebt, siehe Abb. 6.24.

---

[3]Lambda bezeichnet als Verhältniszahl zwischen tatsächlicher Luftmasse im Brennraum und für die Verbrennung einer bestimmten Kraftstoffmasse notwendiger Luftmasse die Gemischzusammensetzung.

Abb. 6.24 Montage von
Mantel-Temperatursensoren im
Bauteil

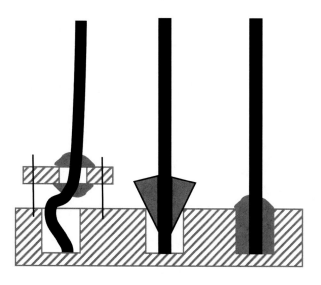

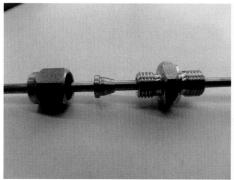 

Abb. 6.25 Klemmringverschraubung

6.6.3   Montage in Fluidführungen

Für die Messung von Fluidtemperaturen ist oft die Montage des Thermoelementes
in Rohrwandungen notwendig. Dafür werden hauptsächlich genormte Klemmringverschraubungen benutzt, siehe Abb. 6.25. Die Innendurchmesser entsprechen
dabei genormten Mantel-Thermoelement- oder Widerstandsthermometer-Durch-
messern plus etwa 0,05…0,15 mm. Der untere Teil mit Außengewinde (metrisch oder
zöllig) wird in die fluidführende Rohrleitung geschraubt. Der obere Teil wird auf den
Unteren geschraubt. Durch den zwischen beiden befindlichen Klemmring kann das

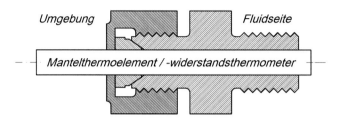

Abb. 6.26 Prinzip der Klemmringverschraubung

Mantelelement fixiert und abgedichtet werden. Klemmringe werden aus Metall, PTFE[4] oder ähnlichen Kunststoffen gefertigt. Metallklemmringe erlauben starke Klemmkräfte und damit sehr gute Abdichtung, so dass auch bei höheren Drücken im zu messenden Fluid Dichtheit gewährleistet ist. Außerdem vertragen sie deutlich höhere Temperaturen als Kunststoffklemmringe. Allerdings wird der Mantel des Temperatursensors an der Klemmstelle dauerhaft verformt, was ein späteres Verschieben des Sensors unmöglich macht. Dieser Nachteil tritt bei Kunststoffklemmringen nicht auf. Klemmringe aus Keramik zerfallen beim Festziehen der Klemmringverschraubung zu Pulver, können also nur einmalig verwendet werden. Sie bieten Vorteile bei hohen Temperaturen, wie sie z. B. in Abgasanlagen vorkommen. Die Verschraubung brennt nicht, wie bei Metallklemmringen, fest.

Das Prinzip der Klemmringverschraubung ist in Abb. 6.26 erkennbar.

Bei Temperaturmessungen in bewegten Fluiden ist auf die Homogenität der Temperaturverteilung zu achten. Bei größeren Rohrdurchmessern sind mehrere Temperatursensoren an derselben Querschnittsstelle einzusetzen, um aus den einzelnen Werten die mittlere Fluidtemperatur zu gewinnen. Leitelemente in der Fluidleitung, die die Strömung gezielt durchmischen und so Temperaturhomogenität herstellen, sind ebenfalls empfehlenswert.

6.6.4 Anschluss von Thermoelementen und Metall-Widerstandsthermometern

Thermoelemente

In Abb. 6.6 wurde gezeigt, dass Thermoelemente als Rohsignal Thermospannungen zwischen -10.000 und $+75.000\,\mu V$ nach der Vergleichsstelle ausgeben. Diese Vergleichsspannung kann entweder in eine direkte Anzeige umgewandelt oder in ein Einheitssignal verstärkt werden. Zur Temperaturmessung mittels Thermoelement werden also mindestens das Thermoelement, die Vergleichsstelle, ein Signalwandler oder Messverstärker benötigt.

---

[4]PTFE: Polytetrafluorethylen.

Als Einheitssignal bietet sich das Spannungssignal 0...10 V an. Vergleichsstelle, Messverstärker und Signalwandler sind meist in einem Gerät integriert, welches ein temperaturproportionales Einheitssignal oder eine CAN-Botschaft liefert, siehe z. B. Abb. 6.27. Die dort dargestellten Module weisen Buchsen für die genormten Mini-Stecker Typ K auf, neben diesen Buchsen sind zwei fünfpolige Buchsen erkennbar. An diese werden weitere Module (linke Buchse) bzw. der Auswerterechner und die Spannungsversorgung (rechte Buchse) angeschlossen. Zum Anschluss der Thermoelemente existieren auch weitere, kompaktere Ausführungen mit 16poligen Buchsen, an die 8 Thermoelemente angeschlossen werden können.

Solche modularen Systeme sind vorteilhaft für die synchronisierte Erfassung mehrerer Messwerte. Hier können mehrere hundert Messsignale mittels CAN an einen Auswerterechner bzw. Datenlogger übermittelt werden. Eine ebenfalls integrierte Lösung zeigt Abb. 6.28. Hier sind zusätzlich das Ausgabegerät (Display) und der Datenrekorder integriert. Außerdem weist das Gerät eine RS232-Schnittstelle auf, so dass die Daten auf PC überspielt werden können.

Metall-Widerstandsthermometer

Prinzipiell ist die Messung des temperaturabhängigen Widerstandes direkt an den beiden eigentlichen Leitungen des Messfühlers möglich (Zweileitertechnik). Hier ist jedoch schon der Innenwiderstand zu berücksichtigen. Wird beispielsweise ein Mantel-Metallwiderstandsthermometer mit 200 mm Mantellänge benutzt und davon ausgegangen, dass die Innenleitungen vom eigentlichen Messwiderstand bis zum

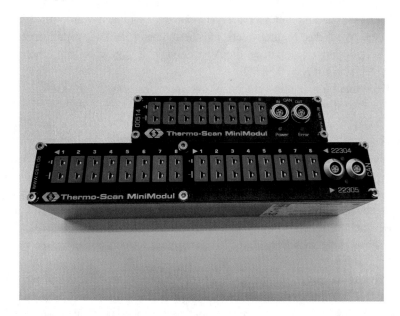

Abb. 6.27 Minimodule zum Anschluss von 8 (oben) oder 16 (unten) Thermoelementen Typ K

Abb. 6.28 Integriertes
Gerät für maximal 4
Thermoelemente mit Typ-K
Ministecker

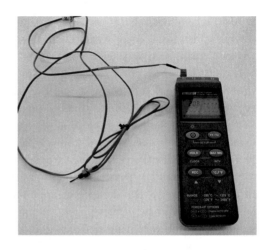

Mantelende ebenfalls 200 mm lang sind, ergibt sich bei Verwendung von Kupfer nach
Gl. 6.10

$$R_L = \frac{\rho l}{A} = \frac{\rho l}{\frac{\pi}{4}d^2} \tag{6.10}$$

bei einer Temperatur von $T_L = 20\,^{\circ}\mathrm{C}$ ein zusätzlicher Leitungswiderstand von
$R_L = 0{,}0087\,\Omega$. Dabei ist ρ der spezifische, materialabhängige Widerstand. Für Kupfer
bei $T_L = 20\,^{\circ}\mathrm{C}$ beträgt der Wert $\rho_{Cu} = 0{,}171\,\Omega\,\mathrm{mm}^2/\mathrm{m}$. Die gesamte Leitungslänge
beträgt $l = 0{,}4$ m, der Durchmesser der verwendeten Leitungen wurde mit $d = 0{,}5$ mm
angenommen. Wird das Mantelwiderstandsthermometer mittels Verlängerungsleitung
mit einer Leitungslänge $l_L = 2$ m an die Auswerteeinheit angeschlossen, erhöht sich der
Leitungswiderstand auf $R_L = 0{,}383\,\Omega$.

Die Kennlinie für Platin-Widerstandsthermometer wurde in Gl. 6.2 und 6.3
angegeben. Für die Koeffizienten findet man in [1] $\alpha = 3{,}9083 \cdot 10^{-3}\,^{\circ}\mathrm{C}^{-1}$ und
$\beta = -5{,}775 \cdot 10^{-7}\,^{\circ}\mathrm{C}^{-2}$. Daraus ergibt sich nach Gl. 6.3 ein Widerstand des Platinmess-
widerstandes bei 20 °C von $R = 107{,}79\,\Omega$. Damit verursachen die Leitungswiderstände
einen Fehler von 0,36 %. Bei 10 m Anschlussleitungslänge beträgt der Widerstand der
Leitungen schon $1{,}776\,\Omega$ und der Fehler steigt auf 1,6 %. Sowohl der spezifische Widerstand als auch dessen Temperaturabhängigkeit sind bei Kupfer größer als bei Platin.
dementsprechend wächst der relative (und natürlich auch der absolute) Fehler aus
obigem Beispiel mit zunehmender Temperatur.

Abb. 6.29 zeigt die nach DIN EN 60751 genormten Anschlussschaltungen von Widerstandsthermometern.

Generell wird dabei der Spannungsabfall bei Versorgung mit einem konstanten Strom
gemessen. Der Spannungsabfall ist (wg. des Ohm'schen Gesetzes) proportional zum
Widerstand. Je größer der Versorgungsstrom, desto größer wird auch der Spannungsabfall als nutzbares Signal.

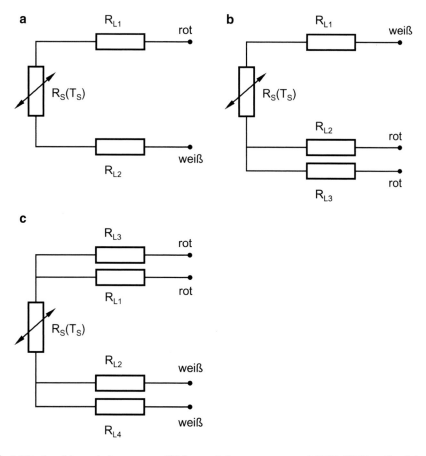

Abb. 6.29 Anschlussschaltungen von Widerstandsthermometern nach DIN 60751, **a** Zweileiter, **b** Dreileiter, **c** Vierleiter

Allerdings nimmt mit größer werdendem Strom auch die Eigenerwärmung der Sensoranschlussleitungen zu und damit deren Widerstand, wodurch das Messsignal (der temperaturabhängige Messwiderstand) verfälscht wird. Für Pt100 wird der Strom üblicherweise auf 1 mA eingestellt.

Bei der Zweileitermessung wird also nicht nur der Spannungsabfall über dem eigentlichen Messwiderstand, sondern über der ganzen Widerstandskette (in Reihenschaltung) gemessen. Viele Messgeräte für Widerstandsthermometer sind auf feste Werte von Leitungswiderständen eingestellt. Der tatsächlich vorhandene Widerstand kann oft mit einem einstellbaren Abgleichwiderstand R_A abgeglichen werden, siehe Abb. 6.30. Dort sind ebenfalls die Innenleitungswiderstände $R_{IL1,2}$ eingezeichnet. Abb. 6.30a zeigt die Abgleichschaltung, hier ist der temperaturabhängige Messwiderstand $R_S(T_S)$ kurzgeschlossen (mit einer äußerst niederohmigen Leitung), die Innenleitungswiderstände werden also nicht berücksichtigt. Im Messkreis wird ein bekannter, genauer

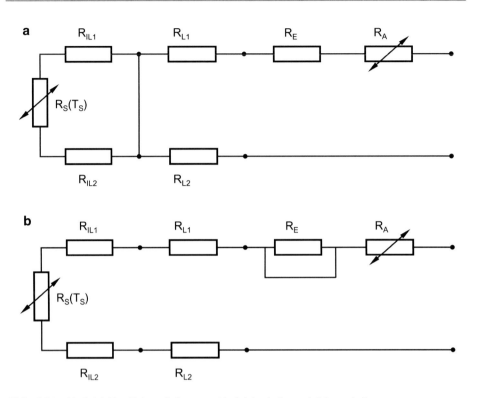

Abb. 6.30 Abgleich Zweileiterschaltung, **a** Abgleichschaltung, **b** Messschaltung

Ersatzwiderstand R_E eingesetzt, der den Messwiderstand ersetzt. Nun wird R_A solange verändert, bis das Messgerät die dem Ersatzwiderstand entsprechende Temperatur anzeigt. Damit sind die Leitungswiderstände $R_{L1,2}$ kompensiert. Das gilt allerdings nur, wenn die Leitungen ihre Temperatur nicht wesentlich ändern, ansonsten muss neu abgeglichen werden.

Im Betriebszustand, Abb. 6.30b, wird die Brücke des Messwiderstands entfernt und der Ersatzwiderstand gebrückt.

Teilweise können die durch die Leitungswiderstände entstehenden Fehler mit der unvollständigen Dreileiterschaltung kompensiert werden, siehe Abb. 6.31. Die beiden Leitungswiderstände R_{L1} und R_{L3} und der eigentliche Messwiderstand $R_S(T_S)$ bilden dabei den Messkreis. R_{L2} und R_{L3} bilden einen Referenzzweig. Besitzen die Leitungen identische Eigenschaften (Länge, Querschnitt, Material, Temperatur/Temperaturdifferenz) gilt $R_{L1} = R_{L2} = R_{L3}$. Damit besitzt der Referenzkreis den gleichen Widerstand wie der Messkreis und der Widerstand des Messkreises kann kompensiert werden. Die Innenleitungswiderstände des Widerstandsthermometers $R_{IL1/2}$ können jedoch nicht kompensiert werden.

Abb. 6.31 Unvollständige
Dreileiterschaltung,
Innenwiderstände werden nicht
berücksichtigt

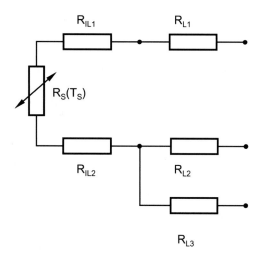

Abb. 6.32 Vierleiterschaltung

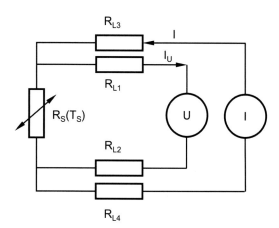

Bei der Vierleiterschaltung nach Abb. 6.32 können Leitungswiderstände vollständig kompensiert werden. Hier fließt über die beiden äußeren Leitungen ein bekannter Strom, der konstant gehalten wird (bei Pt100 meist 1 mA). Über die beiden hochohmigen Messleitungen, deren Widerstand bekannt sein muss, wird der Spannungsabfall über dem Messwiderstand $R_S(T_S)$ gemessen und daraus und aus dem bekannten Strom der Widerstand nach dem ohmschen Gesetz berechnet.

Voraussetzung für die (nahezu) vollständige Kompensation von Widerstandsänderungen in den Leitungen ist ein gegenüber dem Versorgungsstrom I viel kleinerer Strom I_U an der Spannungsmessung. Das wird durch die hohen Widerstände der Messleitungen erreicht, bei denen außerdem Temperaturänderungen nur zu geringen relativen Widerstandsänderungen führen.

Abb. 6.33 CAN-Modul für den Anschluss von Widerstandsthermometern Pt100 und Pt1000

Prinzipiell sind bei der Vierleitermessung Versorgung und Messung voneinander getrennt.

Da uns das Problem von unerwünschten Widerstandsänderungen in Messleitungen öfter begegnen wird, soll im folgenden Abschnitt die Möglichkeit der vollständigen Kompensation des Temperatureinflusses in Form der Wheatstone'schen Messbrücke gezeigt werden.

Für den Anschluss von Widerstandsthermometern gibt es, analog zu den in Abb. 6.27 dargestellten Modulen, ebenfalls sogenannte Minimodule. Diese sind in Abb. 6.33 dargestellt.

6.6.5 Wheatstone'sche Messbrücke

Die Wheatstone-Brücke[5] besteht aus vier in Reihe geschalteten Widerständen, an denen die Spannung zwischen zwei Widerstandspaaren abgegriffen wird, siehe Bild 5.22. Zwischen den beiden anderen Paaren liegt die Spannungsquelle.

Von den vier Widerständen sind drei bekannt, der Vierte soll ermittelt werden. Dazu wird einer der bekannten Widerstände solange variiert, bis die die Messspannung $U_{Mess}=0$ wird. Anhand Abb. 6.34 sollen die Verhältnisse in der Wheatstone-Brücke hergeleitet werden. Zwei Größen sind für uns interessant:

---

[5]Erfunden 1833 von Samuel Hunter Christie, wurde die Bedeutung später von Charles Wheatstone erkannt und der Einsatz der Messbrücke gefördert.

Abb. 6.34 Wheatstone'sche
Messbrücke

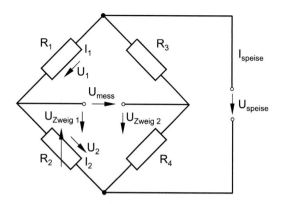

- U_{Mess} ist z. B. bei einer DMS-Messbrücke (DMS = Dehnmessstreifen) zur Drehmoment-Erfassung interessant. Hier ist U_{Mess} das Maß für die Verdrehung der Welle und damit für das anliegende Drehmoment.
- R_2 als veränderlicher Widerstand, z. B. als Widerstandsthermometer

Für die Reihenschaltung von R_1 und R_2, also den Zweig 1 in Abb. 6.34 gilt:

$$I_{Speise} = I_1 = I_1 = I \qquad (6.11)$$

$$R_1 I + R_2 I = (R_1 + R_2)I \qquad (6.12)$$

$$R_{gesamt} = R_1 + R_2. \qquad (6.13)$$

Mit dem Ohmschen Gesetz

$$U = RI \qquad (6.14)$$

kann für die beiden an den Widerständen R_1 und R_2 anliegenden Spannungen geschrieben werden:

$$\frac{U_1}{U_2} = \frac{R_1 I}{R_2 I} = \frac{R_1}{R_2}. \qquad (6.15)$$

In Reihenschaltungen von (ohmschen) Widerständen wird die Spannung geteilt:

$$U_{gesamt} = U_1 + U_2, \qquad (6.16)$$

$$U_2 = U_{gesamt} - U_1 = U_{gesamt} - U_2 \frac{R_1}{R_2}. \qquad (6.17)$$

Die Gesamtspannung U_{gesamt} wird zu

$$U_{gesamt} = U_2 \left(1 + \frac{R_1}{R_2} \right). \qquad (6.18)$$

Für die Spannung U_2 am Widerstand R_2 gilt:

$$U_2 = U_{gesamt} \frac{1}{\frac{R_2 + R_1}{R_2}}. \tag{6.19}$$

Für die Spannungen an den beiden Widerständen im Zweig 1 gilt demnach:

$$U_1 = U_{gesamt} \frac{R_1}{R_1 + R_2} \tag{6.20}$$

$$U_2 = U_{gesamt} \frac{R_2}{R_1 + R_2}. \tag{6.21}$$

Für die Wheatstone-Brücke kann nun die Berechnung der Messspannung hergeleitet werden. Die einzelnen Spannungen in Zweig 1 und Zweig 2 ergeben sich zu:

$$U_{Zweig1} = U_{speise} \frac{R_2}{R_1 + R_2} \tag{6.22}$$

und

$$U_{Zweig2} = U_{speise} \frac{R_4}{R_3 + R_4}. \tag{6.23}$$

Die Messspannung U_{mess} ist die Differenz der beiden Zweigspannungen:

$$U_{mess} = U_{speise} \left(\frac{R_2}{R_1 + R_2} - \frac{R_4}{R_3 + R_4} \right). \tag{6.24}$$

Sind die Widerstände der Messbrücke R_1 bis R_4 und die Speisespannung bekannt, stellt die Messspannung z. B. ein direktes Maß für das o. a. Drehmoment an einer Welle dar. Auf die dafür notwendige Applikation der Widerstände (Dehnmessstreifen) wird in Abschn. 10.1 näher eingegangen. Ist dagegen nicht die Messspannung interessant, sondern soll die Größe eines Widerstandes, z. B. R_2 als temperaturabhängiger Widerstand, ermittelt werden, so kann dieser aus dem Verhältnis der beiden Zweigspannungen U_{Zweig1} und U_{Zweig2} berechnet werden:

$$\frac{U_{Zweig1}}{U_{Zweig2}} = \frac{R_2}{R_4}. \tag{6.25}$$

Die Spannung im Zweig 1 U_{Zweig1} bildet die Summe aus Messspannung U_{mess} und Spannung im Zweig 2 U_{Zweig2}, damit ergibt sich für den veränderlichen Widerstand R_2

$$R_2 = \frac{U_{mess} + U_2}{U_{Zweig2}} R_4 = \left(\frac{U_{mess}}{U_{Zweig2}} + 1 \right) R_4. \tag{6.26}$$

Mit Gl. 6.23 kann U_{Zweig2} in Gl. 6.26 substituiert werden:

$$R_2 = \left(\frac{U_{mess}}{U_{speise}\frac{R_4}{R_3+R_4}} + 1\right)R_4 = \left(\frac{U_{mess}[R_3 + R_4]}{R_4 U_{speise}} + 1\right)R_4. \tag{6.27}$$

Ausklammern von R_4 ergibt die gesuchte Gleichung zur Bestimmung von R_2:

$$R_2 = \frac{U_{mess}}{U_{speise}}(R_3 + R_4) + R_4. \tag{6.28}$$

Neben der Verwendung für diverse Messgeräte eignet sich die Wheatston`sche Brücke natürlich auch zur Bestimmung unbekannter Widerstände.

6.7 Strahlungspyrometer

Strahlungspyrometer erfassen die Oberflächentemperatur des anvisierten Objektes berührungslos. Dabei wird die vom Messobjekt emittierte Strahlung in verschiedenen Wellenlängenbereichen erfasst. Das Messverfahren ist demnach empfindlich gegenüber Schwankungen von Emissions- und Immissionskoeffizienten. Bei der Temperaturerfassung mittels Strahlungspyrometern interessiert der Wellenbereich von etwa $\lambda = 10^{-6}...10^{-5}$ m, die Infrarotstrahlung. Siehe dazu Abb. 6.35.

Prinzipiell emittiert jeder Körper, der eine Temperatur höher als 0 K aufweist, Wärmestrahlung. Bei den für die Fahrzeugmesstechnik relevanten Umgebungsbedingungen wird Wärmestrahlung von Bauteilen emittiert, die eine höhere als die Umgebungstemperatur besitzen. Bei gleicher Temperatur hängt die Emission stark von der Oberflächenbeschaffenheit des Messobjektes ab. Die beiden Grenzfälle sind schwarzer und weißer Strahler, ersterer absorbiert sämtliche elektromagnetische Strahlung und gibt

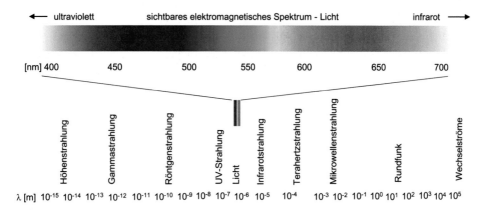

Abb. 6.35 Wellenlängen elektromagnetischer Strahlung

Wärmestrahlung ab, zweiterer reflektiert sämtliche elektromagnetische Strahlung und gibt keine Wärmestrahlung ab. Beide sind Modellvorstellungen und werden in der Realität technisch dargestellt. Die Emission von Wärmestrahlung eines bestimmten Körpers bzw. dessen Oberfläche ist eine Funktion der Wellenlänge/Frequenz der Strahlung und der Oberflächenbeschaffenheit. Aus der Abhängigkeit von der Oberflächenbeschaffenheit ergibt sich auch eine Abhängigkeit von der Strahlungsrichtung. Um verschiedene Körper bzw. Oberflächen miteinander vergleichen zu können, wird die Strahlungsleistung je Oberflächeneinheit bei einer bestimmten Wellenlänge gemessen und mit der theoretisch Möglichen des schwarzen Strahlers verglichen. Das Verhältnis beider wird Emissionsgrad genannt und kann sich demnach zwischen 0 (weißer Strahler) und 1 (schwarzer Strahler) befinden. Nach [2] hat z. B. eine für hohe Temperaturbelastungen ausgelegte Nickellegierung (Handelsname: Inconel) bei einer Wellenlänge von $\lambda = 6\,\mu m$ im polierten Zustand einen Emissionsgrad von etwa $\varepsilon(\lambda = 6\,\mu m) = 0{,}15$, im stark oxidierten Zustand dagegen von etwa $\varepsilon(\lambda = 6\,\mu m) = 0{,}85$. An einem Bauteil mit homogener Temperaturverteilung kann demnach die Wärmestrahlung je nach lokaler Oberflächenbeschaffenheit sehr unterschiedlich sein. Da Pyrometer Wärmestrahlungen detektieren, ist also bei der Messung auf homogene Oberflächen zu achten und das Messinstrument vor der Messung abzugleichen. Homogene Oberflächen bzw. vielmehr Emissionsgrade lassen sich z. B. durch Lackieren herstellen.

Das einfachste Strahlungspyrometer ist das Glühfadenpyrometer. Hier wird das Bild des Messobjektes über einem Glühfaden abgebildet. Die Stromzufuhr zum Heizen des Glühfadens kann variiert werden und wird so eingestellt, dass der Glühfaden vor dem Messobjekt optisch verschwindet, also die gleiche Farbe annimmt. Sind die Materialeigenschaften von Glühfaden und Messobjekt bekannt, ist somit auch die zur Farbe gehörende Temperatur bekannt. Glühfadenpyrometer sind also nur zur Bestimmung von Messobjekttemperaturen geeignet, die Strahlung im für den Menschen sichtbaren Wellenlängenbereich emittieren.

Im Gegensatz zum Glühfadenpyrometer erfasst das Gesamtstrahlungspyrometer etwa 90 % der gesamten Wärmestrahldichte eines Körpers. Dabei wird die Strahlung in einer Optik gebündelt und entweder auf Fotodioden oder auf eine Thermokette gelenkt. Der Temperaturbereich wird durch die Auswahl des Fotodiodenwerkstoffes bzw. durch die Ausführung des Reflektorspiegels der Thermokette eingestellt. Nach [1] kann in die Temperaturbereiche $-100 \ldots +100\,°C, +100 \ldots +500\,°C$ und $+500 \ldots +5000\,°C$ eingeteilt werden. Eine stark vereinfachte, schematische Darstellung zeigt Abb. 6.36.

Strahlungspyrometer haben gegenüber berührenden Thermometern folgende Vorteile:

- Verfälschen das Temperaturfeld in geringstem Maße
- Messung hoher Temperaturen $> 1500\,°C$ bis etwa $2500\,°C$
- Sehr geringe Zeitkonstante
- Messung an bewegten Objekten und über große Distanzen möglich
- Oberflächentemperaturen an Körpern mit geringer Wärmekapazität oder geringer Wärmeleitfähigkeit möglich

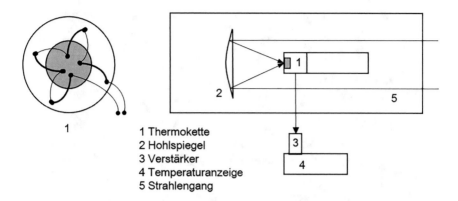

1 Thermokette
2 Hohlspiegel
3 Verstärker
4 Temperaturanzeige
5 Strahlengang

Abb. 6.36 Strahlungspyrometer mit Thermokette

Nachteile sind:

- Geringere Genauigkeit
- Teurer
- Können nur Oberflächentemperaturen messen
- Aufwendigere Kalibrierung
- Teilweise Behandlung der Messobjekt-Oberfläche notwendig

6.8 Thermografie, Wärmebildkamera

Bei der Thermografie wird nicht die (Oberflächen-) Temperatur einzelner Objekte, sondern die Temperaturverteilung ganzer Szenen gemessen bzw. bildlich dargestellt. Wärmestrahlung im nichtsichtbaren Wellenlängenbereich (Infrarot) wird in den sichtbaren gewandelt und kann so vom menschlichen Auge wahrgenommen werden. In Kombination mit der schnellen Auffassungsgabe des Menschen zur Beurteilung komplexer Szenen können Temperaturunterschiede schnell erfasst und Entscheidungen getroffen werden. Abb. 6.37 zeigt die Anwendung als Fahrerassistenzsystem in einem PKW. Hier werden durch Thermografie Personen auf der Fahrbahn dargestellt, die für das menschliche Auge im Kegel des Abblendlichts nicht erkennbar sind.

Abb. 6.38 zeigt Thermografieaufnahmen (mittels Wärmebildkamera) eines PKW. Deutlich erkennbar sind im oberen Bild das durch Bremsen erwärmte Rad und die Erwärmung der vorderen Kotflügel durch Motorabwärme, im mittleren Bild der sehr warme Endteil der Abgasanlage und im unteren Bild im Motorraum der Abgaskrümmer, welcher eine deutlich höhere Temperatur aufweist als die restlichen Baugruppen im Motorraum.

Abb. 6.37 Kombiinstrument mit großem Graphikdisplay mit Möglichkeit zur Anzeige von Nachtsichtinformation

Prinzipiell funktionieren Wärmebildkameras ähnlich wie optische Digitalkameras, allerdings ist der Sensor deutlich anders aufgebaut. Außerdem werden die Bildinformationen, die sensorbedingt nur in Graustufen vorliegen, meist in eine Falschfarbendarstellung gewandelt, damit sie vom Menschen besser verarbeitet werden können.

Als Sensoren werden Photonen- oder Quantendetektoren (Halbleiter) oder thermische Detektoren eingesetzt. Da Photonen- und Quantendetektoren thermostatisiert werden müssen (meist bei relativ niedrigen Temperaturen), finden zunehmend thermische Detektoren in Form von Bolometer-Arrays in Thermografiegeräten (Wärmebildkameras) Verwendung.

Bolometer bestehen aus Schichtwiderständen, die einer Wärmestrahlung ausgesetzt werden. Infolge der Bestrahlung ändern sie ihren elektrischen Widerstand, der als Maß für die zu messende Temperatur gilt. Den grundsätzlichen Aufbau zeigt Abb. 6.39.

Als Widerstandsschicht werden Metalle wie Platin und Nickel oder das Halbmetall Wismut auf die Trägerfolie aufgedampft. Weiter kommen Thermistoren oder Halbleiter auf Silizium- und Germaniumbasis als Widerstände zum Einsatz.

Mehrere Bolometer in Miniaturausführung werden zu Detektorarrays zusammengefasst und ergeben somit einen temperaturempfindlichen Sensor mit einer Auflösung von bis zu 1Megapixel (Stand 2012). Grenzen in der Auflösung werden durch die Wärmeleitung zwischen den Einzelsensoren gesetzt.

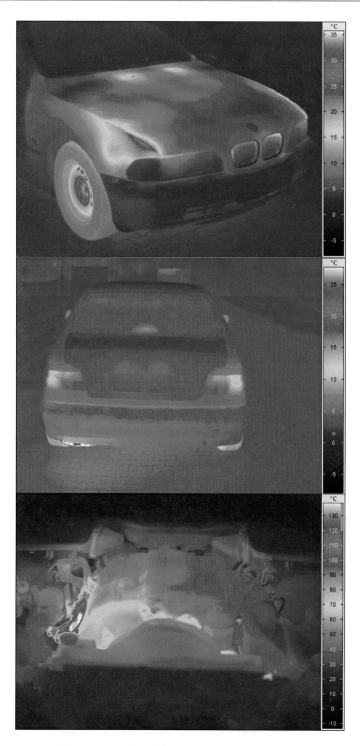

Abb. 6.38 Thermografiebilder eines PKW und seines Motorraums [4]

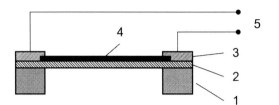

Abb. 6.39 Prinzip eines Bolometers

1 Trägermaterial
2 Membran
3 Kontaktierung
4 Widerstandsschicht
5 Anschluss

6.9   Weitere Temperaturmessmethoden

- Temperaturmessfarben: reversible oder irreversible Anstriche, Folien, auch selbstleuchtend möglich
- Flüssigkeits-Glasthermometer (Alkohol, Quecksilber)
- Bimetall-Thermometer (Formänderung führt zu Zeigerbewegung)
- Metall-Ausdehnungsthermometer (Längenänderung eines Stabes)
- Federthermometer (Gas- oder Dampfdruck bewegt via Membran Zeiger)
- Schmelzkörper aus definiertem Material (z. B. Seger-Kegel zur Temperaturüberwachung in Keramikbrennöfen)
- Spektroskopie (Analyse des Spektrums eines Stoffes in Plasmaform [bei Temperaturen > 2000…5000 K gehen nahezu alle Stoffe in die Gasphase über])
- Faseroptische Temperaturmessverfahren: in der Fahrzeugmesstechnik für das Erfassen der Temperaturen im Brennraum, Leitung des Lichtsignals aus dem Brennraum mittels Quarzglas-Lichtleiter zu einem Spektral-Strahlungsthermometer (Fotodetektoren)

Literatur

1. Bernhard, F. (Hrsg.); Technische Temperaturmessung; Springer-Verlag, Berlin, Heidelberg, New York; 2004, S. 4/5
2. Dewitt, D.P.; Nutter, G.D.; Theory and Practice of Radiation Thermometry; John Wiley & Sons; Inc.; New York; 1988
3. Winner, H.; Hakuli, St.; Wolf, G. (Hrsg.); Handbuch Fahrerassistenzsysteme; Vieweg + Teubner Verlag, Springer Fachmedien Wiesbaden GmbH; 2012
4. Roberto Kockrow

Dehnungsmessstreifen (DMS) 7

Dehnungsmessstreifen, oft auch Dehnmessstreifen; folgend DMS genannt; sind elektrische Widerstände, die als Wegaufnehmer eingesetzt werden. Durch die feste Verbindung mit dem seine Länge ändernden Körper unterliegen sie dabei einer Dehnung, die zu einer Widerstandsänderung führt.

DMS werden z. B. in Druckmessumformern und in Drehmomentmesswellen eingesetzt.

Der elektrische Widerstand eines Leiters ist:

$$R = \rho \frac{4l}{\pi D^2}.$$ (7.1)

ρ spez. (materialabhängiger) Widerstand
l Länge des Leiters
D Durchmesser des Leiters
R elektr. Widerstand

Änderungen der einzelnen Größen führen natürlich zu Änderungen des elektr. Widerstandes, dabei stellt sich der Einfluss wie folgt dar (totales Differential):

$$\frac{dR}{R} = \frac{d\rho}{\rho} + \frac{dl}{l} - 2\frac{dD}{D}.$$ (7.2)

Die relative Längenänderung wird allgemein mit ε beschrieben:

$$\varepsilon = \frac{dl}{l}.$$ (7.3)

Das Verhältnis zwischen Längenänderung (Dehnung) und Breitenänderung (Querkontraktion) wird als Poisson'sche Zahl μ angegeben:

© Springer Fachmedien Wiesbaden GmbH, ein Teil von Springer Nature 2020
D. Goßlau, *Fahrzeugmesstechnik*, https://doi.org/10.1007/978-3-658-28479-4_7

$$\mu = \frac{\frac{dl}{l}}{\frac{dD}{D}}. \tag{7.4}$$

In der Technik wird meist mit dem Kehrwert der Poisson'schen Zahl gerechnet. Diese wird als Querzahl v bezeichnet:

$$v = \frac{1}{\mu} = \frac{\frac{dD}{D}}{\frac{dl}{l}}. \tag{7.5}$$

Entsprechend der schematischen Darstellung in Abb. 7.1 verringert ein Stab seinen Querschnitt unter Zugbelastung bei gleichzeitiger Längung, bei Druckbelastung findet Stauchung bei gleichzeitiger Querschnittsvergrößerung statt. Dieses Modell gilt für Verformung im elastischen Bereich. Die Querzahl nimmt demnach bei Zugbelastung negative Werte an. Traditionell hat sich dafür jedoch die positive Darstellung erhalten.

Einsetzen von ε und v in das totale Differential liefert die relative Widerstandsänderung:

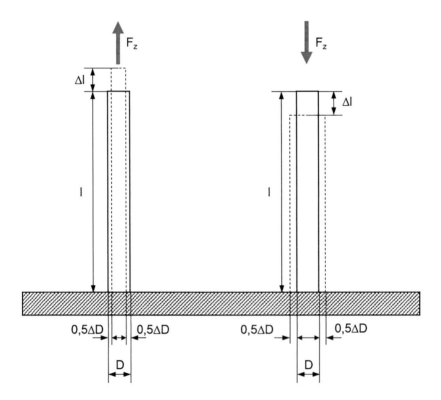

Abb. 7.1 Längen- und Breitenänderung eines Stabes bei Dehnung und Stauchung

$$\frac{\Delta R}{R} = \left(1 + 2\nu + \frac{\frac{\Delta \rho}{\rho}}{\varepsilon} \right) \varepsilon. \tag{7.6}$$

Die Terme in der Klammer stellen in erster Näherung Konstanten dar, der Klammerausdruck wird deshalb mit k (auch k-Faktor genannt) bezeichnet. Somit ergibt sich die Empfindlichkeit von DMS zu:

$$\frac{\Delta R}{R} = k\varepsilon. \tag{7.7}$$

Querzahlen für einige Werkstoffe sind nach [1] in Tab. 7.1 aufgeführt.

Die einfache schematische Darstellung in Abb. 7.2 zeigt das Prinzip der Erfassung der Längenänderung an der Oberkante des dargestellten Biegebalkens mittels Dehnungsmessstreifen. Durch die einwirkende Kraft F_z wird der an einer Seite eingespannte Balken gebogen, infolge dessen wird die obere Seite gedehnt und die untere gestaucht. Der auf der Oberseite aufgebrachte (meist aufgeklebte) DMS erfährt die gleiche Dehnung wie der Biegebalken und verändert dementsprechend seinen elektrischen Widerstand. Die Brückenschaltung dazu ist rechts im Bild zu sehen.

Die Dehnung ergibt sich wie folgt:

$$\varepsilon = \frac{4}{k} \frac{U_{mess}}{U_{speise}} - \varepsilon_T. \tag{7.8}$$

Tab. 7.1 Elastische Querzahlen einiger Werkstoffe, nach [1], geändert und erweitert

Werkstoff	ν	Werkstoff	ν
Aluminium-Legierungen	0,33	Silber, geglüht	0,37
Niob (veraltet: Columbium)	0,38	Silber, hart	0,39
Glas	0,22	Stahl	0,28
Gummi	0,5	Baustahl, warmgewalzt	0,26
Gusseisen, grau	0,25	X7CrNiAl17-7 (1.4568)	0,28
Inconel (Ni-Cr-Legierung)	0,29	X7CrNiMoAl15-7 (1.4574)	0,28
Kupfer	0,33	Invar (64 % Fe, 36 % Ni)	0,29
Magnesium	0,35	X5CrNi18-10 (1.4301)	0,305
Messing (Cu-Zn-Legierung)	0,33	X5CrNiMo17-12–2 (1.4401)	0,33
Molybdän	0,32	Titan	0,34
Monel (Ni-Cu-Legierung)	0,32	Vanadium	0,36
Nickel	0,31	Wolfram	0,284
Platin	0,39	Zircaloy2 (>90 %Zr-Sn-Legierung)	0,39
Rhenium	0,49		

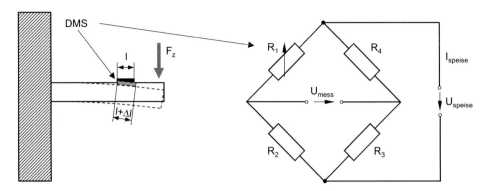

Abb. 7.2 Prinzip Dehnungsmessstreifen

Tab. 7.2 gebräuchliche Materialien und deren k-Faktoren für DMS, [1], geändert und erweitert

Messgitterwerkstoff (Handelsname)	Zusammensetzung [%]	mittlerer k-Faktor ca.
Konstantan	54Cu 45Ni 1 Mn	2,05
Karma	73Ni 20Cr Rest Fe+Al	2,1
Nichrome V	80Ni 20Cr	2,2
Platin-Wolfram	92Pt 8 W	4,0
Chromol C	65Ni 20Fe 15Cr	2,5
Platin	100Pt	6,0
Silizium	100 %Si, p-Typ, Bor in ppm	$+80\ldots+190$
Silizium	100 %Si, n-Typ, Phosphor in ppm	$-25\ldots-100$

Dabei ist ε_T die scheinbare Dehnung, die infolge Temperaturänderung eintreten kann. Findet die Messung bei konstanter Temperatur statt, ist ε_T gleich Null. Eine Temperatur-kompensation erreicht man für das Beispiel aus Abb. 7.2, wenn der Vergleichswiderstand R_2 zwar gleicher Temperaturdehnung, aber keiner Krafteinleitung (bzw. mechanisch verursachter Dehnung) ausgesetzt wird.

DMS dürfen nur im elastischen Bereich betrieben werden, $\varepsilon < 0{,}01$. Im praktischen Betrieb werden sie meist bis zu 0,1 % Dehnung eingesetzt, das entspricht $\varepsilon < 0{,}001$. Die Grenzfrequenz wird oft mit $f_{Grenz} \geq 50$ kHz angegeben, allerdings wurden auch bei weit höheren Frequenzen noch sehr gute Reproduzierbarkeiten nachgewiesen. Eine eigentliche Grenzfrequenz ist für DMS bisher noch nicht gefunden worden!

DMS werden als Metall- oder Halbleiter-DMS gefertigt. Dabei können Metall-DMS als Drahtwiderstände oder als Folienwiderstände (mäanderförmige Leiterbahnen) ausgeführt sein, wobei letztere am häufigsten verwendet werden. Die Anordnung mehrerer DMS in verschiedenen Winkeln zueinander erlaubt die Messung von Schubspannungen. Materialien für DMS und deren k-Faktoren sind nach [1] in Tab. 7.2 aufgelistet.

Halbleiter-DMS weisen bei der (gewünschten) Beanspruchung im Gegensatz zu Metall-DMS eine starke Änderung des spezifischen Widerstands auf, hier kommt der piezoresistive Effekt also sehr viel stärker als bei Metallen zum Tragen.

DMS werden meist auf das Messobjekt aufgeklebt, hierbei ist zu beachten, dass das (temperaturabhängige) Dehnungsverhalten dem des DMS entsprechen sollte.

DMS werden meist zu mehreren verwendet, um Temperaturänderungen oder Querkrafteinflüsse kompensieren zu können. Die Schaltung wird dabei als Wheatstone-Brücke mit 1, 2 oder 4 aktiven DMS (Viertel-, Halb- oder Vollbrücke) ausgeführt. Die Anordnung der Messstreifen für die mechanischen Grundbeanspruchungen zeigt Abb. 7.3.

	Beanspruchung	kompensiert	Gleichung
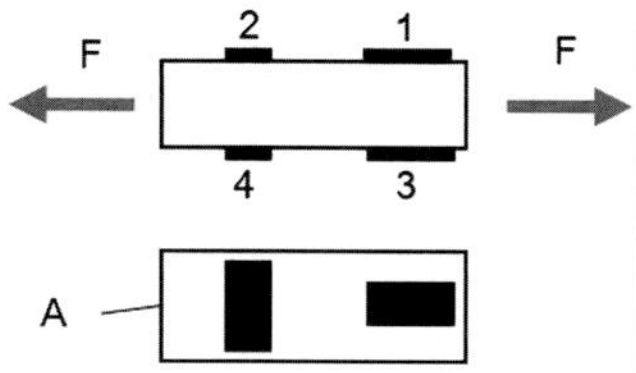	Zug/Druck	- Temperatur - Torsion - Biegung	$F = \dfrac{U_{mess}}{U_{speise}} \dfrac{2\,A\,E}{k\,(1+\mu)}$ A: Querschnittsfläche E: Elastizitätsmodul
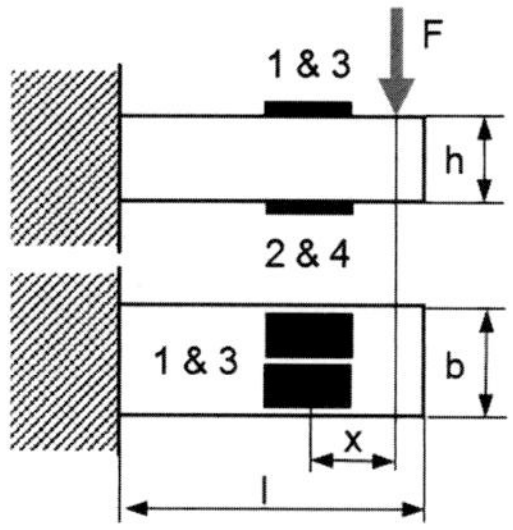	Biegung	- Temperatur - Zug/Druck - Torsion	$F = \dfrac{U_{mess}}{U_{speise}} \dfrac{E\,b\,h^2}{6\,k\,x}$
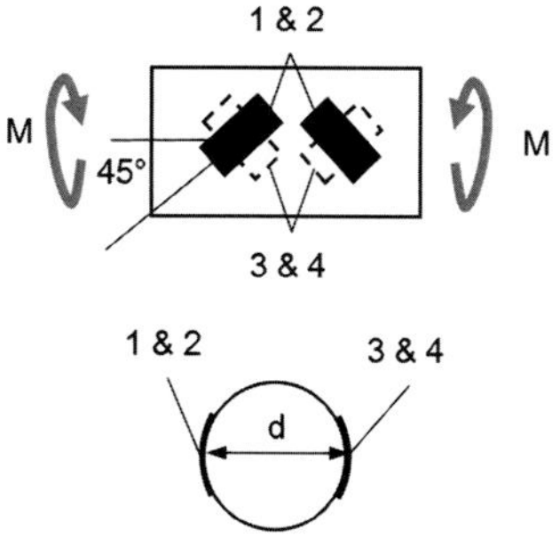	Torsion	- Temperatur - Zug/Druck - Biegung	$M = \dfrac{U_{mess}}{U_{speise}} \dfrac{\pi\,D^3\,G}{8\,k}$ G: Schubmodul

Abb. 7.3 Applikation von DMS zur Bestimmung von Zug/Druck, Biegung und Torsion

Literatur

1. Hoffmann, K.; Eine Einführung in die Technik des Messens mit Dehnungsmessstreifen; HBM Hottinger Baldwin Messtechnik GmbH
2. Keil, St.; Dehnungsmessstreifen; Springer Fachmedien Wiesbaden GmbH; 1995, 2017

Druckmessung

8

In Serienfahrzeugen gibt es meist mehrere Druckmessstellen in verschiedenen Anwendungen, wie folgende, nicht vollständige Liste zeigt:

- Reifenluftdruck
- Öldruck im Hauptkanal der Ölversorgung des Motors
- Umgebungsluftdruck
- Saugrohrdruck
- Ladedruck
- Flüssigkeitsdruck in Bremsen, Kupplungen, Getrieben
- Gasdruck in Federn bei Luftfedersystemen.

In der Entwicklung, also an Prüfständen oder Erprobungsfahrzeugen, kommen weitere Messstellen hinzu, die die detaillierte Abbildung der Druckverhältnisse oder Grenzwert-Überwachungen während des Versuchsbetriebs zum Ziel haben. Beispiele dafür sind:

- Öldruck in Motor/Getriebe an mehreren Stellen (vor/nach Pumpe, in Lagerschichten, vor und nach einzelnen Komponenten zur Bestimmung von Kennlinien)
- Drücke im Kühlsystem (vor/nach Pumpen, in Leitungen, vor/nach einzelnen Komponenten, im Ausdehnungsgefäß)
- Umgebungsluftdruck an mehreren Stellen (z. B. vor/nach jedem Kühler zur Bestimmung des Druckverlusts, an aerodynamisch relevanten Stellen, …)
- Ansaugluftdruck (entlang der gesamten Ansaug- bzw. Ladeluftstrecke)
- Abgasdruck (vor/nach ATL, entlang Lauflänge Abgasanlage, vor/nach Kat, …)
- Generell: Drücke in komplexen Messgeräten
- Zylinderinnendruck (Indizierung).

© Springer Fachmedien Wiesbaden GmbH, ein Teil von Springer Nature 2020
D. Goßlau, *Fahrzeugmesstechnik*, https://doi.org/10.1007/978-3-658-28479-4_8

Auf die Zylinderdruck- und Ansaug-/Abgasdruckindizierung wird in Kap. 14 eingegangen.

8.1 Messprinzip und Grundlagen

Der (statische) Druck p ist als Kraft F je Fläche A definiert:

$$p = \frac{F}{A}.$$ (8.1)

Viele Druckmessgeräte arbeiten nach diesem Prinzip, wobei zunächst der Druck auf eine definierte Fläche wirkt. Anschließend wird die von dieser Fläche ausgehende Kraft gemessen. Druck wird immer im Vergleich zu einem Referenzdruck gemessen, dementsprechend ergeben sich die folgenden, auch in Abb. 8.1 dargestellten, Bezeichnungen:

- Gegenüber der Atmosphäre → Relativdruck
- Gegenüber Null (Vakuum) → Absolutdruck
- Gegenüber einem Vergleichsdruck → Differenzdruck.

Dementsprechend ist bei einer Druckmessung stets anzugeben, gegenüber welchem Referenzdruck gemessen wurde. Der aus dem Alltag gewärtige Umgebungsdruck, meist Luftdruck genannt, kann prinzipbedingt nur als Absolutdruck dargestellt werden.

In der Technik werden Drücke zwischen nahezu Vakuum (Ultrahochvakuum, etwa 10^{-15} bar) bis zu sehr hohen Drücken ($\times\ 10^3$ bar) gemessen. Messungen im Hoch- und Ultrahochvakuum beruhen auf dem Prinzip der Teilchenanzahl-Bestimmung eines ionisierten Gases in einem definierten Volumen. Darauf wird hier nicht weiter eingegangen.

Neben der Messung des Druckes in Fluiden wird auch an Festkörpern Druck gemessen, z. B. um die Bodendruckverteilung des Reifenlatsches (Reifenaufstandsfläche) am Fahrzeug oder Materialspannungen infolge Festkörperkontakts (Hertz'sche Pressung) zu ermitteln. Meist wird in diesem Zusammenhang von Pressung oder Flächenpressung gesprochen.

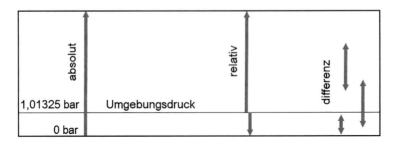

Abb. 8.1 Referenzdrücke bei der Druckmessung

Neben dem o. a. statischen Druck, z. B. im Druckkessel eines Kompressors, bilden der hydrodynamische Druck und der hydrostatische Druck die beiden weiteren Anteile eines Gesamtdruckes in Fluiden. Die drei Anteile werden durch die Bernoulli-Gleichung ausgedrückt:

$$\frac{m}{\rho}p + m\frac{v^2}{2} + mgh = konstant. \tag{8.2}$$

Die Bernoulli-Gleichung ist die Übertragung des Energieerhaltungssatzes auf ein (ideales) Fluid. Die drei Terme stellen in der Reihenfolge aus Gl. 8.2 die Summe aus Druckenergie eines Fluids, Bewegungsenergie (kinetische Energie) und Lageenergie dar. Wird Gl. 8.2 durch die Masse m geteilt und mit der Dichte ρ multipliziert, erhalten wir die Darstellung als Summe der Druckanteile statisch, hydrodynamisch und hydrostatisch:

$$p + \frac{\rho}{2}v^2 + \rho gh = konstant. \tag{8.3}$$

Der statische Druck p stellt, wie in Gl. 8.1 angegeben, ein Maß für die auf eine Fläche wirkende Normalkraft (senkrecht auf diese Fläche wirkende Kraft) dar. Der hydrodynamische Druck $0{,}5\rho v^2$ ist abhängig von der Relativgeschwindigkeit v eines umströmten Körpers und der Dichte ρ des ihn umströmenden Mediums. Der hydrostatische Druck ρgh beschreibt den Druck, den ein Fluid, das einem Gravitationsfeld (auf der Erde gilt die Fallbeschleunigung $g = 9{,}81$ ms^{-2})[1] ausgesetzt ist, aufgrund seiner Masse z. B. auf den Boden eines Gefäßes ausübt. Die dabei wirkende Masse ist abhängig von der Höhe der Flüssigkeitsschicht.

Beispiel

Beispiele zum hydrostatischen Druck:

Welchen hydrostatischen Druck p muss eine Pumpe überwinden, um das „Tele-Café" des Berliner Fernsehturms, welches sich in einer Höhe von $h = 207{,}53$ m befindet, mit Trinkwasser zu versorgen? Das Wasser habe eine Temperatur von $T = 20\,°C$. Bei dieser Temperatur besitzt Wasser eine Dichte von $\rho = 998{,}2067$ kgm^{-3}. Mit $p_{hydrost.} = \rho gh$ aus Gl. 8.3 erhält man $p_{hydrost.} = 998{,}2067$ kgm^{-3} $9{,}81$ ms^{-2} $207{,}53$ m $= 2.032.218{,}38$ Nm^{-2}. Das entspricht $p_{hydrost.} = 20{,}0322$ bar. Natürlich muss die Pumpe einen noch etwas höheren Förderdruck besitzen, damit das Wasser im Telecafé nicht drucklos in der Leitung steht.

---

[1]Üblicherweise wird mit $g = 9{,}81$ ms^{-2} gerechnet, die Fallbeschleunigung ist allerdings abhängig von der Entfernung zum Erdmittelpunkt (und teilweise von lokalen Materialanomalien). Genauere Werte können z. B. auf den Netzseiten der PTB (Schwereinformationssystem) oder mit Beschleunigungssensoren ermittelt werden.

Welcher hydrostatische Druck herrscht am Grunde des Witjastiefs 1[2] im Marianen-graben, der tiefsten bekannten Stelle der Weltmeere? Die Tiefe beträgt an besagter Stelle etwa $h = 11.000$ m. Einsetzen der Werte in Gl. 8.3 liefert einen hydrostatischen Druck von $p_{hydrost.} = 1.079,1$ bar. In dieser Berechnung wurde nicht berücksichtig, dass Wasser bei solch hohen Drücken mit zunehmender Tiefe leicht kompressibel wird und damit seine Dichte zunimmt und das Salzwasser eine um etwa 3 % größere Dichte aufweist als Süßwasser. Außerdem sind die Temperatur und der Salzgehalt über der Höhe bzw. Tiefe nicht homogen, was ebenfalls unterschiedliche Dichte bewirkt.

Bemerkung: Da Luft bzw. weitere Gase eine gegenüber Flüssigkeiten deut-lich geringere Dichte besitzen, kann der hydrostatische Druck von Gasen oft ver-nachlässigt werden, wenn es sich um geringe Höhendifferenzen handelt. Bei großen Differenzen allerdings ist auch bei Gasen ein wesentlicher hydrostatischer Druck vor-handen, z. B. bewirkt die Höhe der Erdatmosphäre auf Meeresniveau einen Druck von etwa $p_{Norm} = 1,01325$ bar, den uns bekannten Normdruck. ◀

Die aus den SI-Basiseinheiten abgeleitete Einheit für den Druck ist das Pascal [Pa]. Weiterhin ist im Alltag das Bar [bar] gebräuchlich sowie die Angabe als flächenbezogene Kraft [z. B. $Nm^{-2} = Pa$]. Weitere gebräuchliche Einheiten und deren Umrechnungs-faktoren sind in Tab. 8.1 dargestellt.

8.2   U-Rohr-Manometer

Das U-Rohr-Manometer stellt die einfachste Möglichkeit der Messung von Differenz- bzw. Relativdrücken dar, siehe Abb. 8.2.

Das u-förmig gebogene Glas ist mit einer Sperrflüssigkeit gefüllt, die die beiden, den zu messenden Drücken ausgesetzten, offenen Enden voneinander trennt.

Statt eines Glases kann auch ein transparenter Schlauch verwendet werden (auf Baustellen verwendete „Schlauchwaage" zur Nivellierung). Vorteile des U-Rohr-Manometers sind der sehr einfache Aufbau und als einzige Fehlerquellen die Flüssigkeitsreibung im Rohr sowie Höhen- und Temperaturunterschiede zwischen beiden Anschlussstellen. Die Oberflächenspannung der Sperrflüssigkeit kann u. U. ebenfalls zu (Ablese-) Fehlern führen.

Die interessierende Druckdifferenz $p_1 - p_2$ ergibt sich aus dem hydrostatischen Druck der Sperrflüssigkeit:

$$\Delta p = p_1 - p_2 = \rho_F g h. \tag{8.4}$$

---

[2]Die Messungen der größten Meerestiefe sind umstritten, deshalb wird ein mittlerer Wert von 11.000 m angenommen.

Tab. 8.1 Einheiten des Drucks und Umrechnungsfaktoren

	Pa	bar	psi	Torr	mm H$_2$O	mm Hg
Pa	1	10^{-5}	$1,45 \cdot 10^{-4}$	$7,506 \cdot 10^{-3}$	$1,0197 \cdot 10^{-1}$	$7,506 \cdot 10^{-3}$
bar	10^5	1	$1,45 \cdot 10^1$	$7,50063 \cdot 10^2$	$1,0197 \cdot 10^4$	$7,50063 \cdot 10^2$
psi	$6,89476 \cdot 10^3$	$6,89476 \cdot 10^{-2}$	1	$5,1715 \cdot 10^1$	$7,0307 \cdot 10^2$	$5,1715 \cdot 10^1$
Torr	$1,33322 \cdot 10^2$	$1,33322 \cdot 10^{-3}$	$1,9337 \cdot 10^{-2}$	1	$1,3595 \cdot 10^1$	1
mm H$_2$O	$9,80665$	$9,80665 \cdot 10^{-5}$	$1,42233 \cdot 10^{-3}$	$7,3556 \cdot 10^{-2}$	1	$7,3556 \cdot 10^{-2}$
mm Hg	$1,33322 \cdot 10^2$	$1,33322 \cdot 10^{-3}$	$1,93367 \cdot 10^{-2}$	1	$1,3595 \cdot 10^1$	1

Abb. 8.2 U-Rohr-Manometer,
links gleiche Drücke, rechts
unterschiedliche Drücke

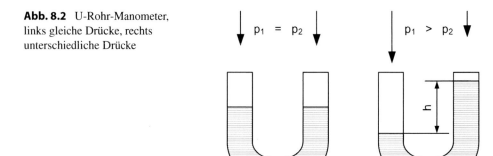

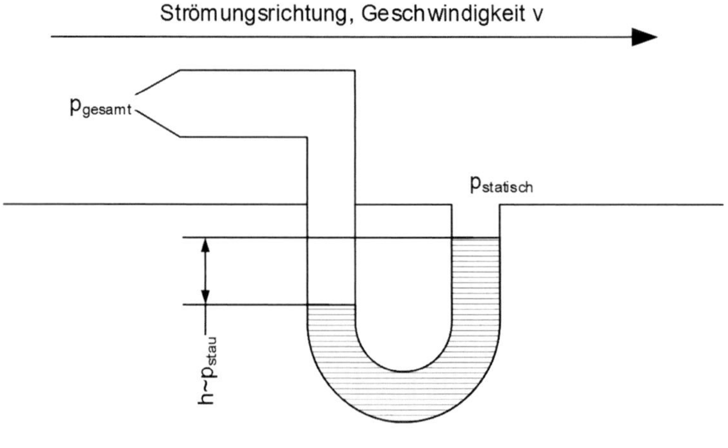

Abb. 8.3 Prandtl-Sonde

Damit haben also die Rohrquerschnitte und auch Querschnittsänderungen entlang der
Rohrlängslinie keinen Einfluss auf die Messgenauigkeit. Allerdings muss der Querschnitt an den Ableseflächen für die Höhendifferenz definiert sein. Mit Variation der
Flüssigkeitszusammensetzung kann die Dichte der Sperrflüssigkeit und damit die
Empfindlichkeit des U-Rohr-Manometers eingestellt werden. Des Weiteren lässt sich
die Ablesegenauigkeit erhöhen, wenn ein Schenkel des U-Rohrs schräg statt senkrecht
angeordnet wird.

Eine Sonderform des U-Rohr-Manometers stellt das Pitot-Rohr (auch Prandtl'sches
Staurohr oder Prandtl-Sonde, hier wird der statische Druck mitgemessen) dar, siehe
Abb. 8.3.

Abb. 8.4 Drücke und
Kräfte an der Prandtl-
Sonde zur Berechnung
der Geschwindigkeit des
umströmenden Mediums

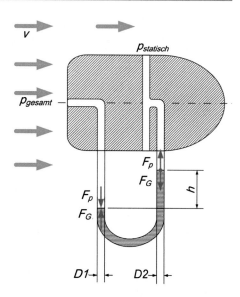

Im Pitot-Rohr wird der hydrodynamische Druck (auch: Staudruck) des umfließenden Mediums im U-Rohr anhand der Höhendifferenz h wirksam. Sind Mediendichte und statischer Druck (Umgebungsdruck) bekannt, kann aus dem hydrodynamischen Druck die Geschwindigkeit ermittelt werden. Der Gesamtdruck in Abb. 8.3 ist die Summe aus dem Staudruck p_{Stau} und dem statischen Druck $p_{statisch}$:

$$p_{gesamt} = p_{Stau} + p_{statisch}. \tag{8.5}$$

Die Geschwindigkeit des umströmenden Mediums ergibt sich aus dem Kräftegleichgewicht am Flüssigkeitsspiegel der Sperrflüssigkeit des U-Rohrs, welche in Abb. 8.4 eingetragen sind.

Der Staudruck p_{Stau} wirkt auf den Flüssigkeitsspiegel mit der Querschnittsfläche A_1 am Durchmesser D_1 und resultiert dort in der Kraft F_P:

$$F_P = p_{Stau}A_1, \tag{8.6}$$

anwenden von Gl. 8.3 für den Staudruck ergibt

$$F_P = \frac{\rho_{Fluid}}{2}v^2A_1. \tag{8.7}$$

Dabei ist ρ_{Fluid} die Dichte des umströmenden Mediums, dessen Geschwindigkeit ermittelt werden soll. Dieser durch den Druck erzeugten Kraft F_P wirkt die Gewichtskraft F_G des verschobenen Teils der Flüssigkeitssäule entgegen, die sich aus der verschobenen Masse m_{SF} der Sperrflüssigkeit und der Fallbeschleunigung g bzw. aus dem Volumen V_{SF} (Querschnitt A_2, Höhe der Flüssigkeitssäule h) und der Dichte ρ_{SF} ergibt:

$$F_G = m_{SF}g = V_{SF}\rho_{SF}g = A_1 h\rho_{SF}g. \tag{8.8}$$

Beide Kräfte stehen im Gleichgewicht.

$$\sum F_z = 0 = F_P + F_G. \tag{8.9}$$

Einsetzen von Gl. 8.7 und 8.8 sowie Umformen liefert die gesuchte Geschwindigkeit:

$$v = \sqrt{\frac{hA_2\rho_{SF}g2}{\rho_{Fluid}A_1}}. \tag{8.10}$$

Stehen die Werte für den Gesamtdruck p_{gesamt} und den statischen Druck $p_{statisch}$ zur Verfügung, kann die Geschwindigkeit auch anhand Gl. 8.5 ermittelt werden:

$$v = \sqrt{\frac{2\left(p_{gesamt} - p_{statisch}\right)}{\rho_{Fluid}}} = \sqrt{\frac{2\Delta p}{\rho_{Fluid}}}. \tag{8.11}$$

Bei bekannter Fluiddichte, z. B. für Luft, genügt also ein Differenzdrucksensor, um die Druckdifferenz Δp und daraus die Geschwindigkeit zu ermitteln.

Die bekanntesten Anwendungsfälle sind Staurohre an Flugzeugen und an Formel-1-Fahrzeugen. Sie werden trotz heutzutage sehr exakter, satellitengestützter Triangulationsverfahren wegen ihrer Ausfallsicherheit und ihres einfachen Aufbaus eingesetzt.

8.3 Federmanometer

Bei Federdruckmanometern wird generell der Druck auf eine Fläche geleitet, die durch ihre dabei entstehende Auslenkung eine Feder betätigt oder selbst die Feder darstellt. An die Feder ist ein Zeiger angelenkt, der auf einer Skale den Druck anzeigt. Verschiedene Prinzipien sind in den folgenden Bildern dargestellt (Abb. 8.5).

Abb. 8.6 zeigt die Front- und Seitenansicht eines Rohrfedermanometers, in der Seitenansicht ist der Druckanschluss erkennbar. Außerdem kann man erkennen, dass das Manometer mit einer Flüssigkeit gefüllt ist. Diese ist hochviskos, z. B. Silikonöl, und dämpft die Bewegungen des Zeigers und der Feinmechanik, die den Zeiger antreibt, bei schnellen Druckschwankungen.

Das Innere eines defekten Rohrfedermanometers ist in Abb. 8.7 zu sehen. Der Zeigerantrieb ist defekt, das Zahnsegment und ein Teil des Umlenkmechanismus' sind nicht mehr in der Ausgangslage. Außerdem sind Reste der Dämpfungsflüssigkeit erkennbar.

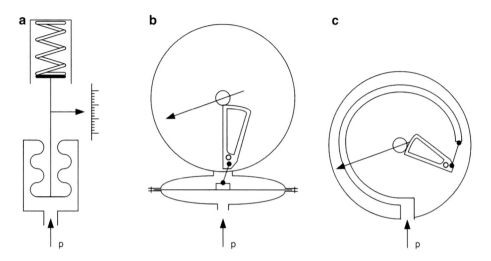

Abb. 8.5 Federmanometer, **a** Federbalgmanometer, **b** Plattenfedermanometer, **c** Rohrfedermanometer

Abb. 8.6 Rohrfedermanometer mit einem Relativdruck-Messbereich von 1 bar, in der Seitenansicht ist der Druckanschluss erkennbar

8.4 Druckmessumformer

U-Rohr- und Federmanometer sind nur für quasistationäre Druckverläufe geeignet, die Wandlung der Signale in digitale Form gestaltet sich teilweise aufwendig, sodass auch die Aufzeichnung von Druckverläufen schwierig wird. Deshalb werden in der Fahrzeugmesstechnik vorwiegend Druckmessumformer; auch Drucktransmitter genannt; verwendet, die sehr kleine Zeitkonstanten, nahezu beliebige Skalierung der Messbereiche

Abb. 8.7   innerer Aufbau eines Rohrfedermanometers, Zeigerantrieb und Umlenkhebel beschädigt

und komfortable Messwertausgabe mit Einheitssignalen bieten. Die Genauigkeit entspricht dabei der der Kompensationsaufnehmer bzw. übertrifft diese bei entsprechend genauer Fertigung. Bedingt durch ihre Messprinzipien besitzen Druckmessumformer immer eine integrierte elektronische Schaltung.

8.4.1   Druckmessumformer mit Dehnmessstreifen-Prinzip (DMS-Prinzip)

Der zu messende Druck wirkt bei diesen Sensoren auf einen Federkörper oder eine Membran, auf welche DMS geklebt sind. Die Gestaltänderung des Federkörpers oder der Membran (genau: die Dehnung) führt zu druckproportionalen Widerstandsänderungen der DMS, die das Ausgangssignal darstellen. Das kann in verschiedene Signaltypen, meist Einheitssignale $0\ldots10$ V oder $0(4)\ldots20$ mA gewandelt werden.

Vorteile:

- Hohe Genauigkeit
- Große Druckmessbereiche möglich
- Hohe Überlastbarkeit durch Überlastsicherungen, sehr robust
- Gutes Kriechverhalten
- Hohe Korrosionsbeständigkeit
- Unempfindlich bei Druckstößen
- Gute Langzeitstabilität
- Keine Druckvorlagen (Schutzmembran) erforderlich
- Einfache Reinigung bei außen liegenden Membranen
- Hohe Eigenfrequenz, Druckmessungen mit hoher Dynamik möglich
- Auch für kleine Fertigungsstückzahlen geeignet

Abb. 8.8 Prinzip Druckmessumformer mit DMS-bestücktem Biegebalken

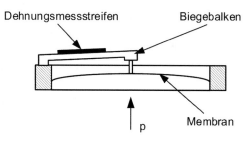

Abb. 8.9 Sensorkopf eines Druckmessumformers mit Biegebalkenprinzip

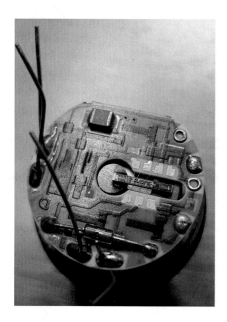

Nachteile:

- Relativ hoher Preis wegen des Prüfaufwandes und enger Toleranzen
- zulässiger Temperaturbereich vom für die DMS verwendeten Klebstoff abhängig
- Druckbereiche unter 5 bar schlecht zu fertigen, Miniaturisierung begrenzt

Den prinzipiellen Aufbau eines Druckmessumformers mit DMS-bestücktem Biegebalken zeigt Abb. 8.8. Die Dehnmessstreifen werden als Vollbrücke (alle vier Widerstände einer Wheatstone-Brücke sind Dehnmessstreifen) ausgeführt, um Dehnungen infolge Temperaturänderung zu kompensieren.

Der demontierte Sensorkopf eines Druckmessumformers nach dem Biegebalkenprinzip ist in Abb. 8.9 zu sehen. Deutlich erkennbar ist in der Mitte der Biegebalken mit den Dehnmessstreifen.

Abb. 8.10 Sensorkopf eines
piezoresistiven Drucksensors,
Schutzfolie hochgeklappt

8.4.2 Druckmessumformer nach dem piezoresistiven Prinzip

Diese Druckmessumformer besitzen eine Messmembrane auf Halbleiter- (Silizium-)
basis mit gezielt eindiffundierten Strukturen und nutzen den sogenannten piezoresistiven
Effekt, der die Änderung des elektrischen Widerstands in Halbleitermaterialien durch
Dehnung oder Stauchung auf eine veränderte Beweglichkeit der Elektronen unter
mechanischer Belastung beschreibt. Druckmembrane und Sensor (eingeätzte Leiter-
bahnen als DMS-Vollbrücke) sind also ein Bauteil. Abb. 8.10 zeigt den Sensorkopf eines
demontierten piezoresistiven Druckmessumformers.

Vorteile:

- preisgünstige Großserienherstellung des Sensorelementes nach der von integrierten
  Schaltungen bekannten Technik
- Signalverarbeitung integriert
- Sensor-im-Sensor – Konzepte darstellbar
- hoher k-Faktor

Nachteile:

- nur bei großen Stückzahlen wirtschaftlich herstellbar
- k-Faktor temperaturabhängig
- ohne Druckvorlage empfindlich bei aggressiven Medien
- mit Druckvorlage empfindlich bei mechanischen Einwirkungen (Druckstöße,
  Vibrationen)
- Nenndruck begrenzt durch die verwendete Silizium-Keramik
- Temperatur begrenzt auf 120 °C
- hohe Investitionskosten für die Fertigungsanlagen

8.4.3   Druckmessumformer mit Dünnfilm- und Dickschichttechnik

Dünnfilmsensoren basieren auf dem gleichen Prinzip wie Dehnungsmessstreifen (DMS), d. h. mäanderförmig angeordneten Widerstandsstrukturen, deren geometrische Dehnung bzw. Stauchung über die resultierende Längen- und Dickenänderung zu einer messbaren Widerstandsänderung führt. Bei Dünnfilmsensoren werden typischerweise vier Widerstände in Form einer Wheatstone-Brücke auf einer Membrane angeordnet und erfassen so die Verformung der Membran unter Druck. Im sogenannten Dünnfilmverfahren werden diese Dehnungsmessstreifen auf einen (z. B. metallischen) Grundkörper aufgebracht und strukturiert (sog. Sputtern mit anschl. Photolithografie und Ätzung).

Dickschichtsensoren verwenden analog zu den Dünnfilmsensoren ebenfalls typischerweise vier, zu einer Wheatstone Brücke zusammengeschaltete, Widerstände. Die Widerstandsstrukturen werden in mehreren Schichten mittels Dickschichttechnologie auf einen (z. B. keramischen) Grundkörper „aufgedruckt" und anschließend bei hoher Temperatur eingebrannt. Hier erfolgt ebenfalls die Widerstandsänderung durch die aus der Verformung der Membran resultierenden auf Dehnung und Stauchung basierenden Geometrieänderung.

8.4.4   Weitere Drucksensoren

- Nach induktivem Prinzip: z. B. durch Auslenkung einer druckbeaufschlagten Membran, die einen darauf befestigten Eisenkern in eine Spule führt und damit deren Induktion ändert.
- Nach kapazitivem Prinzip: z. B. durch eine druckbeaufschlagte Membran, die eine Kondensatorplatte verschiebt und damit die Kapazität des Kondensators ändert
- Mit Resonanzfrequenzmessung: ein Draht, der in Resonanzfrequenz versetzt ist, wird einer durch einen Druck erzeugten Kraft ausgesetzt. Die dadurch erzeugte Änderung der Resonanzfrequenz stellt ein Maß für den Druck dar.
- Nach piezoelektrischem Prinzip (siehe Kap. 14)
- Vakuumdruckmessungen

Volumen- und Massenstrommessung

Der Durchfluss interessiert in der Fahrzeugtechnik bei folgenden Medien:

- Kraftstoff (siehe Kap. 12)
- Öl
- Kühlmittel
- Luft und Abgas

Bei der Messung ist immer, falls möglich, der Massenstrom zu bevorzugen, da hier Temperatur- und Druckunabhängigkeit besteht. Wird nur der Volumenstrom erfasst, sollten an gleicher Stelle die Temperatur und der Druck des Fluids mitgemessen werden. Aus Volumenstrom und temperatur- und druckabhängiger Dichte des Fluids kann dann der Massenstrom berechnet werden. Der Massenstrom wird z. B. für Energiebilanzierungen benötigt. Dabei gilt allgemein für Wärmeströme:

$$\dot{Q} = \dot{m} \int\limits_{T_1}^{T_2} c_p(T)\, dT. \tag{9.1}$$

Der Wärmestrom kann dabei z. B. die durch das Kühlmittel am Kühler ausgekoppelte Wärme, die mittels Abgas ausgekoppelte Wärme, die am Ölkühler umgesetzte Wärme, den Oberflächenwärmestrom, den zur Aufheizung von Fluiden und Bauteilen verwendeten Wärmestrom usw. darstellen.

Abb. 9.1 zeigt eine Übersicht häufig verwendeter Messverfahren zur Ermittlung von Volumen- und Massenstrom.

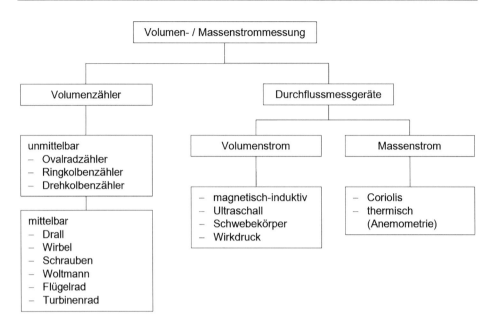

Abb. 9.1 Einteilung verschiedener Messverfahren zur Ermittlung von Volumen- und Massenstrom

9.1   Physikalische Grundlagen, Wirkdruckprinzip

Aus Gl. 8.3 ist die Bernoulli-Gleichung für reibungsfreie, stationäre Strömungen bekannt:

$$p + \frac{\rho}{2}v^2 + \rho gh = konstant \tag{9.2}$$

Außerdem gilt die Kontinuitätsgleichung in Strömungen durch Hohlkörper mit Querschnittsänderungen:

$$v_1 A_1 = v_2 A_2. \tag{9.3}$$

Die Kontinuitätsgleichung besagt also, dass das Produkt aus Strömungsgeschwindigkeit v eines Fluids und Leitungsquerschnitt A konstant ist. Demnach vergrößert sich die Strömungsgeschwindigkeit, wenn sich der Querschnitt verkleinert.

Mit Kenntnis der einzelnen Größen und durch Herbeiführen einer Druckdifferenz kann der Massenstrom mittels Wirkdruckprinzip (allgemein als Messblende bezeichnet) ermittelt werden. Das Verfahren ist nach DIN EN ISO 5167 genormt. Am Messort wird eine genormte Querschnittsveränderung (generell eine lokale Querschnittsverringerung) realisiert, Blendenformen an der Querschnittsverengung und Berechnungsverfahren sind der entsprechen DIN zu entnehmen. Vor und nach der Querschnittsverengung wird der Druck; üblicherweise mit einem Differenzdrucksensor; gemessen. Das Wirkdruckprinzip ist in Abb. 9.2 dargestellt.

Abb. 9.2 Messprinzip
Wirkdruckverfahren

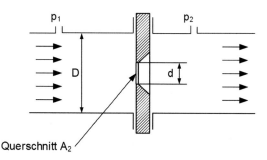

Der Volumenstrom ergibt sich aus einer dimensionslosen Kennzahl α, dem engsten Querschnitt A_2, der Druckdifferenz Δp und der Dichte ρ des strömenden Mediums zu

$$\dot{V} = \alpha A_2 \sqrt{\frac{2\Delta p}{\rho}}. \tag{9.4}$$

Nach [1] kann der Massenstrom unter Verwenden mehrerer Konstanten nach Gl. 9.5 berechnet werden:

$$m = \frac{\dot{C}}{\sqrt{1 - \beta^4}} \, \varepsilon \, A_2 \sqrt{2p\rho}. \tag{9.5}$$

Darin ist β das Durchmesserverhältnis d/D und ε eine Expansionszahl, die eine Funktion des Druckverhältnisses p_2/p_1, des Isentropenexponenten κ und des Durchmesserverhältnisses β nach Gl. 9.6 darstellt.

$$\varepsilon = 1 - \left(0{,}351 + 0{,}256\beta^4 + 0{,}93\beta^8\right) \left[1 - \left(\frac{p_2}{p_1}\right)^{\frac{1}{\kappa}}\right] \tag{9.6}$$

Die Konstante C in Gl. 9.5 wird Durchflusskonstante genannt und ergibt sich nach der sogenannten Reader-Harris/Gallagher-Gleichung nach Gl. 9.7 als Funktion mehrerer Konstanten, des Durchmesserverhältnisses β, der Reynoldszahl Re_D in der ungestörten Zuströmung am Durchmesser D und der geometrischen Verhältnisse an der Wirkdruckblende und den Druckmessstellen:

$$C = 0{,}5961 + 0{,}261\beta^2 + 0{,}000521\left(\frac{10^6 \beta}{Re_D}\right)^{0{,}7} + \left(0{,}0188 + 0{,}0036\left[\frac{19.000\beta}{Re_D}\right]^{0{,}8}\right)\beta^{3{,}5}\left(\frac{10^6}{Re_D}\right)^{0{,}3}$$

$$+ \left(0{,}043 + 0{,}08e^{-10\frac{l_1}{D}} - 0{,}123e^{-7\frac{l_1}{D}}\right)\left(1 - 0{,}11\frac{19.000\beta}{Re_D}\right)\frac{\beta^4}{1 - \beta^4} - 0{,}031\left(M_2' - 0{,}8M_2'^{1{,}1}\right)$$

$$+ 0{,}011(0{,}75 - \beta)\left(2{,}8 - \frac{D}{25{,}4}\right) \tag{9.7}$$

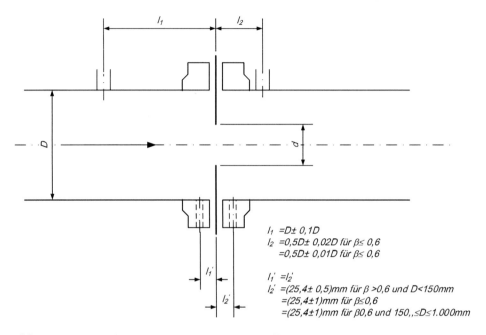

Abb. 9.3 Maße für die Berechnung des Durchflusskoeffizientens C

Dabei ist

$$M_2' = \frac{2L_2'}{1 - \beta} \tag{9.8}$$

und

$$L_2' = \frac{l_2'}{D}. \tag{9.9}$$

Die geometrischen Größen sind Abb. 9.3 zu entnehmen.

9.2   Volumenstrommessung

Für Messungen, bei denen niedrige Anforderungen an die Messgenauigkeit gestellt werden und bei denen die entstehenden Druckverluste hinnehmbar sind (z. B. bei Konditionieranlagen am Prüfstand) können Volumenzähler oder Schwebekörper-Messgeräte benutzt werden.

Für Messaufgaben mit hohen Ansprüchen an die Messgenauigkeit und die Wiedergabetreue der Druckverluste im System, die ohne das Messgerät auftreten würden, werden Durchflussmessgeräte eingesetzt, die auf dem magnetisch-induktiven, Ultraschall- oder Wirbelfrequenzprinzip beruhen.

Abb. 9.4 Prinzip des Drehkolbengaszählers

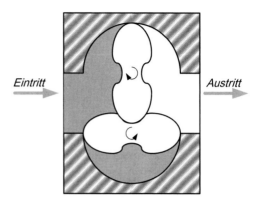

9.2.1 Volumenzähler

Volumenzähler besitzen diskrete Messkammern, durch die das Fluid geleitet wird. Das können z. B. zwei Zahnräder oder zwei Ovalräder oder Drehkolben (für Gase) sein. Das Volumen zwischen Gehäusewand und Kolben oder Zahnzwischenräumen ist bekannt, die Drehzahl der Zahnräder/Kolben ist proportional zur Fließgeschwindigkeit des zu messenden Mediums. Daraus lässt sich mithilfe des Rohrquerschnitts der Volumenstrom errechnen.

Druckverluste werden bei aufwendigeren Geräten vermieden, indem die Drücke vor und nach dem Messgerät (bzw. praktisch realisiert in der Messgeräteinlauf- und Auslaufstrecke) gemessen werden. Treten Druckdifferenzen auf, dreht ein Motor die Zahnräder/Drehkolben so, dass die Druckdifferenz ausgeglichen wird. Die Genauigkeit hängt allerdings weiterhin von den Spaltverlusten zwischen beweglichen Teilen und Gehäusewand ab, welche systemimmanent sind und nicht komplett vermieden werden können. Weitere Nachteile bestehen in der Anlaufträgheit aufgrund der Drehträgheit der Zahnräder oder Drehkolben sowie in der Verschmutzungsempfindlichkeit. Abb. 9.4 zeigt schematisch den Aufbau eines Drehkolbengaszählers.

9.2.2 Schwebekörper-Verfahren

Den prinzipiellen Aufbau eines Schwebekörper-Volumenstrommessgerätes zeigt Abb. 9.5, die reale Ausführung zweier Geräte mit unterschiedlichen Messbereichen ist in Abb. 9.6 zu sehen.

Auf den Schwebekörper wirken die Gewichtskraft F_G, sein Auftrieb F_A und die Energieaufnahme durch die Strömung F_r. Je nach Volumenstrom stellt sich das Gleichgewicht der drei Kräfte in unterschiedlicher Höhe des Messgerätes ein. Grund dafür ist die konische Ausführung des Messzylinders, die dazu führt, dass bei zunehmendem Volumenstrom nicht eine geschwindigkeitsproportionale Bewegung des Schwebekörpers, sondern nur eine stark degressive Bewegung stattfindet.

Abb. 9.5 Prinzip
der Schwebekörper-
Volumenstrommessung

F_A: *Auftriebskraft*
F_R: *Reibkraft*
F_G: *Gewichtskraft*

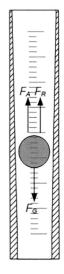

Abb. 9.6 Schwebekörper-
Volumenstrommessgeräte

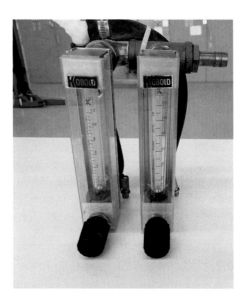

9.2.3 Magnetisch-Induktive Durchflussmessung (MID)

Dieses Verfahren ist für alle elektrisch leitenden Medien einsetzbar, z. B. Motorkühlmittel. Motoröl-Volumenstrom dagegen kann nicht mittels MID gemessen werden.

Das physikalische Prinzip ist in Abb. 9.7 dargestellt. Die zu messende Flüssigkeit
stellt einen elektrischen Leiter dar. Die Rohrwände sind elektrisch isolierend, meist aus
Kunststoff bestehend, ausgelegt. Senkrecht zur Strömungsrichtung des Fluids wird ein

Abb. 9.7 Prinzip der magnetisch-induktiven Durchflussmessung (MID)

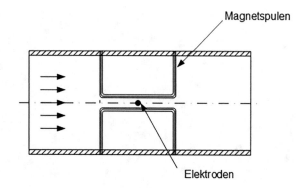

Wechselmagnetfeld angelegt, indem die Spulen stromdurchflossen werden. An den mit dem Fluid in Berührung stehenden Elektroden wird die induzierte Spannung gemessen. Diese Spannung wird durch den bewegten elektrischen Leiter (die durch das Rohr strömende Flüssigkeit) in einem Wechselmagnetfeld induziert, analog zu einem Eisenkern in einer stromdurchflossenen Spule.

Prinzipiell hängt die induzierte Spannung U_E vom Rohrdurchmesser D, der mittleren Fließgeschwindigkeit des Fluides v, der Magnetfeldstärke B und der ausführungsabhängigen Konstanten k ab und stellt damit ein geschwindigkeitsproportionales Signal dar, wenn D, B und k konstant gehalten werden. Ist der Rohrquerschnitt an der Messstelle bekannt, kann anhand Gl. 9.10 der Volumenstrom berechnet werden:

$$\dot{V} = vA. \tag{9.10}$$

Voraussetzung für exakte Messungen ist ein weitgehend homogenes Geschwindigkeitsprofil der Strömung im Rohr. Dafür sorgen Beruhigungsstrecken vor und nach dem Messkopf, für die als Faustformel für die notwendige Länge l der fünffache Rohrdurchmesser ($l = 5D$) angenommen werden kann. Eine weitere Glättung des Strömungsprofils kann durch konische Einlaufstrecken erreicht werden.

Vorteile der MID sind vor allem die Linearität des Messsignals über der der Änderung Messgröße, die Unabhängigkeit von Viskosität, Druck, Dichte und Temperatur des Fluides. Außerdem lässt sich das Signal sehr leicht in ein Einheitssignal wandeln, die Auswerte- und Anzeigeeinheit kann räumlich getrennt vom Messkopf untergebracht werden. Das ist für Messungen im Fahrzeug unabdingbar, da im Motorraum, wo in der Entwicklungsphase häufig gemessen wird, nahezu kein Packagespielraum für Messgeräteeinbauten besteht. Die Ausführung der vom Messkopf abgesetzten Auswerteeinheiten sowie die Einbausituation des Messkopfes im Motorkühlkreislauf am Motorenprüfstand sind in Abb. 9.8 gut erkennbar.

MID sind inzwischen; wie auch viele andere Messgeräte; als sog. Smart-Devices verfügbar, d. h. sie können z. B. via CAN angesprochen, ausgelesen und gesteuert werden. Zur Versorgung benötigen sie Fremdspannung, üblicherweise und praktisch für den Prüfstandsbetrieb $U = 230\,\text{V} \sim$. Die Spannungsversorgung kann oft optional erweitert

Abb. 9.8 links Auswerteeinheiten von MID, rechts Einbaulage eines MID-Messkopfes im Kühlkreislauf eines Motors, beides im Motorenprüfstand

werden, so findet man auch Geräte auf dem Markt, die zusätzlich mit Gleichspannung von $U = 12$ V betrieben werden können. Oft wird bei der Anfrage nach einem Messgerät auch die Versorgungsspannung individuell angeboten.

Am Prüfstand werden die Daten als Einheitssignale, meist 0(4)...20 mA an den Prüfstandsrechner oder andere Signalaufbereiter; z. B. die in Abschn. 6.6.4 gezeigten Minimodule, die es auch als Module mit Spannungseingang 0...10 V gibt; übergeben, um dort mit weiteren Messdaten synchronisiert aufgezeichnet zu werden. Das Strom-Ausgangssignal kann leicht in ein Spannungs-Einheitssignal gewandelt werden, siehe dazu das entsprechende Rechenbeispiel inAbschn. 5.2.2.

Um Messwerte bei geringen Volumenströmen nicht durch Signalrauschen zu verfälschen (das würde bei Messwertintegration über einer geissen Dauer, wie es z. B. bei transienten Messungen (NEFZ, WLTC) üblich ist zu sehr starken Verfälschungen führen), sind Schleichmengenunterdrückungen für Volumenströme von 0...4 % des Messbereichsendwertes einstellbar. Die Messbereiche sind abhängig vom Nenndurchmesser, z. B. bei DN20 Volumenstrom von 0...150 l/min. Innerhalb des nominalen Messbereiches kann die Messspanne verringert werden, sodass am Signalausgang eine bessere Auflösung vorliegt.

9.2.4 Ultraschall-Durchflussmessung

Als Ultraschall wird Schall bezeichnet, dessen Frequenz oberhalb des Hörbereiches des Menschen liegt. Üblicherweise geht man von Frequenzen $f > 16$ kHz aus, allerdings reicht die Hörschwelle vor allem bei jüngeren Menschen bis zu Frequenzen von etwa 20 kHz. Weitere, in der Natur auftretende Frequenzbereiche sowie für Volumenstrommessungen übliche zeigt Abb. 9.9.

Schallwellen breiten sich mit der Schallgeschwindigkeit aus. Deren Wert ist abhängig vom durchlaufenen Medium bzw. dessen Dichte und damit auch von der Temperatur und bei Gasen vom Druck, eine Übersicht dazu zeigt Abb. 9.10.

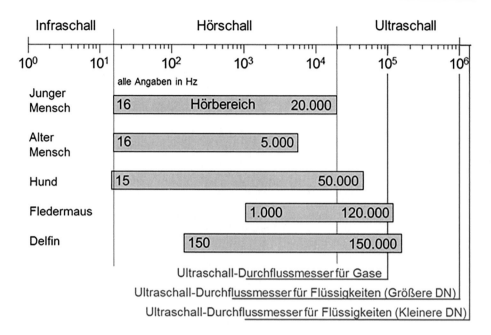

Abb. 9.9 Schallfrequenzbereiche in der Natur und bei der Ultraschall-Durchflussmessung

Ultraschall-Durchflussmessgeräte können im Gegensatz zu MID auch für elektrisch nichtleitende Stoffe verwendet werden. Ultraschall-Durchflussmessung nach dem Laufzeit-Differenzverfahren ist heute eines der universellsten Durchfluss-Messverfahren. Dieses Verfahren wird eingesetzt für die Messung kryogener Gase bei −200 °C, heißer Flüssigkeiten, Gase und Dampf bis über 500 °C, bei Drücken bis zu 1500 bar und im eichpflichtigen Verkehr für alle Flüssigkeiten außer Wasser. Ein großer Vorteil dieses Verfahrens ist, dass die Sensoren bei einigen Anwendungen von außen auf die Flüssigkeits- oder Gasleitung aufgebracht werden können.

Das Prinzip des Laufzeit-Differenz-Verfahrens kann man sich anhand eines selbst erlebbaren Beispiels vergegenwärtigen: Bei schwimmender, schräger Überquerung eines Flusses mit der Strömung benötigt man bei gleicher Schwimmgeschwindigkeit gegenüber dem Flusswasser (nicht gegenüber Grund!) weniger Zeit als bei Überquerung gegen die Strömung. Je stärker die Strömung wird, umso länger braucht man gegen sie und desto schneller wird man mit ihr. Die Differenz zwischen den Schwimmzeiten mit der Strömung bzw. gegen sie hängt also direkt von der Strömungsgeschwindigkeit des Flusses und der eigenen Schwimmgeschwindigkeit ab. Diesen Effekt nutzen Ultraschall-Durchflussmesser zur Bestimmung von Strömungsgeschwindigkeit und bei bekanntem Rohrquerschnitt des Durchflusses. Dabei senden und empfangen elektroakustische Wandler (piezoelektrische Kristalle) kurze Ultraschallimpulse durch das im Rohr strömende Medium. Die Wandler sitzen sich in Längsrichtung versetzt an beiden Seiten des Messrohres gegenüber, siehe Abb. 9.11.

	Schallgeschwindigkeit [m/s]	(bei T_U = 20°C)	Schallgeschwindigkeit [m/s]
Gase		**Feststoffe**	
Kohlendioxid (0°C)	257	Kautschuk	30...70
Luft (20°C)	344	Gummi	54
Stickstoff (20°C)	348	Blei	1300
Kohlenmonoxid (0°C)	338	PVC (hart)	2395
Helium (0°C)	965	Hartgummi	2500
Wasserstoff (20°C)	1300	Plexiglas	2730
		Mauerwerk	3480
Flüssigkeiten		Messing	3500
Benzin (17°C)	1166	Stein	3600...3800
Alkohol (20°C)	1200	Platin	3960
Diesel (20°C)	1250	Eis (0°C)	3980
Kerosin (20°C)	1320	Beton	4000
Wasser (20°C)	1440	Glas	4000...5500
Bier (22°C)	1512	Holz (Eiche)	4800
Meerwasser (25°C)	1531	Eisen (Guss)	4990
Glykol (25°C)	1658	Kupfer	5010
Motoröl (20°C)	1741	Edelstahl 1.4571	5720
		Baustahl, unlegiert (0,2% C)	5890
		Baustahl, unlegiert (0,5% C)	5940
		Baustahl, legiert (0,35% C)	5950
		Eisen (weich)	5960
		Quarz	5968
		rostfreier Stahl (0,15% C)	6010
		Werkzeugstahl (2% C)	6140
		Aluminium	6320
		Diamant	17500

Abb. 9.10 Schallgeschwindigkeiten verschiedener Stoffe

Der Puls, der mit der Strömung von Piezo 1 nach 2 läuft, benötigt eine Laufzeit $t_{A \to B}$ von

$$t_{A \to B} = \frac{D}{\sin \alpha (c + v \cos \alpha)}, \tag{9.11}$$

der Puls von Piezo 2 nach 1 benötigt dagegen die Laufzeit $t_{B \to A}$

$$t_{B \to A} = \frac{D}{\sin \alpha (c - v \cos \alpha)}. \tag{9.12}$$

Die Zeitdifferenz Δt beider Pulse beträgt:

$$\Delta t = t_{B \to A} - t_{A \to B} = v \frac{t_{B \to A} - t_{A \to B} \sin 2\alpha}{D}. \tag{9.13}$$

Damit ergibt sich für die Strömungsgeschwindigkeit v:

$$v = \frac{D(t_{B \to A} - t_{A \to B})}{\sin 2\alpha \, t_{B \to A} t_{A \to B}}. \tag{9.14}$$

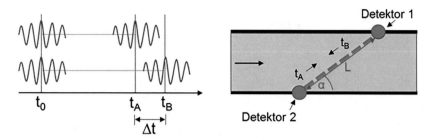

Abb. 9.11 Prinzip der Laufzeit-Differenz

Für einen kreisförmigen Querschnitt kann nun der Volumenstrom berechnet werden:

$$\dot{V} = \frac{\pi D^3 (t_{B\to A} - t_{A\to B})}{\sin 2\alpha\, t_{B\to A} t_{A\to B}} \tag{9.15}$$

Bei üblichen Rohrnennweiten bis etwa 100 mm und Wasser als Medium mit relativ niedriger Strömungsgeschwindigkeit liegt die Laufzeitdifferenz in Bereichen von $\Delta t \leq 0,1\mu$s. Vergleicht man diese Dauer mit der des sprichwörtlichen Augenblicks (menschl. Lidschlag), der etwa 350 ms dauert, kommt man auf einen Faktor von 3.500.000. Das mag die Anforderungen an die Genauigkeit der Laufzeitdifferenz-Erfassung veranschaulichen.

Der Gasanteil in der zu messenden Flüssigkeit darf nicht zu hoch sein, da sonst aufgrund von Reflexionen, Dämpfung und Kompression keine korrekte Messung möglich ist. Für Signalausgänge, Anschluss und Kommunikation des Ultraschall-Durchflussmessgeräts gilt das Gleiche wie bei MID. Ein Beispiel für den Einbau im Kühlkreislauf eines Motors im Motorenprüfstand zeigt Abb. 9.12. Dort ist erkennbar, dass die Sensoreinheit von der Auswerteeinheit getrennt ist. Demnach kann die Auswerteeinheit weiter entfernt vom Motor untergebracht werden und ist damit nicht der chemisch, mechanisch und thermisch aggressiven motornahen Umgebung ausgesetzt.

9.3 Massenstrommessung

Insbesondere für die Motorregelung ist die Kenntnis des angesaugten Luftmassenstromes wichtig. Neben der damit möglichen, exakten Füllungs- und Gemischsteuerung bietet sie außerdem den Vorteil, dass mechanisch anfällige Teile, wie sie früher zur Ermittlung des Volumenstromes (z. B. Stauklappen) üblich waren, entfallen. Veränderungen der Umgebungsdaten bzgl. Temperatur und Druck werden somit automatisch berücksichtigt. Die dafür verwendete Hitzdraht- und Heißfilmanemometrie wird im Abschn. 9.3.1 betrachtet.

Im Prüffeld ist die möglichst genaue Erfassung von Massenströmen ebenfalls erwünscht, insbesondere zur Energiebilanzierung werden deshalb, wenn seitens Bauraum und finanzieller Aspekte möglich, Kraftstoff-, Kühlmittel- und Ölmassenströme

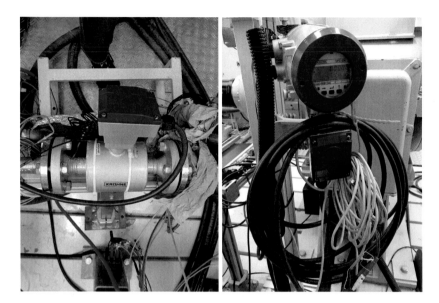

Abb. 9.12 Ultraschall-Durchflussmessgerät im Motorenprüfstand, links: Messkopf, rechts: Auswerteeinheit

erfasst. Auf das dabei zum Einsatz kommende Coriolis-Prinzip wird im Abschn. 9.3.2 eingegangen.

9.3.1 Hitzdraht- und Heißfilmanemometrie

Allgemein wird die thermische Gasmassenstrommessung auch als thermische Anemometrie oder Hitzdraht-Anemometrie bezeichnet (Anemometrie: Windgeschwindigkeitsmessung). Generell bestehen Hitzdrahtanemometer aus einem sehr dünnen Metalldraht (Wolfram, Platin, Nickel, $D = 2,5…10\,\mu m$), der elektrisch beheizt wird. Die umströmende Luft entzieht dem Draht Wärme. Der Wärmestrom ist direkt proportional der Strömungsgeschwindigkeit. Bei bekanntem Querschnitt an der Messstelle und bekannter Temperatur kann mittels Kontinuitäts- und Bernoulligleichung der Massenstrom bestimmt werden. Ein einfaches Hitzdrahtanemometer ist in Abb. 9.13 dargestellt, der Hitzdraht befindet sich in der oberen Öffnung des Metallzylinders. Letzter ist in der Größe mit einem Bleistift vergleichbar.

Es werden zwei Arten von Hitzdrahtanemometern unterschieden
Abkühlverfahren mit konstantem Strom
  Der Heizstrom des Drahtes wird konstant gehalten, durch die Umströmung des zu messenden Gases ändert sich die Temperatur des Hitzdrahtes und somit sein elektrischer Widerstand. Der Spannungsabfall über dem Widerstand ist ein direktes Maß für die

Abb. 9.13 Einfaches
Hitzdrahtanemometer im
Vergleich zu einem Stahlmaß
mit cm-Einteilung

Strömungsgeschwindigkeit und bei bekannter Geometrie für den Massenstrom. Nachteilig ist, dass die Temperatur des zu messenden Mediums nicht exakt bekannt ist und damit die Massenstrombestimmung relativ ungenau wird. Außerdem altert der Sensor durch die Temperaturwechselbelastung relativ schnell, was häufiges Kalibrieren erfordert. Bei sehr geringer Strömungsgeschwindigkeit überkompensiert die Eigenkonvektion am Hitzdraht; in tangentialer Komponente; die Strömungsgeschwindigkeit senkrecht zur Drahtlängsachse, hier ist keine Messung mehr möglich. Trotz der Nachteile werden einfache Hitzdrahtanemometer häufig zur Geschwindigkeitsbestimmung eingesetzt, da sie preiswert sind und keine Regelschaltung benötigen. Der durch die Umströmung verursachte Spannungsabfall wird mit einer Wheatstone'schen Messbrücke (siehe Abschn. 6.6.5) erfasst, in der entsprechend Abb. 9.14 ein Widerstand, nämlich der Hitzdraht, veränderlich ist.

Konstanttemperaturverfahren

Die Temperatur des Hitzdrahtes oder Heißfilmes wird durch Nachregeln des Heizstromes konstant gehalten. Dazu ist vor dem eigentlichen Luftgeschwindigkeitssensor (= Hitzdraht/Heißfilm) ein Temperaturmesswiderstand angebracht. Beide Widerstände sind in einer Wheatstone-Brücke geschalten, in der der Widerstand des Hitzdrahtes konstant eingeregelt wird. Der zur Einregelung notwendige Strom erzeugt am vierten Widerstand der Wheatstone-Brücke einen Spannungsabfall, der das direkte Maß für die Strömungsgeschwindigkeit, bei bekanntem Querschnitt für den Massenstrom, darstellt. Das Schaltungsprinzip ist in Abb. 9.15 zu sehen.

Sowohl an Motorenprüfständen (z. B. Sensyflow) als auch in Serienfahrzeugen (HLM: Hitzdraht-Luftmassenmesser, HFM: Heißfilm-Luftmassenmesser, der Begriff Luftmassenmesser hat sich auch in der Fachwelt eingebürgert, obwohl er terminologisch nicht korrekt ist) findet die Variante mit konstantem Widerstand Verwendung, das Schema für den Hitzdraht-Luftmassenmesser zeigt Abb. 9.16.

Um Verschmutzungen und damit Langzeitdrift zu vermeiden, wird der Hitzdraht nach Angaben in [2] nach jedem Abstellen des Motors für 1 s auf 1000 °C aufgeheizt. Verschmutzungen verdampfen oder platzen ab. Der eigentliche Hitzdraht ist

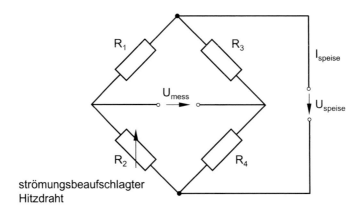

Abb. 9.14 Hitzdraht-Anemometrie mit konstantem Strom

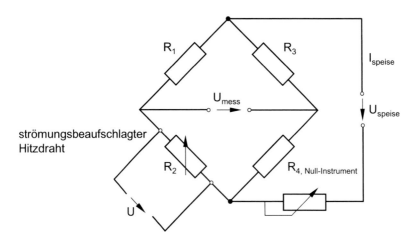

Abb. 9.15 Hitzdrahtanemometrie mit konstantem Widerstand

beidseitig durch feinmaschige Gitter vor groben Verunreinigungen bzw. mechanischer Zerstörung geschützt. Der Hitzdraht-LMM kann keine Strömungsrichtung erkennen, allerdings Massenstromänderungsfrequenzen bis 1 kHz auflösen. Abb. 9.17 zeigt den Hitzdraht-Luftmassenmesser mit Gehäuse, welches in den Ansaugpfad des Motors zwischen Luftfilter und Drosselklappe eingebaut wird.

Genauer als der HLM misst der Heißfilm-Luftmassenmesser (HFM). Er sitzt im Nebenstrom der Ansaugstrecke, misst also nur einen Teilstrom der vom Motor angesaugten Luft. Mittels des Querschnittsverhältnisses wird der Gesamtmassenstrom berechnet. Der HFM kann durch die Erkennung der Strömungsrichtung auch durch den Ladungswechsel verursachte Pulsationen berücksichtigen und die Luftmasse arbeitsspielaufgelöst ausgeben.

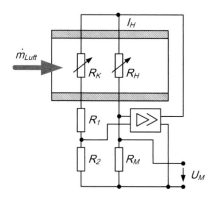

Abb. 9.16 Prinzip Hitzdraht-Luftmassenmesser, nach [1]

m_{Luft}:   Luftmassenstrom
I_H: Heizstrom
R_K: Temperaturerfassung
R_H: Hitzdraht
R_1, R_2:   Brückenwiderstände
R_M: Präzisions-Messwiderstand
U_M: Messspannung

Abb. 9.17 Hitzdraht-
Luftmassenmesser

Das eigentliche Sensorelement ragt in ein Teilstromrohr hinein oder wird direkt in den Luftfilterkasten (nach Filter) oder in das Ansaugrohr gesteckt. Die Form der Durchströmungsstrecke gewährleistet verwirbelungsfreie Anströmung des Sensors, siehe Abb. 9.18.

Auf der Sensormesszelle, siehe Abb. 9.19, beheizt ein Heizwiderstand eine mikromechanische Widerstandsmembran und hält sie auf konstanter Temperatur. Der Heizwiderstand ist auf der Membran mittig angeordnet, rechts und links von ihm fällt die Temperatur ab und wird mittels zweier Temperaturmesswiderstände an den Punkten

Abb. 9.18 Heißfilm-
Luftmassenmesser, nach [1]

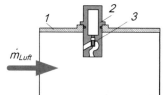

1: Ansaugrohr
2: Sensorgehäuse
3: Messzelle

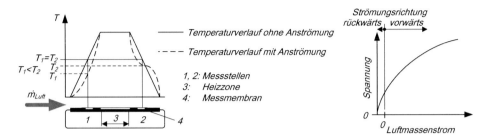

Abb. 9.19   Kennlinie und Messprinzip des HFM, nach [1]

1 und 2 gemessen. Die Temperaturverläufe ohne/mit Umströmung zeigt ebenfalls Abb. 9.19. Dort ist erkennbar, dass bei Umströmung auf der zuerst angeströmten Seite der Temperaturverlauf steiler als auf der stromabwärts liegenden Messstelle ist. Damit kann die Strömungsrichtung erkannt werden.

Der Temperaturunterschied ΔT zwischen beiden Messstellen ist ein direktes Maß für die umströmende Luftmasse, und zwar unabhängig von der herrschenden Umgebungstemperatur.

Wegen der dünnen Messmembran (und entsprechend geringer Wärmespeicherkapazität) reagiert der Sensor sehr schnell auf Veränderungen, die Zeitkonstante ist laut [2] $t < 15$ ms.

9.3.2 Coriolis-Prinzip

Zu Beginn eine kurze Darstellung des Coriolis-Prinzips:

Ein massebehafteter Körper befinde sich auf einer sich drehenden Ebene. Bewegt sich der Körper aus dem Drehzentrum der Ebene nach außen, wird er in Drehrichtung abgelenkt. Seiner translatorischen wird also eine rotatorische Bewegung überlagert. Die dabei auf ihn wirkende Kraft ist abhängig von seiner Masse, dem Abstand zum Momentanpol und der Drehgeschwindigkeit der Ebene.

Auf jeden Gegenstand auf der sich drehenden Erde wirkt die Corioliskraft, wenn die Bewegung nicht exakt in Ost-West-Richtung oder umgekehrt erfolgt. Bildliche Auswirkungen sehen wir auf Satellitenbildern von Luftströmungen. Wir wollen ein kurzes gedankliches Experiment durchführen: Am Äquator wird ein Geschoss exakt in Richtung Norden abgefeuert. Trifft es auf demselben Längengrad, östlich versetzt oder westlich versetzt im Norden auf?[1]

---

[1]Es trifft östlich versetzt auf. Grund dafür ist, dass sich die Erde nach Osten dreht und dass die Umfangsgeschwindigkeit am Äquator größer ist als in nördlichen (oder auch südlichen!) Breitengraden.

Statt des Körpers können wir uns auch eine Flüssigkeit; also einen Massenstrom; vorstellen, die durch eine gekrümmte Leitung fließt. Die durch die Leitungsgeometrie erzwungene Änderung des Geschwindigkeitsvektors (Drehung) des Massestroms bewirkt dabei nach dem Coriolis-Prinzip eine Kraftkomponente, die senkrecht zum Momentanpol des Geschwindigkeitsvektors und senkrecht zum Geschwindigkeitsvektor steht. Der Vektor der Corioliskraft bildet dabei das Kreuzprodukt aus dem Vektor der Winkelgeschwindigkeit und dem Vektor der Geschwindigkeit relativ zum Bezugssystem und das Produkt mit der Masse des sich bewegenden Körpers, Gl. 9.16. In unserem Fall des Massenstroms ist der Geschwindigkeitsvektor die Fließgeschwindigkeit.

$$\vec{F_C} = -2m(\vec{\omega} \times \vec{v}). \tag{9.16}$$

Folgt nach der Krümmung in der Rohführung eine weitere, gegenläufige Krümmung kehrt sich der Richtungssinn der Corioliskraft um. Durch die entstehenden Corioliskräfte wird die Leitung in Kraftrichtung ausgelenkt. In Abb. 9.20 ist das Prinzip dargestellt. Diese Auslenkung, die in der Praxis nur wenige 1/100 mm oder weniger beträgt, wird mittels am Rohr angebrachter Piezokristalle gemessen. Sie ist direkt abhängig vom Massenstrom. Damit ist die Messung nach dem Coriolisprinzip die einzige, die direkt den Massenstrom erfasst.

Im Massenstrommessgerät wird das Rohr zu Schwingungen angeregt, in Abb. 9.20 durch ω dargestellt. Bei gegenüber dem Zustand in Abb. 9.20 dargestellten Zustand gegensinniger Auslenkung kehrt sich auch der Richtungssinn der beiden dargestellten Corioliskräfte um und somit auch die Verschiebung der Schwingungsamplitude. Die Schwingfrequenz wird so eingestellt, dass sich das Rohr bei nicht strömender Flüssigkeit in Resonanz befindet, die Amplituden an den Piezokristallen sind gleichphasig. Die Größe der Amplituden ist ein direktes Maß für die Dichte des sich im Rohr befindenden Mediums. Ist ein Massestrom vorhanden, wird das Rohr entsprechend Abb. 9.20 ausgelenkt. Die nun auftretende Phasenverschiebung der von den Piezokristallen

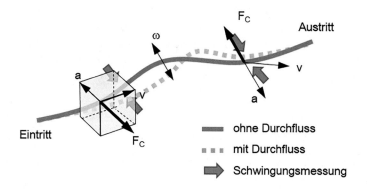

Abb. 9.20 Coriolis-Prinzip am Einrohr-Schwinger

Abb. 9.21 Coriolis-
Massenstrommessgerät für den
Prüfstandseinsatz

registrierten Schwingungen infolge der nicht mehr symmetrischen Auslenkung des Rohres ist ein direktes Maß für den Massenstrom im Rohr. In Abb. 9.21 ist ein Massenstrom-Messgerät dargestellt, wie es am Motorenprüfstand für Medien wie Motor-kühlmittel oder Motoröl eingesetzt wird.

Das Coriolisprinzip kann man sich selbst veranschaulichen, dazu werden ein mög-lichst flexibler Wasserschlauch mit Wasseranschluss und ein Helfer benötigt. Der mit Wasser gefüllte Schlauch, durch den jedoch kein Wasser fließt, wird mit vorgestreckten Armen so angehoben, dass sich zwischen den Armen eine möglichst lange U-Form des Schlauches ergibt. Nun wird der Schlauch so bewegt, dass sich der Durchhang (das U) vor- und zurückbewegt. Diese Bewegung werden beide Schenkel des U synchron aus-führen, insofern die Armbewegungen synchron sind. Beim Weiterschwenken dreht nun der Helfer den Wasserhahn auf, sodass der Schlauch von Wasser durchflossen wird. Bei genügend großem Massenstrom fängt der Schlauch an, sich zu verwinden, so wie es auch der Einrohrschwinger in den oben beschriebenen Messgeräten tut.

Literatur

1. DIN EN ISO 5167
2. Ottomotor-Management; Robert Bosch GmbH; 2. Auflage 2003; Springer Fachmedien Wies-baden; 2003

Drehmomentmessung

10

Zur Bestimmung der mechanischen Leistung an allen drehenden Energiewandlern gilt der Zusammenhang zwischen Drehmoment M und Drehfrequenz ω bzw. Drehzahl n nach Gl. 10.1.

$$P = M\omega = M2\pi n. \tag{10.1}$$

Zur Erfassung des Drehmomentes gibt es Verfahren, die die durch das Drehmoment verursachte Torsion der Welle im elastischen Bereich erfassen und Verfahren, die mit einem exakten Hebelarm auf eine Kraftmesseinrichtung wirken. Letztere werden in der Fahrzeugmesstechnik meist an hydraulischen Belastungseinrichtungen am Motorprüfstand verwendet. Generell erfolgt Drehmomentmessung an Motoren- und Rollenprüfständen, teilweise (teuer, Packageproblem) auch direkt im Fahrzeug.

Die Erfassung der Torsion der Welle kann mit DMS, induktiv, kapazitiv, optisch und mit Oberflächenwellen erfolgen.

10.1 Drehmomenterfassung mittels DMS

Hierfür werden Dehnmessstreifen im Winkel von 45° zur Wellenlängsachse als Vollbrücke aufgeklebt, siehe Abb. 10.1.

Das anliegende Drehmoment M ist proportional zur Messspannung U_M und abhängig von der Versorgungsspannung U_0, dem materialabhängigen Faktor k, dem Durchmesser D der Welle und dem Schubmodul G

$$U_M = M\frac{8U_0k}{\pi D^3 G}. \tag{10.2}$$

© Springer Fachmedien Wiesbaden GmbH, ein Teil von Springer Nature 2020
D. Goßlau, *Fahrzeugmesstechnik*, https://doi.org/10.1007/978-3-658-28479-4_10

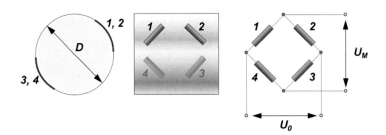

Abb. 10.1 Drehmomentmesswelle mit Dehnungsmessstreifen

Die Vollbrücke in der skizzierten Anordnung ist vollständig temperatur-, zug-, druck-
und biegekompensiert, misst also tatsächlich nur die Torsion der Welle und damit das
anliegende Drehmoment.

Die Versorgungsspannung kann durch Schleifringe übertragen werden, ebenso wie die
Messsignale. Wegen der entstehenden Reibung, geringen Dauerhaltbarkeit und Aufbau
von Unwuchten durch ungleichmäßige Abnutzung werden Schleifringe jedoch nur selten
und für Drehzahlen $n < 3000 \, \text{min}^{-1}$ verwendet. Üblich sind dagegen die Übertragung
der Versorgungsspannung auf transformatorischem Weg und die Signalübermittlung per
Funk oder Infrarotsignal. Einen kombinierten Messflansch für die Erfassung von Drehmoment und Drehzahl an einer elektrischen Belastungseinrichtung zeigt Abb. 10.2.

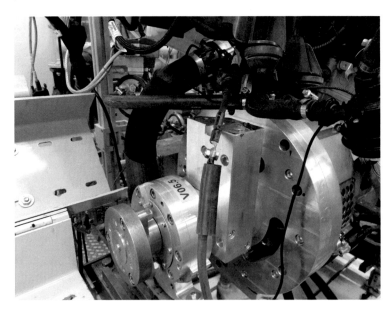

Abb. 10.2 Kombinierter Messflansch für die Erfassung von Drehmoment und Drehzahl an einer
elektrischen Belastungseinrichtung

10.2   Induktive und kapazitive Drehmomenterfassung

Abb. 10.3 zeigt das Prinzip der induktiven Drehmomenterfassung. Die Scheibe ist fest mit der drehmomentbeaufschlagten Welle verbunden, das Rohr an seinem Fuß befestigt und sonst nicht mit der Welle in Berührung. Damit unterliegt das Rohr keinem Drehmoment, außer dem durch seine Drehträgheit Verursachten bei Drehzahländerungen. Außerdem unterliegt es der Erdanziehung und übt dadurch ein Biegemoment auf die Befestigung und dadurch auf die Welle aus. Diese Momente werden sehr klein gehalten und daher vernachlässigt. Zwischen Scheibe und Rohr kommt es infolge des an der Welle anliegenden Drehmomentes zu einer Torsion, die vom induktiven Aufnehmer in ein Spannungssignal gewandelt wird.

Nach dem gleichen Prinzip arbeitet der kapazitive Aufnehmer, bei dem die Wegerfassung statt induktiv durch Änderung der Kapazität geschieht.

Eine weitere Möglichkeit ist die Drehmomenterfassung mittels Oberflächensensoren. Sie werden auf der Wellenoberfläche angebracht und per Funk (z. B. RFID) abgefragt. Tordiert die Welle, ändern sich die Positionen der Sensoren gegenüber dem untordierten Zustand und damit auch die Laufzeiten der Funksignale vom und zum fest installierten Sender/Empfänger. Prinzipiell arbeitet das Verfahren also nach dem Dopplerprinzip, das die Wellenlaufzeitunterschiede der Funksignale zur Geschwindigkeits- bzw. Positionsbestimmung benutzt.

10.3   Drehmomenterfassung mittels Kraft und Hebelarm

Wird auf einen Hebel der Länge l eine Kraft F ausgeübt, entsteht ein Drehmoment M entsprechend Gl. 10.3.

$$M = Fl. \tag{10.3}$$

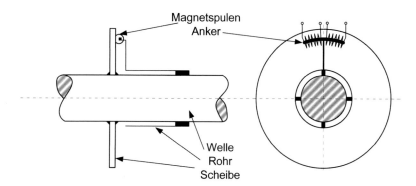

Abb. 10.3 Prinzip der induktiven Drehmomenterfassung

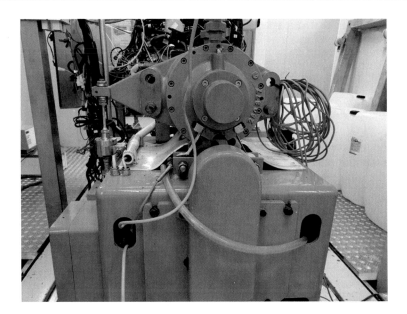

Abb. 10.4 Hydraulische Belastungseinrichtung mit Hebelarm und Kraftmessdose

Bei elektrischen Belastungsmaschinen (Prüfstandsbremsen) wird am Stator ein definierter Hebelarm angebracht, der sich auf einer Kraftmessdose abstützt. Der Stator nimmt, dabei das nach dem Generatorprinzip (oder im Schubbetrieb des Verbrennungsmotors nach dem elektromotorischen Prinzip) erzeugte Drehmoment auf. Bei hydraulischen Bremsen wird der Hebelarm am Gehäuse der Bremse, an dem sich das durch das Flügelrad mittels Wasserverdrängung erzeugte Drehmoment abstützt, angebracht, siehe Abb. 10.4. Alternativ zum dort gezeigten piezoelektrischen Kraftaufnehmer; siehe nächster Abschn. 10.4; kann auch eine herkömmliche Waage benutzt werden, was an einfachen Motorenprüfständen durchaus bis Ende des 20. Jahrhunderts praktiziert wurde. Das Drehmoment ergibt sich dann aus dem Produkt der an der Waage angezeigten Masse m, der Fallbeschleunigung g und dem Hebelarm l nach Gl. 10.4.

$$M = mgl. \tag{10.4}$$

10.4 Piezoelektrischer Kraftaufnehmer

Piezoelektrischer Effekt heißt: ein Kristall, z. B. Siliziumdioxid, wird während des Herstellungsprozesses erhitzt und einem starken elektrischen Gleichfeld ausgesetzt, es richtet sich in einer Richtung aus und bildet einen Dipol. Solange keine Kraft wirkt, verhält sich der Kristall nach außen elektrisch neutral, bei Krafteinwirkung verschieben sich die Moleküle, siehe Abb. 10.5. Es treten Ladungen an den Kontakten auf, infolge derer

Abb. 10.5 Prinzip des
piezoelektrischen Effekts

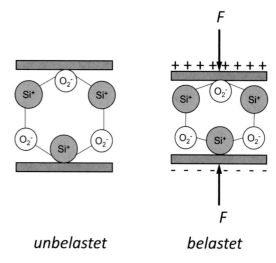

unbelastet   belastet

die Spannung U als Quotient aus elektrischer Ladung Q und Kapazität C entsprechend
Gl. 10.5 abgenommen werden kann.

$$U = \frac{Q}{C} \tag{10.5}$$

Die Ladungen Q sind proportional zur einwirkenden Kraft, der Aufnehmer ist sehr gut
für dynamische Messungen geeignet, benötigt aber einen Ladungsverstärker, da die auftretenden Ladungen klein sind.

Drehzahlmessung

Drehzahlmessung erfolgt an Motoren- und Rollenprüfständen immer an den Belastungseinrichtungen. Zusätzlich werden Drehzahlen am Rollenprüfstand an den Rädern des Fahrzeugs gemessen. Am Motorenprüfstand werden oft weitere Drehzahlsensoren eingesetzt, z. B. für das Erfassen der Drehzahlen von ATL, Generator (riemenschlupfbehaftet), Kühlmittelpumpe usw. Außerdem besitzen einige Mess- und Konditioniergeräte selbst Drehzahlsensoren, z. B. geschwindigkeitsproportional arbeitende Fahrtwindgebläse.

Im Serienfahrzeug finden sich ebenfalls mehrere Drehzahlsensoren: Kurbelwelle, Nockenwelle, Generator (meist integriert durch Interpretation des elektr. Wechselfeldes), Raddrehzahlsensoren für die Regelung von ABS, ESP und zum Generieren des Tachosignals. Bei älteren Fahrzeugen wird die Drehzahl am Tellerrad des Differentials zur Geschwindigkeitsermittlung mechanisch abgegriffen, an älteren Motorrädern am Getriebeausgang oder am Vorderrad ebenfalls zur Geschwindigkeitsermittlung.

Zur Bestimmung der Bremsendrehzahl am Motorenprüfstand werden meist inkrementale (Inkrement: kleine Stufe [einer zunehmenden Größe]) Aufnehmer verwendet. Das bedeutet, dass nur die Intervalldauern der einzelnen Unterteilungen einer Umdrehung aufgenommen werden, jedoch nicht die Winkellage der rotierenden Welle. Je mehr Intervalle je Umdrehung vorhanden sind, desto genauer kann die Drehzahl erfasst werden. Im Gegensatz dazu stehen Drehzahlsensoren, die auch Lageerfassungen erlauben.

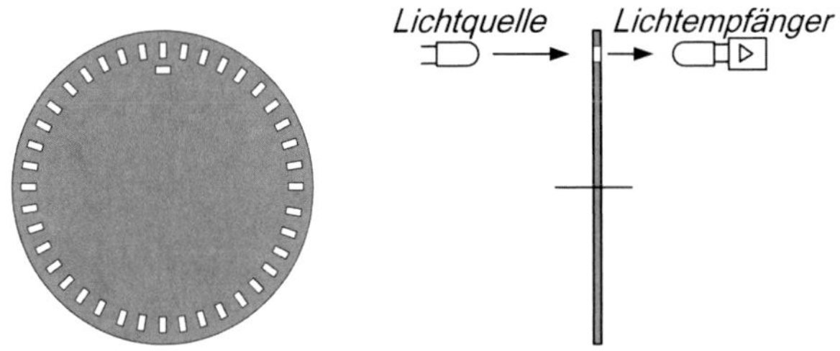

Abb. 11.1 Optischer
Drehzahlaufnehmer,
links: Blendenscheibe mit
Nulldurchgangsmarkierung
auf der inneren Spur, rechts:
Funktionsprinzip

Abb. 11.2 Codierscheide
für optische
Winkelstellungssensoren

11.1 Optische Drehzahlsensoren

Generell werden bei optischen Drehzahlsensoren Lichtquellen und –empfänger verwendet, zwischen beiden befindet sich eine Blendenscheibe, die am äußeren Rand
mehre Lücken aufweist. Dreht sich die an der Welle befestigte Scheibe, bewegen sich
an Lichtquelle und –empfänger lichtdurchlässige Lücken und lichtundurchlässige
Segmente vorbei. Die vom Empfänger sensierten Lichtstrahlimpulse werden gezählt und
anhand der Anzahl der auf 360° verteilten Lücken und der Zeit die Drehzahl ermittelt.
Oft ist ein zusätzliches Segment auf einer zweiten Spur vorhanden, dass den Null-
durchgang anzeigt, also eine komplette Umdrehung. Siehe dazu Abb. 11.1. Optische
Inkrementalgeber lösen bis Drehzahlen von etwa $n = 12.000$ min^{-1} auf.

Soll zusätzlich eine Positionserkennung, also die Erkennung diskreter Winkel-
stellungen, realisiert werden, können codierte Scheiben verwendet werden, siehe
Abb. 11.2. Verwendung: Positionierantriebe bis etwa $n = 12.000$ min^{-1}.

Statt des Durchlichtverfahrens kommen auch Reflexlichtaufnehmer zum Einsatz,
bei denen die Impulse durch Segmente mit unterschiedlichen Reflexionseigenschaften
erzeugt werden.

Des Weiteren können Segmente unterschiedlicher Lichtdurchlässigkeit verwendet
werden, die sehr hochauflösende Segmentzahlen bis 5000/360° erlauben. Das entspricht
einem Winkelabstand von 0,072°. Mit weiteren Verfahren, z. B. der Auswertung der

Kurvenform des Signals, insbesondere der Flankeneigenschaften, kann eine Auflösung von bis zu 20.000/360° erreicht werden. Das entspricht einer Schrittweite von 0,018° und wird z. B. bei Kurbelwinkelaufnehmern von Indizieranlagen, siehe Abschn. 14.2.2, angewendet.

11.2 Induktive Signalgeber

Induktive Drehzahlsensoren sind sogenannte passive Sensoren, sie sind auf eine Energieversorgung angewiesen. Im Fahrzeug wurden solche Sensoren bis Ende der 1990er Jahre als Raddrehzahlsensoren verwendet, seitdem kommen aktive Sensoren, siehe Abschn. 11.4 und 11.5, zum Einsatz.

Bei induktiven Sensoren ist zwischen Drehmeldern und eigentlichen Drehzahlsensoren zu unterscheiden. Drehmelder (auch Resolver genannt) geben sofort nach dem Einschalten die exakte Winkelposition an, der max. Winkelfehler beträgt einige Bogenminuten ($1° = 60'$), Einsatzbereich bis 12.000 min^{-1}.

Den schematischen Aufbau eines induktiven Drehzahlsensors mit dazugehörigem Impulsrad aus Stahl zeigt Abb. 11.3.

Der Sensor besteht aus einem Dauermagneten und einem weichmagnetischen Polstift. Den Polstift umfängt die Magnetspule, somit wird ein konstantes Magnetfeld erzeugt. Dreht sich das Impulsrad, wird die wirksame magnetische Masse erhöht, wenn ein Zahn den Sensor passiert und verringert, wenn eine Lücke den Sensor passiert. Das Magnetfeld wird gestört, in der Spulenwicklung wird eine Wechselspannung induziert. Ihre Größe und Frequenz sind proportional zur Raddrehzahl und eine Funktion der Zähneanzahl auf dem Zahnrad. Da erst ab einer bestimmten Drehfrequenz eine als Sensorsignal verwertbare Spannung induziert wird, ist eine Mindestdrehzahl notwendig. Bei den o. a. früheren Raddrehzahlsensoren wurden Geschwindigkeiten oberhalb von $v = 2...3$ km/h erkannt. Bei niedrigeren Geschwindigkeiten war z. B. das Antiblockiersystem nicht in der Lage, den Schlupf zu regeln und die Räder blockierten bei zu großem Kraftschlussbedarf.

Im Gegensatz zu den Drehzahlsensoren bestehen Resolver aus mehreren, mindestens zwei, Sensoren, statt des Impulsrades kommt als Rotor ebenfalls ein von einer Spule

Abb. 11.3 Prinzip des induktiven Drehzahlsensors

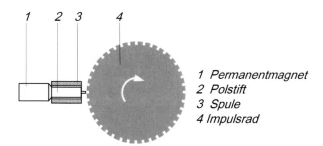

1 Permanentmagnet
2 Polstift
3 Spule
4 Impulsrad

umfangener Dauermagnet zum Einsatz. Bei Drehung verändert sich die relative Lage der Magnetfelder zueinander und die induzierte Spannung ändert sich.

Induktive Impulsgeber sind sehr robust und auch unter rauen Einsatzbedingungen zuverlässig. Ihr großer Vorteil liegt in der Benutzung vorhandener Bauteile, z. B. Zahnräder am Anlasserkranz des Schwungrades zur Erfassung des Kurbelwinkels, zur Impulsbildung. Nulllagen, in diesem Fall z. B. für OT Zylinder 1, können durch eine andere geometrische Form eines Zahnes oder durch eine zusätzliche Metallmasse erkannt werden.

11.3 Erfassung mittels Wirbelstrom

Wird eine Spule von einem Wechselstrom durchflossen, erzeugt sie ein elektromagnetisches Feld. Dieses Feld induziert in einem elektrisch leitenden Gegenstand in der Nähe der Spule einen Wirbelstrom. Dieser wirkt auf den Wechselstromwiderstand der Spule, die Impedanz, und ändert ihn. Bei Änderung des Abstands des elektrisch leitenden Objekts von der Spule ändert sich auch die Größe der Impedanz. Damit besteht ein direkter Zusammenhang zwischen Abstand des zu sensierenden Objektes und der Impedanz der Spule.

Als Objekt kommen Turbinen- und Verdichterräder von ATL infrage, deren Schaufeln jeweils einen geringen Abstand zur Spule und die Schaufelzwischenräume größere Abstände darstellen. Es sind Abstandsmessungen im Bereich von Nanometern möglich, ebenso die Erfassung sehr hoher Drehzahlen, wie sie z. B. bei ATL (bis $n = 400.000 \text{ min}^{-1}$) auftreten. Allerdings benötigen Sensoren nach dem Wirbelstromprinzip ebenfalls eine Mindestdrehzahl für ein verwertbares Signal. Bei Drehzahlsensoren für ATL beträgt diese Mindestdrehzahl etwa $n \geq 500 \text{ min}^{-1}$.

Das Wirbelstromprinzip wurde bis Anfang der 1990er Jahre auch zur Geschwindigkeitsanzeige in herkömmlichen Tachometern verwendet. Hierbei induzierte ein sich mit der mechanisch angetriebenenTachowelle drehender Dauermagnet Wirbelströme in einer Leichtmetallscheibe. Das dadurch erzeugte Drehmoment in der Leichtmetallscheibe, auf der sich der Zeiger befand, wurde durch eine Spiralfeder gehemmt. Drehzahlmesser arbeiteten nach dem gleichen Prinzip.

11.4 Hall-Generator

Sich durch ein, zu ihrer Bewegungsrichtung senkrecht stehendes, Magnetfeld bewegende Elektronen (Strom fließt) werden in zum Magnetfeldfeld senkrechter Richtung abgelenkt (Rechte-Hand-Regel). Grund dafür ist die Lorentz-Kraft, siehe Abb. 11.4. Durch die Ablenkung der Elektronen entsteht auf einer Seite Elektronenüberschuss, auf der anderen –mangel, eine Spannung ist messbar, und zwar die Hallspannung U_H nach Gl. 11.1.

Abb. 11.4 Prinzip des Hall-Effekts

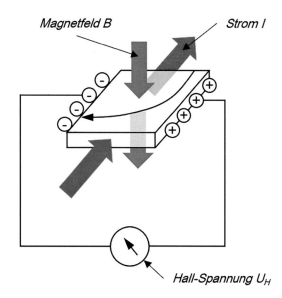

$$U_H = R_H \frac{IB}{d} \qquad (11.1)$$

mit $R_H =$ Hallkonstante (materialabhängig), $I =$ Strom, $B =$ Magnetfeldstärke und $d =$ Plattendicke.

Wechselt die Richtung des Magnetfeldes, wechselt auch die Richtung, in der die Elektronen abgelenkt werden und demzufolge auch die Hallspannung. Ändert sich die Stärke des Magnetfeldes, ändert sich ebenfalls die Höhe der Hallspannung. Dementsprechend gibt es mehrere Möglichkeiten der Drehzahlerfassung.

Zur Änderung des Magnetfeldes wird am sich drehenden Objekt, z. B. dem Rad eines Fahrzeugs, ein Multipolring angebracht. Auf diesem sind wechselweise magnetisierte Kunststoffelemente untergebracht, so dass jeweils Nord- bzw. Südpol das Hallelement passieren. Der Multipolring ist integraler Bestandteil des Radlagers, siehe Abb. 11.5.

Die Größe des Magnetfeldes ändert sich, wenn ein Zahnrad als Impulsgeber verwendet wird und der Hallsensor mit einem Dauermagneten versehen wird. Die Umkehrung dieses Prinzips wird bei Kleinkrafträdern für die Auslösung des Zündimpulses benutzt. Hier rotiert ein mit Dauermagneten versehenes Hohlrad um die Ankerplatte des Generators, auf welcher der Hallsensor befestigt ist. Die Dauermagnete dienen einerseits dazu, in den auf der Ankerplatte sitzenden Spulen eine Spannung zu induzieren und damit die Versorgung des Bordnetzes mit elektrischer Energie zu realisieren. Andererseits empfängt der Hallsensor ein wechselndes Magnetfeld und gibt dadurch die Lage des OT an.

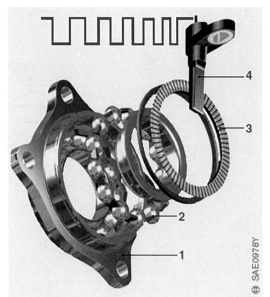

1 Radnabe
2 Kugellager
3 Multipolring
4 Raddrehzahlsensor

Abb. 11.5 Explosionsskizze mit Multipolrad als Impulsgeber [1]

Als Materialien werden Indium-Antimonid und Indium-Arsenid verwendet. Der Hall-Geber ist mechanisch sehr empfindlich und wird deshalb als in Kunststoff vergossenes Element gefertigt.

11.5 AMR- und TMR-Sensoren

AMR steht als Abkürzung für den Anisotrop Magnetisch Resistiven Effekt, welcher nach [2] bereits 1857 von William Thomson, später bekannt als 1. Lord Kelvin (siehe Abschn. 6.2), entdeckt wurde und in ferromagnetischen Materialien auftritt. Kennzeichen des Effektes ist, dass der materialspezifische Widerstand ρ des ferromagnetischen Materials abhängig von der Richtung des Magnetfeldes bzw. der Magnetisierung M und dem im Winkel α dazu laufenden elektrischen Strom I nach Gl. 11.2 ist.

$$R(\alpha) = R_m + \frac{\Delta R}{2} \cos 2\alpha. \qquad (11.2)$$

Dabei stellt R_m den mittleren Widerstand über einem Drehwinkel von $\alpha = 360°$ dar. Aus Gl. 11.2 ergibt sich sofort, dass der Widerstand am größten ist, wenn Magnetisierungs- und Stromrichtung parallel sind. Minimal wird er, wenn beide senkrecht zueinander sind. Am stärksten tritt der Effekt bei der Permalloy genannten Legierung aus 81 % Nickel

Tab. 11.1 Vergleich von Winkel- und Positionssensortechnologien [2], ohne potentiometrische Sensoren

Prinzip	Genauigkeit	Empfindlich-keit	Robustheit	Temperatur-stabilität	Integrations-fähigkeit	Kosten
Optisch	- ... o	++	o	+	o	- ... o
Induktiv	+	+	+	++	+	+
Hall	o ... +	+	o ... +	o	++	+
AMR	++	++	++	+	+	+
TMR	++	++	+	++	++	o

und 19 % Eisen auf. In Drehzahlsensoren wird eine Wheatsone'sche Vollbrücke aus vier AMR-Elementen geschaltet, an der ein Multipolring vorbeiläuft und so zwei Signale $(\sin(2\alpha)$ und $\cos(2\alpha))$ erzeugt. Durch diese Schaltung ist die Messbrücke vollständig temperaturkompensiert. Zusätzlich zur Drehzahlinformation kann mit AMR-Sensoren auch die Winkellage, z. B. bei Lenkradwinkelsensoren, erkannt werden.

TMR bezeichnet den Tunnel Magneto Resistiven Effekt. Er stellt ein quantenmechanisches Phänomen dar und wurde 1975 von M. Julliere entdeckt. Unter Tunneleffekt versteht man das Überwinden (Tunneln) einer Isolationsschicht durch Elektronen, die von einer leitenden Schicht über die Isolationsschicht zu einer zweiten leitenden Schicht springen. Der Tunnelübergang ist bei TMR-Elementen von der Orientierung der Ferromagneten zueinander abhängig. Im Gegensatz zu AMR-Elementen steigt der Widerstand bei TMR-Elementen mit kleiner werdendem Tunnelelement. Dadurch sind kleinere Sensoren mit geringerem Stromverbrauch möglich. Außerdem wird in [2] beschrieben, dass eine vollständige Signalperiode bei einem Drehwinkel von $\alpha = 360°$ auftritt, im Gegensatz zu 180° bei den o. a. AMR-Elementen.

Ebenfalls in [2] ist eine vergleichende Bewertung verschiedener Drehzahl- und Positionsmessprinzipein dargestellt, die hier in Tab. 11.1 verkürzt wiedergegeben wird.

Literatur

1. Reif, Konrad, Bremsen und Bremsregelsysteme; Vieweg + Teubner Verlag | Springer Fachmedien Wiesbaden GmbH; Wiesbaden 2010
2. Hille, Thomas (Hrsg.); Automobil-Sensorik, S. 283; Springer-Verlag Berlin Heidelberg; 2016

Kraftstoffverbrauchsmessung

12

Mittels speziell für den Prüfstandsbetrieb mit rauen Umgebungsbedingungen ausgelegter Messgeräte wird der Kraftstoffverbrauch in der Fahrzeug- und Motorenentwicklung gemessen. Das Messgerät wird dazu in die Vorlaufleitung der Kraftstoffversorgung des Motors eingebunden. In der Motoren-, Getriebe- und Nebenaggregateentwicklung stellt die möglichst exakte Ermittlung des Kraftstoffverbrauches ein sehr wichtiges Werkzeug dar. Damit lassen sich, oft ergänzt durch die Zylinderdruckindizierung (siehe Kap. 14), auch sehr geringe Wirkungsgradsteigerungen nachweisen. Einzelne Maßnahmen zur Verbesserung des thermischen oder tribologischen Wirkungsgrades bewirken oft nur Kraftstoffverbrauchs-Verringerungen im unteren $1/10$ %-Bereich. Dementsprechend hoch sind die Anforderungen an die Messgenauigkeit bei der Ermittlung des Kraftstoffverbrauchs.

Des Weiteren schreibt der Gesetzgeber für die Ermittlung des Kraftstoffverbrauches in Zulassungszyklen auf dem Rollenprüfstand oder auf der Straße das Messen der CO_2- und weiterer Abgasemissionen und daraus die Berechnung des Kraftstoffverbrauchs vor, siehe dazu Abschn. 13.2 und 13.3.

Die Verbrauchsanzeigen im Serienfahrzeug basieren auf den Daten des Motorsteuergerätes (Einspritzdauer/-menge, Motordrehzahl, Wegstrecke, Zeit).

In modernen Motoren ist es möglich, die Einspritzmenge arbeitsspielaufgelöst zylinderselektiv zu dosieren. Mit welchen Massen bzw. Volumina des Kraftstoffes haben wir es dabei zu tun? Dazu ein Rechenbeispiel:

Beispiel

Gegeben seien:			
Spezifischer Kraftstoffverbrauch	b_e	$= 300$	g/kWh
Motordrehzahl	n	$= 2000$	min^{-1}

© Springer Fachmedien Wiesbaden GmbH, ein Teil von Springer Nature 2020
D. Goßlau, *Fahrzeugmesstechnik*, https://doi.org/10.1007/978-3-658-28479-4_12

Effektiver Mitteldruck	p_{me}	$= 2$	bar
Zylinderanzahl		$= 4$	z
Gesamthubraum	V_H	$= 1{,}998$	l
Arbeitsverfahren Viertakt	i	$= 2$	Umdrehungen je Arbeitsspiel
Kraftstoffdichte	$\rho_{Krst.}$	$= 741$	g/l

Gesucht wird das je Einspritzventil und Arbeitsspiel eingespritzte Kraftstoffvolumen $V_{inj.}$.

Aus dem effektiven Mitteldruck p_{me}, der Drehzahl n und dem Hubvolumen V_H lässt sich die effektive Leistung P_e berechnen, in folgender Gl. 12.1 sind einheitenkorrigierende Faktoren eingefügt:

$$P_e = \frac{p_{me} V_H 100 \cdot 2\pi n}{60.000 \, i \, 2\pi} = \frac{2 \, \text{bar} \, 1{,}998 \, \text{l} \cdot 100 \cdot 2000}{60.000 \cdot 2 \cdot \text{min}} = 6{,}66 \, \text{kW}. \tag{12.1}$$

Daraus ergibt sich mit dem spezifischen Kraftstoffverbrauch sofort der absolute Kraftstoffverbrauch B zu

$$B = P_e b_e = 6{,}66 \, \text{kW} 300 \, \frac{\text{g}}{\text{kWh}} = 1.998 \, \frac{\text{g}}{\text{h}}. \tag{12.2}$$

Um den Kraftstoffverbrauch je Arbeitsspiel, gravimetrisch m_{inj} und volumetrisch V_{inj}, zu finden, muss die Anzahl der Arbeitsspiele je Stunde z_{1h} aus den je Stunde absolvierten Motorumdrehungen n_{1h} berechnet werden:

$$z_{1h} = 0{,}5 n_{1h} = 0{,}5 n 60 \, \text{min} = 0{,}5 \cdot 2.000 \, \frac{1}{\text{min}} 60 \, \text{min} = 60.000. \tag{12.3}$$

Da es sich hier um einen Vierzylindermotor handelt, wird je Zylinder in einer Stunde ein Viertel des absoluten Verbrauchs B eingespritzt, daraus ergibt sich mit den Arbeitsspielen je Stunde z_{1h} die eingespritzte Kraftstoffmasse je Arbeitsspiel m_{inj} zu

$$m_{inj} = \frac{Bt}{z \cdot z_{1h}} = \frac{1998 \, \frac{\text{g}}{\text{h}} 1 \, \text{h}}{4 \cdot 60.000} = 0{,}008325 \, \text{g} = 8{,}325 \, \text{mg}. \tag{12.4}$$

Mithilfe der Kraftstoffdichte $\rho_{Krst.}$ ergibt sich das Einspritzvolumen je Zylinder und Arbeitsspiel V_{inj}

$$V_{inj} = \frac{m_{inj}}{\rho_{Krst.}} = \frac{0{,}008325 \, \text{g}}{741 \, \frac{\text{g}}{\text{l}}} = 0{,}00001123 \, \text{l} = 0{,}01123 \, \text{ml} = 11{,}23 \, \mu\text{l}. \tag{12.5}$$

Verbrauchsmessgeräte weisen Messgenauigkeiten von 0,1 % des Messbereichsendwertes auf. Bei einem Messbereich von 0...60 kg/h ergäbe sich damit eine Messgenauigkeit von 22,492 µl, wenn als geringste Messzeit eine Sekunde angenommen wird. Aus der

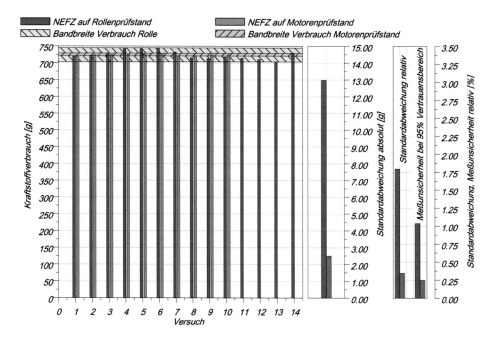

Abb. 12.1 Vergleich Kraftstoffverbrauchsmessungen auf Rollen- und Motorenprüfstand, NEFZ-Kaltstarts unter Normbedingungen, Motorenprüfstand Coriolis-Durchflussmessgerät, Rolle CVS-Anlage

Prüfstandspraxis ist bekannt, dass solche Genauigkeiten bei der Kraftstoffverbrauchs-messung keinesfalls erreichbar sind. Hierzu wären absolut konstante Randbedingungen notwendig (Temperatur, Luftdruck, Luftfeuchte, Spannungsversorgung, Einstellung Betriebspunkt usw.). Diese sind in der Realität nicht gegeben, sodass man an Motoren-prüfständen eine relative Standardabweichung von etwa $\pm 0{,}5\,\%$ und auf Rollenprüf-ständen von $\pm\,1\,\%$ erreicht, siehe Abb. 12.1.

Bevor die dafür notwendige Messtechnik vorgestellt wird, soll die Heizwert-bestimmung des Kraftstoffs im folgenden Abschnitt erklärt werden.

12.1 Heizwertbestimmung

Zum Heizwert der beiden üblichen, aus fossilen Quellen stammenden Kraftstoffe Benzin und Diesel findet man in der Fachliteratur eine große Bandbreite von Werten, die am Ende dieses Abschnitts für Benzin diskutiert werden. Zur vernünftigen Energie-bilanzierung eines Motors, siehe dazu Abb. 12.2, ist jedoch die möglichst exakte Kenntnis über die dem Motor mit dem Kraftstoff zugeführte Energie $\dot{Q}_{Krst}$ notwendig. Diese ergibt sich aus dem Heizwert H_{Krst} und dem Massenstrom $\dot{m}_{Krst}$ des Kraftstoffs nach Gl. 12.6.

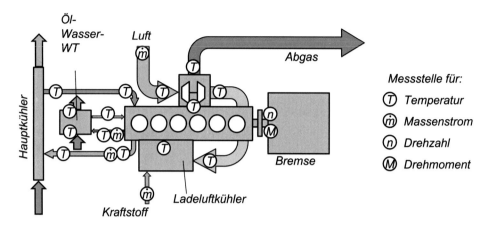

Abb. 12.2 Energiebilanzraum eines Verbrennungsmotors mit den wesentlichen Messgrößen

$$\dot{Q}_{Krst} = H_{Krst}\dot{m}_{Krst}. \tag{12.6}$$

Der Kraftstoffmassenstrom kann mittels volumetrischer (Durchflusszähler) oder gravimetrischer (Waage, Coriolis-Prinzip) Messgeräte sehr genau bestimmt werden.

Der Bruttoenergieinhalt des Kraftstoffs H_{Krst} kann im Motor nicht voll genutzt werden, da in ihm die Verdampfungswärme des enthaltenen Wassers (etwa 0,3 % Benzin SuperPlus, gemessen im Jahr 2018) und des bei der Reaktion entstehenden Wassers enthalten ist. Theoretisch nutzbar ist nur der untere Heizwert H_u, häufig nur Heizwert genannt, der den um diese Verdampfungswärmen verringerten Heizwert darstellt. Im Motor kann allerdings nur der im zünd- und verbrennungsfähigen Gemisch enthaltene Kraftstoff umgesetzt werden, sodass für den Verbrennungsprozess selbst der Gemischheizwert H_{ug} ausschlaggebend ist. Dieser ist abhängig von der Gemischzusammensetzung. Sie wird durch die Luftverhältniszahl λ

$$\lambda = \frac{m_{Luft}}{m_{Luft,\text{min}}} \tag{12.7}$$

ausgedrückt, welche das Verhältnis von tatsächlich im Brennraum vorhandener Luftmenge m_{Luft} zu für stöchiometrische Verbrennung mindestens notwendiger Luftmenge $m_{Luft,min}$ beschreibt. Bei λ = 1 wird von stöchiometrischem Gemisch gesprochen, bei λ < 1 von fettem oder angereichertem Gemisch und bei λ > 1 von magerem Gemisch. Für nur Luft ansaugende Motoren (Dieselmotor und Ottomotor mit Direkteinspritzung) ergibt sich der volumetrische Gemischheizwert $H_{ug,\,DI}$ zu

$$H_{ug,DI} = H_u \frac{m_{Krst}}{\frac{m_{Luft}}{\rho_{0,Luft}}}. \tag{12.8}$$

Der Heizwert der nach der Einspritzung im Brennraum vorhandenen Kraftstoffmasse m_{Krst} wird auf die vor der Einspritzung im Brennraum vorhandene Ladungsmasse m_{Luftt}

bezogen, mit der Luftdichte wird vom Massenbezug zum Volumetrischen gewechselt. Die mit $_0$ indizierten Größen sind die Dichten von dampfförmigem Kraftstoff und Luft bei Umgebungszustand. Für den Gemisch ansaugenden Ottomotor findet man

$$H_{ug,Otto} = H_u \frac{m_{Krst}}{\frac{m_{Krst}}{\rho_{0,Krst}} + \frac{m_{Luft}}{\rho_{0,Luft}}}. \tag{12.9}$$

Der Heizwert wird hier auf das im Brennraum vorhandene, bereits aus Gemisch bestehende Gasvolumen bezogen.

Für die Gesamtbilanzierung ist der untere Heizwert H_u zugrundezulegen, da er ja die theoretisch nutzbare Energiemenge ausdrückt. Dessen Bestimmung durch sogenannte Bombenversuche wird deshalb folgend anhand von Benzin gezeigt. Dabei wird eine bestimmte Masse an Kraftstoff in reiner Sauerstoffatmosphäre verbrannt. Das Gefäß, in dem sich Kraftstoff und Sauerstoff befinden, wird Bombe genannt, siehe Abb. 12.3.

Die Bombe befindet sich in einem Kalorimeter im Wasserbad, dessen Temperatur nach Einbringen der Bombe konstant ist. Nach Zündung und Verbrennung des Kraftstoffs steigt durch die freigesetzte Wärme die Temperatur des Wasserbads bis auf einen Maximalwert. Die Temperaturdifferenz gibt gemeinsam mit der Masse des erwärmten Wassers und dessen spezifischer Wärmespeicherkapazität die freigesetzte (bzw. durchs Wasser aufgenommene) Wärmemenge an. Die Kraftstoffprobe wird dazu in einen Tiegel gegeben, welcher mit einem brennbaren Wachsfilm abgedeckt wird. Durch diesen wird eine Lunte gelegt, die an einem zwischen den beiden Zündkontakten befindlichen, ebenfalls brennbaren Draht befestigt wird.

Die Brennwerte von Zünddraht, Lunte und Wachspapier sind bekannt, der Wachsfilm wird ebenso wie die Kraftstoffprobe gewogen. Der Tiegel ist am Deckel der Bombe befestigt, das ist in Abb. 12.3 ebenfalls erkennbar. Mittels Schrauben des Deckels auf das Bombengefäß wird der Tiegel in die Bombe eingebracht und diese dicht verschlossen. Anschließend wird die Bombe etwa 5 s mit reinem Sauerstoff gespült und anschließend mit einem Druck von etwa 30 bar mit Sauerstoff befüllt. Die geschlossene Bombe wird ins Kalorimeter gehängt. Nachdem sich im Kalorimeter eine konstante Temperatur eingestellt hat, wird der Zündkontakt geschlossen und die Kraftstoffprobe, der Wachsfilm, die Lunte und der Zünddraht verbrennen. Im dargestellten Beispiel wurden in zwei Versuchen die in Tab. 12.1 zu sehenden Werte ermittelt. Die Wärmespeicherkapazität des Kalorimeters $c_{p,\,Kalorimeter}$ ist herstellerseitig (und lt. Kalibrierschein) mit 9471 J/K angegeben. Die Wärmen aus der Verbrennung von Schwefel und Nitraten wurden aus den Stoffanteilen der Ascherückstände bestimmt.

In den nachfolgenden Berechnungen stellen die in Zweiermatrizen geschriebenen Werte immer die Ergebnisse aus Versuch 1 und Versuch 2 dar. Die Wärmen Q_{Fremd} aus allen Fremdstoffen betragen demnach

$$Q_{Fremd} = H_W + H_{Draht} + H_{Lunte} + H_{Schwefel} + H_{Nitrate} = \begin{Bmatrix} 8.531{,}844\,\text{J} \\ 7.669{,}189\,\text{J} \end{Bmatrix}, \tag{12.10}$$

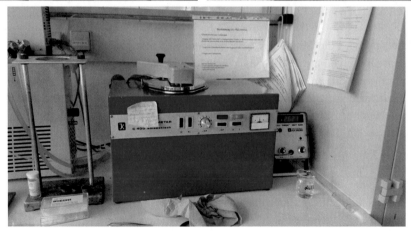

Abb. 12.3 Bombenversuch zur Heizwertbestimmung, links: Deckel der Bombe mit Tiegel, Zünddraht, Wachsabdeckung und Lunte rechts: verschlossene Bombe mit Sauerstoff befüllt unten:
Kalorimeter, Bombe von oben eingehängt, rechts daneben Temperaturanzeige

Tab. 12.1 Messwerte zweier Bombenversuche einer Kraftstoffprobe

Größe	Einheit	Versuch 1	Versuch 2
Masse Kraftstoffprobe m_{Krst}	g	0,6028	0,4203
Masse Wachsfilm m_W	g	0,1798	0,1613
Spezif. Brennwert Wachsfilm $H_{W,\,spez.}$	J/g	46.630	46.630
Wasseranteil im Kraftstoff a_{Wasser}	mg/kg	285	285
Wärme Schwefel $H_{Schwefel}$	J	45,37	45,37
Brennwert Wachsfilm H_W	J	8.384,074	7.521,419
Brennwert Zünddraht H_{Draht}	J	30	30
Brennwert Lunte H_{Lunte}	J	50	50
Temperaturänderung Kalorimeter ΔT	K	3,738	2,790
Wärme Nitrate $H_{Nitrate}$	J	22,4	22,4

die Wärmeumsätze im Kalorimeter Q_{gesamt} ergeben sich zu

$$Q_{gesamt} = \int_{T_1}^{T_2} c_{p,Kalorimeter} \, dT = \left\{ \begin{array}{l} 35.402,598 \, \text{J} \\ 26.424,09 \, \text{J} \end{array} \right\}. \tag{12.11}$$

Der obere Heizwert (auch Brennwert genannt) H_{Krst} des untersuchten Kraftstoffes ist dann

$$H_{Krst} = m_{Krst} \left(Q_{gesamt} - Q_{Fremd} \right) = \left\{ \begin{array}{l} 44.756,566 \, \frac{\text{kJ}}{\text{kg}} \\ 44.337,827 \, \frac{\text{kJ}}{\text{kg}} \end{array} \right\}. \tag{12.12}$$

Von diesem Bruttoheizwert sind nun noch die Verdampfungswärmen des enthaltenen Wassers H_{Wasser} und der bei der Verbrennung entstehenden Wassermenge abzuziehen. Für das im Kraftstoff enthaltene Wasser ergibt sich die Verdampfungswärme zu

$$Q_{Wasser} = H_{Wasser} m_{Wasser}, \tag{12.13}$$

die Masse des im Kraftstoff enthaltenen Wassers ist

$$m_{Wasser} = a_{Wasser} m_{Krst}, \tag{12.14}$$

Der Wasseranteil a_{Wasser} der Kraftstoffprobe wurde in einem externen Labor bestimmt. Für die zu Wasser oxidierenden Wasserstoffanteile im Kraftstoff wird Iso-Oktan mit der Summenformel C_8H_{18} als Bezugsgröße verwendet. Seine molare Masse beträgt $M_{C8H18} = 114{,}232$ g/mol. Daraus ergibt sich ein Wasserstoff-Massenanteil von $a_H = 15{,}883\,\%$ an Iso-Oktan, welcher gut die durchschnittliche C_nH_{2n+2}- Zusammensetzung von Ottokraftstoffen nach [1] wiedergibt. Der Massenanteil von Wasserstoffatomen an der Kraftstoffprobe (bzw. deren Pendant als Iso-Oktan) beträgt

$$m_H = a_H m_{Krst} = \left\{ \begin{array}{c} 0{,}0957555\,\text{g} \\ 0{,}06718706\,\text{g} \end{array} \right\}. \tag{12.15}$$

Diese Wasserstoffmasse kann nach Gl. 12.16 zu Wasser oxidieren :

$$2H + O \rightarrow H_2O. \tag{12.16}$$

Die Anzahl reaktionsfähiger Wassermoleküle n_H je Kraftstoffprobe ergibt sich mit der molaren Masse des Wasserstoffs M_H zu

$$n_H = \frac{m_H}{M_H} = \frac{a_H m_{Krst}}{M_H}. \tag{12.17}$$

Damit ergeben sich die entstehenden Wassermoleküle und mit den molaren Massen von Wasserstoff M_H und von Sauerstoff M_O anhand der o. a. Oxidationsreaktion die entstehende Wassermasse M_{H2O}

$$M_{H_2O} = 2M_H + M_O = 2 \cdot 1{,}00794\,\frac{\text{g}}{\text{mol}} + 15{,}994\,\frac{\text{g}}{\text{mol}} = 18{,}01528\,\frac{\text{g}}{\text{mol}}. \tag{12.18}$$

Dementsprechend entstehen aus je 1 g Wasserstoff 8,9366827 g Wasser. Für den entstehenden Wasserdampf wird in [2] die Verdampfungswärme von $Q_{H2O}=2441$ kJ/kg bei $T=25\,°C$ angegeben und hier auch benutzt, da die Ausgangswassertemperatur im Kalorimeter auf $T_{Kalorimeter}=25\,°C\pm0{,}05$ K konditioniert und damit auch der Kraftstoff in der Bombe auf diese Temperatur konditioniert war. Damit sind alle Größen bekannt, um den für den Energieumsatz im Motor maßgeblichen unteren Heizwert H_u zu bestimmen. Von der bei der Verbrennung der Kraftstoffprobe freiwerdenden Wärme Q_{gesamt} werden die Wärme der Fremdstoffe Q_{Fremd} und des Wassers Q_{Wasser} abgezogen und ergeben den unteren Wärmewert Q_u

$$Q_u = Q_{gesamt} - Q_{Fremd} - Q_{Wasser} = Q_{gesamt} - Q_{Fremd} - (8{,}9366827 m_H + m_{Wasser}) = 2.441\,\frac{\text{kJ}}{\text{kg}}. \tag{12.19}$$

Durch Einsetzen der Massen aus den beiden Versuchen in Gl. 12.19 ergibt sich der gesuchte untere Heizwert H_u zu

$$H_u = m_{Krst} Q_u = \left\{ \begin{array}{c} 41.110{,}99\,\frac{\text{kJ}}{\text{kg}} \\ 40.872{,}25\,\frac{\text{kJ}}{\text{kg}} \end{array} \right\}. \tag{12.20}$$

Der sich daraus ergebende Mittelwert ist 40.991,62 kJ/kg. Wie alle messtechnischen Vorgänge ist auch die hier beschriebene Bestimmung des Heizwertes fehlerhaft. Als anschauliches Beispiel mag die Tatsache dienen, dass ein nicht zu vernachlässigender Teil des Kraftstoffs im Tiegel verdampft, während die Wachs-Abdeckfolie vorbereitet und zum Verschließen des Tiegels aufgebracht wird. Die verdampfte Masse wird zwar durch kontinuierliches Wiegen während des Vorgangs erfasst, ist allerdings nur im Bereich der Messgenauigkeit der verwendeten Waage bestimmbar. Beim oben beschriebenen Prozedere des Bombenversuches betrug z. B. die verdampfte Masse im ersten Versuch 4 % der ursprünglich in den Tiegel eingebrachten Masse, im zweiten Versuch 7 %. Das wirft die Frage auf, inwieweit der hier ermittelte Heizwert vertrauenswürdig ist. Dazu ein Vergleich aus verschiedenen Quellen: in [3] wird pauschal ein unterer Heizwert von 41,0 MJ/kg angegeben, in [4] etwa 42 MJ/kg, in [5] rund 43 MJ/kg, in [6] widersprechen sich die Angaben mit 42,88 MJ/kg und 41,0 MJ/kg. Der letzte der aufgezählten Werte entstammt lt. [7] tatsächlichen Kraftstoffanalysen und wird dort als Mittelwert für die analysierten Ottokraftstoffe angegeben. Dementsprechend ist davon auszugehen, dass der hier ermittelte Wert von 40,99 MJ/kg als vertrauenswürdig anzusehen ist.

12.2 Kraftstoffverbrauchsmessung am Motorenprüfstand

Am Motorenprüfstand wird der Kraftstoffverbrauch mittels gravimetrischer oder volumetrischer Messmethoden ermittelt.

12.2.1 Kraftstoffwaagen

Kraftstoffwaagen vergleichen das Gewicht der einem Behälter entnommenen und dem Motor zugeführten Kraftstoffmasse mit einer Referenz, meist mit der Kapazitätsänderung eines elektrischen Kondensators. Dafür werden beispielhaft zwei Messgeräte erklärt.

Im ersten Beispiel (früherer Hersteller Fa. Meyer, heute Fa. Tannhäuser Elektronik) besteht das Messgerät im Wesentlichen aus einem Glaszylinder, der mit Kraftstoff gefüllt wird und einem Rohrkondensator, indem sich ein Silikon-Öl befindet, das als Dielektrikum dient. Beide Zylinder sind über eine Membran miteinander verbunden. Mit zunehmender Kraftstoffmenge wird das Öl, auch als Vergleichsflüssigkeit bezeichnet, verschoben und erhöht die Kapazität des Rohrkondensators, siehe Abb. 12.4. Die Kapazität wird gemessen, sie ist direkt von der eingefüllten Kraftstoffmasse abhängig (zumindest in dem Maße, wie die Vergleichsflüssigkeit temperaturstabil ist). Vergleicht man die Kapazitäten zu Beginn und zum Ende einer Messung, erkennt man daraus die in dieser Zeit verbrauchte Kraftstoffmasse. Aufgrund der diskreten Messintervalle und des einzelnen Glaszylinders ist diese Kraftstoffwaage nur für stationäre Betriebspunkte oder kumulierte Kraftstoffmassen im instationären Betrieb; z. B. während eines WLTC verbrauchte Masse; geeignet. Eine Zweirohrausführung erlaubt auch den instationären Messbetrieb mit unterschiedlichen Messfrequenzen.

Beim zweiten Beispiel (Hersteller Fa. AVL) besteht das Messgerät aus einem Kraftstoffbehälter mit Entlüftungs-, Zu-, Ab- und Rücklaufleitungen und einem kapazitiven Sensor, die beide an den Enden eines Wägebalkens aufgehängt sind, siehe Abb. 12.5. Verändert

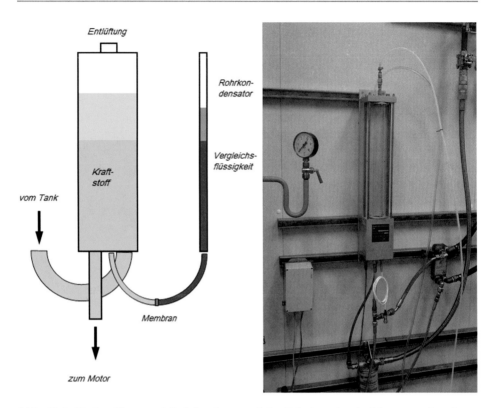

Abb. 12.4 Kraftstoffwaage mit Rohrkondensator, links: Prinzip rechts: im Motorenprüfstand

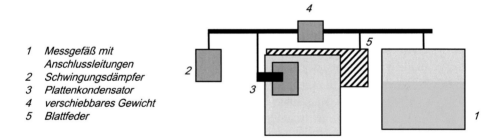

1   Messgefäß mit
    Anschlussleitungen
2   Schwingungsdämpfer
3   Plattenkondensator
4   verschiebbares Gewicht
5   Blattfeder

Abb. 12.5 Kraftstoffwaage mit Wägebalken und kapazitivem Wegsensor, nach [7]

sich die Masse des Kraftstoffs, neigt sich der durch eine Blattfeder gelagerte Wägebalken und der kapazitive Sensor misst die Wegänderung mittels Änderung seiner Kapazität. Mit dem Tariergewicht kann die Waage (vollautomatisch) kalibriert werden. Diese Waage ist für stationäre und quasistationäre Messungen geeignet, die Messfrequenz beträgt 10 Hz.

Auch bei diesem Gerät wird die Dichte des Kraftstoffes als Störgröße eliminiert, da die Wegänderung am Plattenkondensator nur von der Kraftstoffmasse und der Position des Tariergewichts abhängig ist.

12.2.2 Kraftstoff-Massenstrommessung nach dem Coriolis-Prinzip

Das Prinzip der Massenstrommessung nach dem Coriolisprinzip wurde bereits in Abschn. 9.3.2 dargestellt. Es kommt wegen der hohen möglichen Messfrequenz, der systemimmanent gegebenen Ermittlung der Fluiddichte und der Eliminierung des Temperatureinflusses auch bei der Kraftstoffverbrauchsmessung zum Einsatz.

Die Installation am Motorenprüfstand ist in Abb. 12.6 dargestellt. Dabei ist das eigentliche Messgerät unter der oberen Verkleidung, die Kraftstoff-Temperaturkonditionierung unter der Unteren verborgen. Das Gerät wird softwareseitig von einem externen Rechner oder der Prüfstandsautomatisierung gesteuert, die Messwerte werden ebenfalls von diesem Rechner oder der Automatisierung erfasst. Eine komplette Einbindung in die Prüfstandsautomatisierung erlaubt den synchronen und programmierbaren Betrieb, z. B. für definierte Messzyklen. Das Gerät ist sowohl für stationäre Betriebspunkte, als auch für transiente Messungen geeignet. Der Durchflussbereich beträgt $0\dots125\,kg/h$, die Messgenauigkeit wird herstellerseitig mit $\leq 0{,}12\,\%$ angegeben.

Abb. 12.6 Coriolis-Massenstrommessgerät mit Konditioniereinheit im Motorenprüfstand

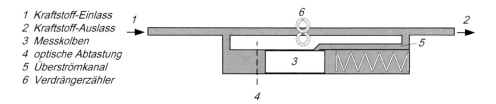

1 *Kraftstoff-Einlass*
2 *Kraftstoff-Auslass*
3 *Messkolben*
4 *optische Abtastung*
5 *Überströmkanal*
6 *Verdrängerzähler*

Abb. 12.7 Volumenstrommessgerät mit Hilfsenergie

Abb. 12.8 PLU
Volumenstrommessgerät

12.2.3 Kraftstoff-Volumenstrommessung mit Hilfsenergie

Ein weit verbreitetes und in inzwischen vielen Varianten von mehreren Firmen her-
gestelltes Kraftstoffverbrauchsmessgerät ist ein auf einem Zahnradzähler; siehe Abschn.
9.2.1; basierendes Volumenstrommessgerät mit Hilfsenergie. Dieses Gerät ist als PLU[1]
bekannt, wird aktuell in ähnlicher oder fast gleicher Form, jedoch deutlich verbessert
von mehreren Herstellern (u. a. AVL und HORIBA) produziert und findet wegen der
Robustheit und der kompakten Abmessungen oft Verwendung im Prüfstandsbetrieb. Die
Kompaktheit des Gerätes erlaubt außerdem den relativ problemlosen Einbau ins Fahrzeug, sodass auch Straßenmessungen transient und mit geringer Messunsicherheit möglich sind. Allerdings ist zur Ermittlung des Massenstromes eine Temperaturmessung
notwendig, um die Kraftstoffdichte in die Berechnung einfließen lassen zu können.

Das Funktionsprinzip wird anhand Abb. 12.7 erklärt:

---

[1]PLU steht für Pierburg Luftfahrtgeräte Union, welche das o. a. Messgerät 1972 auf den Markt
brachte.

- Kraftstoff wird durch Verdrängungszähler/Zahnradpumpe 6 geleitet, dabei entsteht eine Druckdifferenz zwischen Einlass 1 und Auslass 2. Der Verdrängerzähler sitzt auf einer Welle mit einem Servomotor und einem Drehzahlsensor. Dadurch stellt der Verdrängerzähler gleichzeitig eine Zahnradpumpe dar.
- Die Druckdifferenz führt zu einer Bewegung des Messkolbens 3 in Richtung niedrigeren Drucks, dabei wird die Bewegung optisch am Sensor 4 abgetastet und in ein Signal umgewandelt. Dieses Signal wird mit dem des Drehzahlsensors verglichen.
- Tritt nun Druckdifferenz auf, wird diese durch den Servomotor solange ausgeglichen, bis der Kraftstoff ohne Druckverlust in Richtung Motor gefördert wird. Die Drehzahl des Verdrängerzählers (und damit auch des Servomotors) ist bei bekanntem Leitungsquerschnitt ein Maß für den Volumenstrom.
- Sobald der Messkolben das Signal „keine Druckdifferenz" gibt, hält der Servomotor an.
- Verbraucht der Verbrennungsmotor weiterhin Kraftstoff, entsteht wiederum eine Druckdifferenz, der Vorgang wiederholt sich.
- Bei Stromausfall wird der Kolben infolge des steigenden Drucks auf der Einlassseite in Richtung Feder verschoben und gibt den Überströmkanal frei, sodass der Verbrennungsmotor weiterläuft.
- Das Signal wird als der Servomotordrehzahl proportionale Frequenz abgenommen.

In Abb. 12.8 ist ein PLU der Fa. Pierburg, eingebaut in eine Kraftstoff-Konditionieranlage, dargestellt.

Literatur

1. Eichlseder, H., Klüting, M., Piock, W.; Grundlagen und Technologien des Ottomotors; Wien; Springer-Verlag 2008
2. DIN51900; 2004
3. Köhler, E., Flierl, R.; Verbrennungsmotoren; Wiesbaden; Vieweg + Teubner Verlag; 2011
4. Pischinger, R., Kell, M., & Sams, T.; Thermodynamik der Verbrennungskraftmaschine (Bd.3 Der Fahrzeugantrieb); Wien, New York; Springer-Verlag; 2009
5. Urlaub, A.; Verbrennungsmotoren (Bd. 1, Grundlagen); Springer-Verlag, BerlinHeidelberg New York London Paris Tokyo Hong Kong Barcelona; 1990
6. Basshuysen, R. v., & Schäfer, F.; Handbuch Verbrennungsmotoren; Wiesbaden; Springer Vieweg; 2015
7. https://www.avl.com/documents/10138/2699442/Product + Description + Fuel

Abgasmessung 13

Bei der motorischen Verbrennung von Benzin oder Diesel entstehen neben den beiden Hauptkomponenten Stickstoff und Kohlenstoffdioxid die vom Gesetzgeber als Schadstoff eingestuften und mit Grenzwerten belegten Abgase Kohlenstoffmonoxid, unverbrannte Kohlenwasserstoffe, Stickstoffoxide und Partikel. Abb. 13.1 zeigt, dass diese Schadstoffe etwa 1,1 % (Massenanteil) des Abgases eines Ottomotors im Teillastbetrieb ausmachen. Die Anteile der Schadstoffe im Rohabgas (vor der Nachbehandlung durch Katalysatoren und Filter) ist sehr stark vom Motorbetriebspunkt und der Applikation abhängig. Weitere Abgasbestandteile sind in geringem Umfang Ammoniak, Sulfate, Aldehyde und bei älteren Motoren bzw. Verbrennung schwefelhaltigen Kraftstoffs Schwefeldioxid.

Die gesetzlich limitierten Abgaskomponenten von Verbrennungsmotoren sind (Stand: 2019) Kohlenwasserstoffe, Stickoxide, Kohlenstoffmonoxid und Ruß/Partikel, ihre Grenzwerte und die zur Ermittlung benutzten Fahrzyklen sowie deren Randbedingungen sind in [1] festgelegt. Künftig ist mit einer weiteren Verschärfung der Grenzwerte und der Einstufung weiterer Abgasbestandteile als Schadstoff zu rechnen. Das am sogenannten Treibhauseffekt beteiligte Kohlenstoffdioxid ist indirekt über die Festlegungen zum Flottenverbrauch in [2] limitiert.

Allgemein werden an Motoren- und Rollenprüfständen folgende Abgaskomponenten gemessen:

- Kohlenstoffmonoxid CO: Kohlenstoffmonoxid ist ein gefährliches Atemgift. Es behindert durch Anbindung an das Hämoglobin den Sauerstofftransport im Blut, was letztendlich den Tod durch Ersticken nach sich zieht. Die Anbindung an das Eisenatom ist etwa 325mal stärker als die von Sauerstoff. Der Arbeitsplatzgrenzwert beträgt 30 ppm, 100 ppm gelten als gesundheitsgefährdend. CO ist farb-, geruchs- und geschmacklos und daher vom Menschen nicht wahrnehmbar.

© Springer Fachmedien Wiesbaden GmbH, ein Teil von Springer Nature 2020
D. Goßlau, *Fahrzeugmesstechnik*, https://doi.org/10.1007/978-3-658-28479-4_13

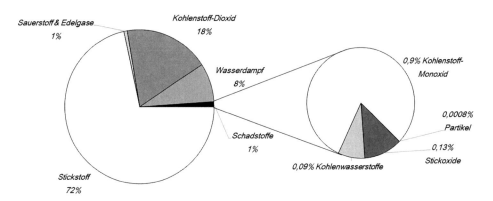

Abb. 13.1 Abgasrohemissionen eines Ottomotors in Teillast

- Kohlenstoffdioxid CO_2: Kohlenstoffdioxid, auch Kohlendioxid genannt (in gelöster Form oft als Kohlensäure bezeichnet), ist ein farb- und geruchsloses Gas. Sein Vorkommen in der Erdatmosphäre stieg in den letzten 150 Jahren von 250 ppm auf 400 ppm. Neben seiner klimabeeinflussenden Wirkung als Treibhausgas wirkt es ab etwa 5 % Konzentration in der Atemluft gesundheitsbeeinträchtigend und macht sich durch Kopfschmerzen und Schwindelgefühl bemerkbar. Etwa 8 % Atemluftanteil führen innerhalb von 30 bis 60 min zum Tod.
- Kohlenwasserstoffe (außer Methan) NMHC: Die Kohlenwasserstoffe (C_mH_n) werden in mehrere Gruppen unterteilt, von denen mehrere Verbindungen gesundheitsgefährdend wirken. Bei den meisten, z. B. beim relativ bekannten Benzol C_6H_6 sind kanzerogene Wirkungen nachgewiesen.
- Methan CH_4: Methan bildet bei Konzentrationen von 4,4 bis 16,5 % in der Luft explosive Gemische. Methan führt durch Einatmen nicht zu bleibenden Schäden, ruft aber durch Sauerstoffmangel Müdigkeit, Taubheitsgefühle in den Extremitäten, erhöhte Herz- und Atemfrequenz und Verwirrung hervor. Die Wirkungen als Treibhausgas werden als 28 bis 33mal stärker als die von CO_2 eingeschätzt, der Methananteil in der Erdatmosphäre stieg in den letzten 25 Jahren laut [3] von 1750 auf 1870 ppb[1].
- Stockstoffoxide NO_x: Stickoxide, so die umgangssprachliche Bezeichnung, sind die gasförmigen Stickstoff-Sauerstoffverbindungen, im Abgas im Wesentlichen Stickstoffoxid NO und Stickstoffdioxid NO_2. Distickstoffoxid N_2O ist auch als Lachgas bekannt. Neben seiner Anwendung in der Medizin als teilnarkotisierendes Gas besitzt es ebenfalls ein Treibhausgaspotential und wirkt außerdem in der oberen Atmosphäre ozonabbauend. Stickoxide sind endotherme Verbindungen. Außer Lachgas wirken Stickoxide in Verbindung mit Wasser säurebildend und damit toxisch.

---

[1]ppb: parts per billion, deutsch: milliardstel Anteile.

- Sauerstoff: Bei der Abgasmessung dient der Rest-Sauerstoffanteil zur Bestimmung der Gemischzusammensetzung λ.
- Ruß/Partikel (PM = particulate matter): Ruß besteht zu etwa 80…99,5 % aus Kohlenstoff, die restlichen Anteile sind Aschen verschiedener Stoffe sowie Schwermetalle, Schwefel und Stickstoff. Ruß wirkt in hoher Dosis kanzerogen. Neben dem Abrieb von Reifen, Bremsen und Kupplungen trägt Ruß als Fahrzeugemission zur Feinstaubbelastung bei. Seit großflächiger Einführung der Direkteinspritzung emittieren neben den dafür hinlänglich bekannten Diesel- auch Ottomotoren nennenswert Ruß.

Abb. 13.2 zeigt die Grenzwerte für die gesetzgeberisch limitierten Abgasbestandteile für PKW und Motorräder für die Europäische Union und die verschiedenen Gesetzgebungsstufen von 1992 bis 2021.

13.1 Abgasemissionsmessung am Motorenprüfstand

Am Motorenprüfstand wird das Abgas aus der Abgasanlage vor oder nach Katalysator entnommen und durch eine beheizte Leitung (T = 190 °C zur Vermeidung von Kondensatbildung und daraus folgenden Reaktionen bzw. Ausfällungen) zu den Analysatoren gesaugt. Zur Entnahme dienen Metallrohre mit etwa 6 bis 10 mm Durchmesser, die mittels angeschweißter Gewindestutzen mit der Abgasanlage verbunden werden. Die Abgas-Analysatoren sind meist in einem gemeinsamen, fahrbaren Gehäuse untergebracht (Abgasmessanlage, meist 19"-Rack[2]) und werden von einem zentralen Rechner gesteuert, der auch die Einbindung in die Prüfstandsautomatisierung erlaubt, siehe Abb. 13.3. Damit kann die Steuerung der Anlage (Wecken, Spülen, Kalibrieren, Messen, Pause) direkt von der Prüfstandsautomatisierung übernommen werden, die verschiedenen Betriebsmodi sind dabei auch in automatisierten Prüfabläufen programmierbar.

Üblich bei der Modalwerterfassung sind die Komponenten CO, CO_2, NMHC, Methan, NO, NO_2, O_2, außerdem Partikelmasse PM oder Partikelanzahl PN.

13.1.1 Analyse von Kohlenwasserstoffen

Kohlenwasserstoffe werden mittels Flammenionisationsdetektoren (FID), Abb. 13.4, sensiert, dabei wird HC-freies H_2/He-Gemisch oder reiner Wasserstoff H_2 verbrannt.

---

[2] 19"-Racks sind modular aufgebaute, demnach erweiterbare Metallschränke. In diese Schränke können einzelne, 19" breite Module eingeschoben werden. Standard für Mehrkomponentenanlagen, Prüfstandsautomatisierungen usw.

Emissionsgrenzwerte für PKW

Norm	Euro 1	Euro 2	Euro 3	D3	Euro 4	D4	Euro 5	Euro 5a	Euro 5b	Euro 6b	Euro 6c	Euro 6d-TEMP	Euro 6d
Typprüfung (ab)	01.07.1992	01.01.1996	01.01.2000	01.01.2000	01.01.2005	01.01.2000	01.01.2020	01.09.2009	01.09.2011	01.09.2014	01.09.2017	01.09.2017	01.09.2020
Erstzulassung (ab)	01.01.1993	01.01.1997	01.01.2001	01.01.2001	01.01.2006	01.01.2011	01.01.2021	01.01.2011	01.01.2013	01.09.2015	01.07.2018	01.09.2019	01.01.2021
Testzyklus	NEFZ	NEFZ	NEFZ	NEFZ	NEFZ	NEFZ	WMTC	NEFZ	NEFZ	NEFZ	WLTC	WLTC/RDE	WLTC/RDE
Emissionsgrenzwerte für Pkw mit Ottomotor													
CO	2720	2200	2300	1500	1000	700		1000		1000	1000	1000/-	1000/-
(HC + NOx)	970	500	-	-	-	-		-		-	-	-/-	-/-
HC (NMHC)	-	-	200	140	100	70		100 (68)	100 (68)	100 (68)	100 (68)	100 (68)/-	100 (68)/-
NOx	-	-	150	170	80	80		60	60	60	60	60/126	60/90
PM[3]	-	-	-	-	-	-		5	4,5	4,5	4,5	4,5/-	4,5/-
PN[3]	-	-	-	-	-	-		-	$6 \cdot 10^{12}$	$6 \cdot 10^{12}$	$6 \cdot 10^{11}$	$6 \cdot 10^{11}$/$9 \cdot 10^{11}$	$6 \cdot 10^{11}$/$9 \cdot 10^{11}$
Emissionsgrenzwerte für Pkw mit Dieselmotor													
CO	2720	1000	640	1500	500			500	500	500	500	500/-	500/-
(HC + NOx)	970	700/900[1]	560	140	300			230	230	170	170	170/-	170/-
NOx	-	-	500	170	250			180	180	80	80	80/168[2]	80/120[2]
PM	140	80/100[1]	50	-	25			5	4,5	4,5	4,5	4,5/-	4,5/-
PN	-	-	-	-	-			-	$6 \cdot 10^{11}$	$6 \cdot 10^{11}$	$6 \cdot 10^{11}$	$6 \cdot 10^{11}$/$9 \cdot 10^{11}$	$6 \cdot 10^{11}$/$9 \cdot 10^{11}$

Emissionsgrenzwerte für Leichtkrafträder und Motorräder

Norm	Euro 1	Euro 2	Euro 3	Euro 4	Euro 5
Typprüfung (ab)	17.06.1999	01.04.2003	01.01.2006	01.01.2016	01.01.2020
Erstzulassung (ab)		01.07.2004	01.01.2007	01.01.2017	01.01.2021
Testzyklus	ECE R40	ECE R40	ECE R40	WMTC	WMTC
CO	8.000/ 13.000[4]	5.500	2.000	1.140/ 1.000[7]	1.000/ 500[7]
HC (NMHC)	4.000/ 3.000[4]	1.200/ 1.000[6]	800/ 300[6]	170/380[5]/ 100[7]	100
NOx	100/300[4]	300	150	90/70[5]/300[7]	60/90[7]
PM	-	-	-	80[7]	4,5[8]
dB(A)	-	-	-	75 bis 80	unbekannt

PM - Partikelmasse, PN - Partikelanzahl, Angaben in mg/km (bei PN 1/km)

[1] mit Direkteinspritzung, [2] durch Konformitätsfaktor, [3] nur bei Direkteinspritzung, [4] Viertakt, [5] $v_{max} < 130$ km/h, [6] ab 150 cm³, [7] mit Dieselmotor, [8] gilt nicht für Benziner mit Saugrohreinspritzung

Abb. 13.2 Emissionsgrenzwerte für PKW und Motorräder

Abb. 13.3 Abgasmessanlagen zur Modalwerterfassung, links: AMA2000 aus dem Jahr 1997, rechts: AMA4000 aus dem Jahr 2005

Abb. 13.4 Prinzip des Flammenionisationsdetektors (FID), nach [4]

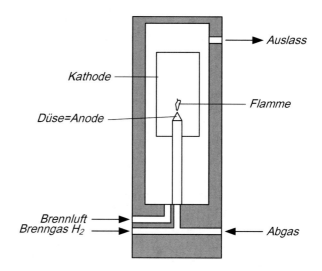

Dieser Flamme wird das Abgas des Motors zugeführt, durch Verbrennung innerhalb eines elektrischen Feldes mit einer Spannung von etwa 200 V entstehen C-Ionen, deren Anzahl proportional zur gesamt-HC-Konzentration ist. Dieser Ionenstrom wird gemessen und bildet die HC-Konzentration ab.

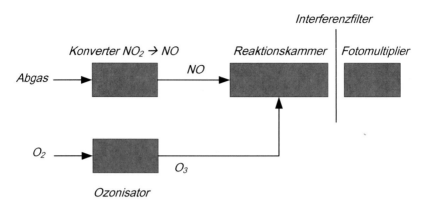

Abb. 13.5 Prinzip des Chemolumineszenzdetektors (CLD), nach [4]

13.1.2 Analyse von Stickoxiden

NOx werden mittels eines Chemolumineszenzdetektors (CLD), Schema siehe Abb. 13.5, erfasst, dabei wird Stickstoffoxid NO mittels Ozon O_3 zu Stickstoffdioxid NO_2 oxidiert. Diese Reaktion läuft über einen instabilen Zwischenschritt, bei dem angeregtes NO_2^* entsteht, welches unter Abgabe von elektromagnetischer Strahlung der Wellenlänge von 600 nm bis 3200 nm zu NO_2 übergeht. Diese Chemolumineszenzstrahlung ist bei O_3-Überschuß proportional zur NO-Konzentration, damit auch das im Abgas enthaltene NO_2 erfasst wird, muss dieses vorher zu NO reduziert werden (Katalysator aus Titan/Molybdän). Die elektromagnetische Strahlung wird von einem Photomultiplier aufgefangen und in ein elektrisches Signal umgewandelt. Das Signal aus der Strahlungsintensität ist das Maß für den NO- und NO_2- Gehalt im Abgas.

13.1.3 Analyse von Sauerstoff

Sauerstoffmoleküle sind paramagnetisch, dementsprechend wird Sauerstoff im Gegensatz zu den meisten anderen Gasen in ein Magnetfeld hineingezogen. Ebenfalls paramagnetisch sind NO und NO_2. Das Motor-Abgas wird durch ein Rohr, siehe Abb. 13.6, geleitet, ein Referenzgas, z. B. N_2 wird durch 2 Röhrchen von der gegenüberliegenden Seite zugeführt. An der Kontaktfläche zwischen einem Referenzgaszweig und dem Abgas wird ein Wechselmagnetfeld angelegt. Wegen ihrer paramagnetischen Eigenschaft wandern Sauerstoffmoleküle in das Referenzgasröhrchen, an dem das Magnetfeld anliegt und erhöhen dort den Druck. Gegenüber dem magnetfeldfreien Röhrchen ergibt sich eine Druckdifferenz, diese wird mit einem Mikro-Strömungsfühler oder Differenzdrucksensor erfasst und ist ein Maß für die Sauerstoffkonzentration.

Abb. 13.6 Prinzip
des Differenzdruck-
Sauerstoffanalysators, nach [4]

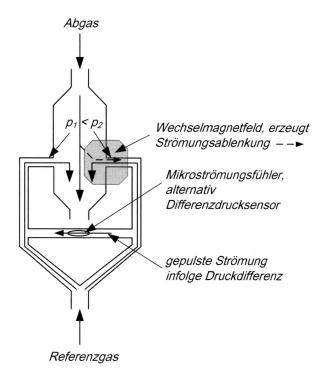

Abb. 13.7 Nichtdispersive/
frequenzunabhängige
Infrarotspektroskopie (NDIR),
nach [4]

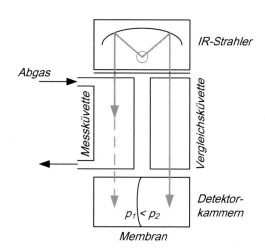

13.1.4 Analyse von Kohlenmonoxid und Kohlendioxid

CO bzw. CO_2 sind infrarotaktive Gase, d. h. sie setzen Wärmeenergie (Infrarotstrahlung) in Rotationsschwingungsenergie der Moleküle um, sie absorbieren Infrarotstrahlung in einem bestimmten Spektralbereich. Eine Heizwendel erzeugt Infrarotstrahlung, die einmal ein Vergleichsgas, z. B. N_2, und andererseits das zu messende Gas beaufschlagt, siehe Abb. 13.7. Dabei wird die Strahlung durch ein Chopperrad in Impulse geteilt. Im Messgas, dem Abgas, wird ein Teil der Infrarotstrahlung absorbiert, je nach Konzentration. Das Vergleichsgas absorbiert die IR-Strahlung nicht. Unterhalb der Mess- und Vergleichsrohre (Küvetten) befinden sich Detektorkammern, die mit der zu sensierenden Komponente, also CO oder CO_2 gefüllt sind. In der Detektorkammer unter der Vergleichsküvette kommt die IR-Strahlung in vollem Umfang an, da sie in der Vergleichsküvette nicht absorbiert wird. Dementsprechend erwärmt sich das Gas in dieser Detektorkammer. Das Gas in der Detektorkammer unter der Messküvette erhält weniger IR-Strahlung, da entsprechend der CO/CO_2-Konzentration in der Messküvette ein Teil der Strahlung absorbiert wird.

Wegen der geringeren IR-Strahlung erwärmt es sich nicht so stark wie das Gas in der Detektorkammer unter der Vergleichsküvette. Daraus folgt ein Druckunterschied zwischen beiden Kammern. Beide Kammern sind durch eine Membran getrennt, welche entsprechend des Druckunterschieds ausgelenkt wird. Diese Bewegung kann z. B. kapazitiv erfasst werden und ist ein Maß für die CO/CO_2-Konzentration im Abgas.

13.1.5 Ermittlung der Partikelmasse oder –anzahl

Frühere Rußmessgeräte bestimmten den Rußgehalt mittels optischer Erfassung der Trübung (Opazimeter) oder durch Wiegen definierter Papiere, bei denen der Gewichtsunterschied zwischen reinem und mit Ruß beladenem Zustand ermittelt wurde.

Mittlerweile sind die Grenzwerte für Partikelemissionen so weit verringert worden, dass das Gewicht der Partikelmasse über einer definierten Fahrtstrecke zu gering ist, um es exakt zu erfassen bzw. wird zwischen Partikeln verschiedener Größen unterschieden. Die Anteile der unterschiedlich großen Partikel an der insgesamt emittierten Masse lassen sich dabei durch Zählung ermitteln. Dafür gibt es unterschiedliche Verfahren, folgend wird das oft im Prüfstandsbetrieb für die Anforderungen von EURO 5/6 verwendete Kondensations-Streulicht-Verfahren beschrieben.

Ein definiert mit Umgebungsluft, deren Zusammensetzung vorher exakt ermittelt wird, verdünnter Abgasvolumenstrom wird aufgeheizt, sodass sich kein Wasserkondensat bildet, siehe Abb. 13.8. Dem verdünnten Abgasstrom wird anschließend eine Trägerflüssigkeit (in diesem Fall Butanol, $C_4H_{10}O$, ein Primäralkohol) beigegeben, die die größtenteils in fester Form vorliegenden Partikel löst. Das so entstandene Gemisch wird auf 350 °C aufgeheizt. Dadurch kann das Gas (Abgas und Umgebungsluft) aufgrund des mit der Temperatur steigenden Sättigungsfaktors mehr Flüssigkeit als bei Umgebungstemperatur aufnehmen.

Anschließend wird der so entstandene Dampf im Kondensator auf etwa 35 °C abgekühlt.

Der Sättigungsdampfdruck verringert sich, nicht mehr im Gas lösbare Flüssigkeit lagert sich an den Partikeln ab bzw. umschließt diese. Dadurch steigt die Partikelgröße

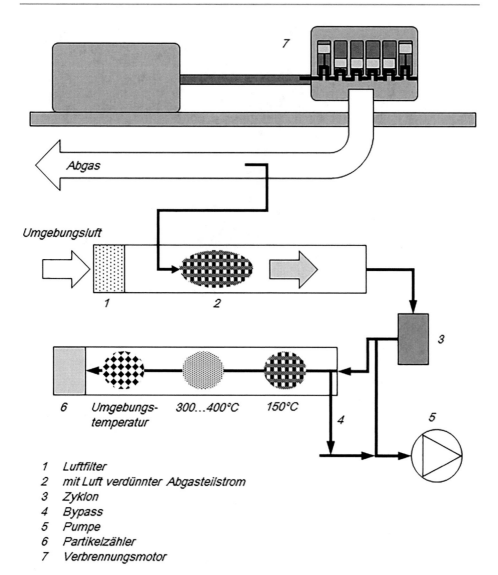

1 Luftfilter
2 mit Luft verdünnter Abgasteilstrom
3 Zyklon
4 Bypass
5 Pumpe
6 Partikelzähler
7 Verbrennungsmotor

Abb. 13.8 Partikelzählung mittels Verdünnungstunnel, Verdampfer und Laser-Streulicht-erfassung, nach [5]

und kann optisch erfasst werden. Somit werden auch sogenannte Nanopartikel erfassbar. Ein Laserstrahl wird an einer Blende, hinter der sich ein Detektor befindet, reflektiert. Wenn ein genügend großes Partikel den Laserstrahl durchquert, entsteht ein Streulicht, das vom optischen Sensor registriert wird. Die Anzahl der dadurch entstehenden Lichtblitze entspricht der Anzahl der Partikel. Da die Volumenströme aller Verdünnungsstufen

Abb. 13.9 Transportabler
Partikelzähler der Fa. HORIBA

bekannt sind, entsteht ein Maß für die Anzahl der Partikel je Volumen. Das wird meist als $\#/cm^3$ angegeben.

Das in Abb. 13.8 dargestellte Messprinzip erlaubt Partikelmessungen von $0...50.000$ Partikel/cm^3, wobei laut [5] Partikel bis 23 nm Größe zu 50 % erfasst werden und Partikel bis 41 nm zu 90 % oder mehr. Alle größeren Partikel werden vollständig erfasst.

Die kleinsten Partikel, sog. Koagulationskeime, weisen eine Größe von etwa 10 nm auf, kommen allerdings nicht einzeln, sondern als koagulierte Zusammenballungen vor und erreichen dabei ein Vielfaches von 10 nm. Diese Zusammenballungen (Koagulationen) verklumpen (agglomerieren) zu den eigentlichen Partikeln, deren Größe mehrere 100 nm beträgt. Somit kann von einer nahezu vollständigen Erfassung der im Abgas enthalten Partikel mit Hilfe der Kondensations-Streulicht-Messmethode ausgegangen werden. Die Ausführung eines Gerätes ist in Abb. 13.9 dargestellt.

13.1.6 FTIR-Spektroskopie – Fourier Transform Infrarot Spektroskopie

Die FTIR-Spektroskopie erlaubt die simultane Erfassung mehrerer Abgaskomponenten, siehe Tab. 13.1 nach [5]. Eine Geräteausführung zeigt Abb. 13.10.

Spektroskopie im Allgemeinen ist die Analyse der Welleneigenschaften elektromagnetischer Strahlungen, die von verschiedenen Stoffen unterschiedlich absorbiert werden. So ist uns allen das Wellenlängen-Spektrum des sichtbaren Lichts, realisiert durch die Emission/Absorption an Wassertropfen, in Form eines Regenbogens bekannt.

Die verschiedenen Komponenten des Motorenabgases besitzen Absorptionsmaxima für bestimmte elektromagnetische Strahlungen. Diese Maxima liegen stoffabhängig bei verschiedenen Wellenlängen der verwendeten Strahlung, die sich teilweise

Tab. 13.1 Messbare Komponenten eines Automobilabgases [5]

Summenformel	Komponentenname	Empfindlichkeitsgrenze [ppm]
NO	Stickstoffmonoxid	0,8
NO_2	Stickstoffdioxid	0,2
N_2O	Distickstoffmonoxid (Lachgas)	0,12
HNO_2	Salpetrige Säure	1,6
NO_x	Stickoxide Summe	2,5
NH_3	Ammoniak	1,0
CO_2	Kohlenstoffdioxid	2,0
CO	Kohlenstoffmonoxid	0,2
CH_4	Methan	2,0
C_2H_2	Acetylen	4,5
C_2H_6	Ethan	1,5
C_2H_4	Ethylen	5,0
C_3H_6	Propylen	10,0
CH_3OH	Methanol	2,2
C_2H_5OH	Ethanol	2,0
CH_2O	Formaldehyd	0,8
CH_3CHO	Acetaldehyd	8,8
C_4H_6	1,3 Butadien	8,0
C_4H_8	Isobutylen	7,3
THC	Kohlenwasserstoffe Summe	20,0
HCOOH	Ameisensäure	1,1
HCN	Blausäure	0,9
SO_2	Schwefeldioxid	1,5
H_2O	Wasser (-dampf)	920,0
CF_4	Tetrafluorkohlenstoff	0,012

überlappen, Wellenzahlen (Kehrwert der Wellenlänge) siehe Abb. 13.11. Im Falle der FTIR-Spektroskopie kommt, wie der Name schon sagt, Infrarotstrahlung zum Einsatz.

Diese IR-Strahlung wird durch einen Strahlteiler, siehe Abb. 13.12, in zwei Strahlen geteilt, von denen einer, u. U. über mehrere Spiegel, direkt durch eine Messküvette zum Empfänger geleitet wird. Der zweite Strahl wird auf einen beweglichen Spiegel geleitet, von diesem reflektiert und nimmt anschließend den gleichen Weg wie der erste Strahl. Aufgrund der unterschiedlichen Weglänge entsteht eine Phasendifferenz zwischen beiden Teilstrahlen, die am Empfänger als Interferenzeffekt beobachtet werden kann. Der Weg des zweiten Strahlteils ist entsprechend Abb. 13.12 um $2s$ länger als der des ersten Strahlteils, der vom festen Spiegel reflektiert wird.

Abb. 13.10 FTIR-
Spektroskopie
Abgasmesssystem der Fa. AVL

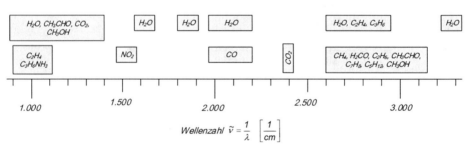

$$\text{Wellenzahl } \tilde{v} = \frac{1}{\lambda} \left[\frac{1}{cm}\right]$$

Abb. 13.11 FTIR-Spektroskopie Auswertebereiche, Daten nach [4]

Ist die Weglänge $2s$ des bewegten Spiegels ein ganzzahliges Vielfaches der IR-Lichtwellenlänge λ, ergeben sich Interferenzmaxima. Dieses Interferogramm genannte Signal zeigt das Strahlungsspektrum als Funktion des Weges $2s$.

Wird in die Messküvette ein Gas eingebracht, verschieben sich, in Abhängigkeit von den Eigenschaften des eingebrachten Gases, die Amplituden des Interferogramms in einem bestimmten Wellenlängenbereich, sie werden gegenüber Vakuum niedriger. Kennt man die Zuordnung verschiedener Wellenlängenbereiche zu unterschiedlichen Stoffen, wie in Abb. 13.11 zu sehen, kann man den veränderten Amplituden die jeweiligen Stoffe zuordnen.

Mittels Fourier-Transformation kann das Interferogramm in ein Spektrum umgewandelt werden. Letztendlich wird also mittels FTIR-Spektroskopie das

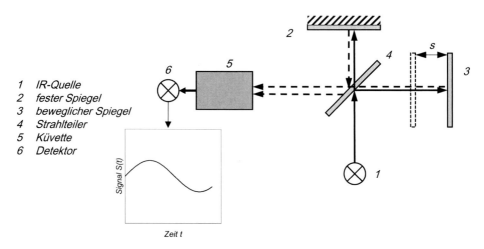

Abb. 13.12 Prinzip Strahlteilung und Interferenzerkennung

Emissionsspektrum eines IR-Strahlers durch die Zusammensetzung des zu untersuchenden Abgases je nach Zusammensetzung des Abgases unterschiedlich durch Absorption verändert. Diese Veränderung kann durch Interferenzmuster erkannt werden. Anschließend wird durch Fourier-Transformation aus dem Interferogramm das Absorptionsspektrum berechnet, in dem die verschiedenen, im Abgas enthaltenen Stoffe identifiziert werden können. Die Konzentration des jeweiligen Stoffes ergibt sich, vereinfacht ausgedrückt, aus dem Volumenstrom in der Messküvette und dem Amplitudenwert bei der jeweiligen Wellenlänge des Absorptionsspektrums.

Ausgeführte Geräte wie in Abb. 13.10 der Fa. AVL und vergleichbare der Fa. HORIBA sind in der Lage, maximal 28 Komponenten zu sensieren und weisen Messfrequenzen bis etwa $f = 5$ Hz auf. Um die Strahlteilung, bei der ja im Wellenlängenbereich der IR-Strahlung gearbeitet wird, sauber zu halten, wird diese Kammer ständig mit Stickstoff N_2 oder einem anderen Vergleichsgas gespült. Der Stickstoff dient außerdem zum Referenzabgleich. Für den Betrieb bzw. die Vorhaltung eines FTIR-Spektroskopie-Abgasmesssystems muss also zwingend die ständige Versorgung mit Stickstoff bzw. einem anderen geeigneten Referenzgas gewährleistet sein.

Zusätzlich weisen solche Abgasmesssysteme meist weitere Analysatoren zur zuverlässigen THC- und O_2-Bestimmung auf.

Als weiterführende Literatur zur Abgasanalyse empfiehlt sich [4].

13.2 Abgasmessung am Rollenprüfstand

Dem Schema in Abb. 13.13 ist das generelle Vorgehen bei der Abgasmessung und der sich daraus ableitenden Ermittlung des Kraftstoffverbrauches auf der Rolle zu entnehmen.

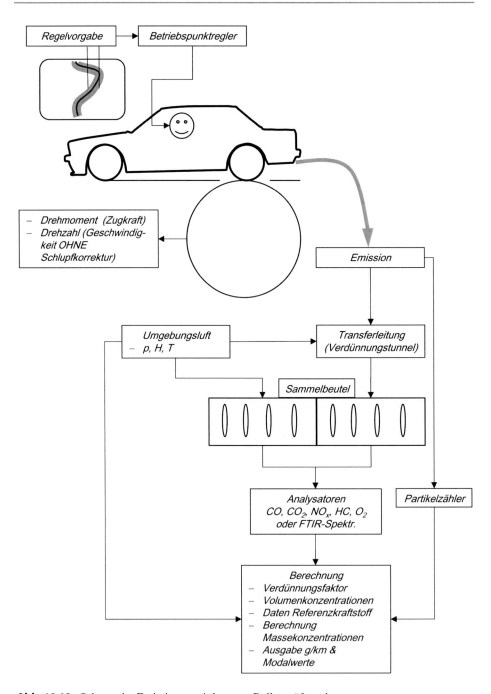

Abb. 13.13   Schema der Emissionsermittlung am Rollenprüfstand

Die Bedingungen sind in einschlägigen Richtlinien der EU definiert und finden sowohl in der Fahrzeugentwicklung als auch im Zulassungsverfahren Anwendung. Der Gesetzgeber schreibt zur Ermittlung der Abgasemissionen Fahrzyklen vor, die auf der Rolle gefahren werden. Für Europa und weitere Teile der Welt ist seit September 2017 der WLTC (world harmonized light duty vehicles test cycle) verbindlich. Der WLTC soll das reale Fahrverhalten besser abbilden als der bis dahin gültige NEFZ (Neuer Europäischer FahrZyklus). Dazu werden stärkere Beschleunigungen und höhere Geschwindigkeiten als im NEFZ gefahren, außerdem dauert der Zyklus länger. Die vom Gesetzgeber beabsichtigte Erhöhung und damit Annäherung der Verbrauchsangaben an den tatsächlichen Kraftstoffverbrauch ist momentan jedoch nur eingeschränkt sichtbar, insbesondere bei der Kombination aus relativ kleinem, hochaufgeladenem Motor (Downsizing-Konzept) und schwerem Fahrzeug. Bei einigen Motoren, insbesondere großvolumigen Saugmotoren, ist dagegen ein geringerer Kraftstoffverbrauch im WLTC als im NEFZ zu verzeichnen. Das hat drei wesentliche Ursachen:

1. Der WLTC dauert mit 1800 s etwa 50 % länger als der NEFZ. Dadurch befindet sich der Motor länger im betriebswarmen Zustand, was aufgrund geringerer Reibleistung und besserer Verbrennung als kurz nach dem Kaltstart zu geringeren streckenbezogenen Verbräuchen führt.
2. Infolge der im WLTC etwas stärkeren Beschleunigungen und höheren Geschwindigkeiten rücken die Betriebspunktkollektive in Bereiche besseren spezifischen Kraftstoffverbrauchs, außerdem erreicht der Motor schneller seine Betriebstemperatur als im NEFZ.
3. Für Schaltgetriebe existierte für den NEFZ eine feste Schaltpunktvorgabe, unabhängig vom zu untersuchenden Fahrzeug. Im WLTC findet eine Anpassung der Schaltpunkte an das Leistungsgewicht des Fahrzeugs und die Drehmomentkennlinien des Motors statt. Dadurch liegen die Schaltpunkte, die sich aus der im WLTP (P steht hier für die Prozedur, also die Randbedingungen des Versuchs) festgelegten Berechnung ergeben, realitätsnäher und damit in weiten Bereichen verbrauchsfreundlicher als im NEFZ.

Die zunehmende Verschärfung der Flottenverbrauchs-Grenzwerte führte dazu, dass bei Fahrzeugen mit Automatikgetriebe Applikationsstrategien gewählt werden, die bei möglichst niedriger Drehzahl Hochschalten zur Folge haben. Damit findet eine weitere Betriebspunktverlagerung hin zu hohen Drehmomenten und niedrigen Drehzahlen statt, die den Betrieb des Motors in Kennfeldbereichen guten spezifischen Kraftstoffverbrauchs erzwingt. Beide Zyklen sind als Geschwindigkeits-Zeit-Verläufe in Abb. 13.14 zu sehen. Auf weitere Zyklen und den Vergleich dieser untereinander wird in Abschn. 16.5 eingegangen.

Demnach sind die mindestens notwendigen Einrichtungen für fahrzyklenbasierte Emissionsmessungen an Rollenprüfständen:

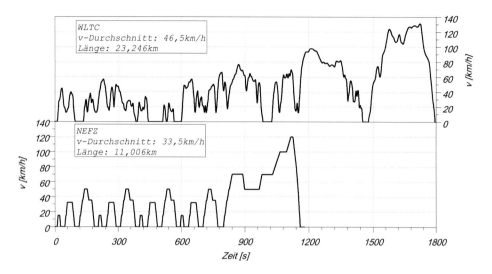

Abb. 13.14 Geschwindigkeitsverläufe von WLTC und NEFZ

- zyklenprogrammierbare Rolle (4-Quadrantenbetrieb) mit Umgebungsluft-konditionierung
- Fahrerleitgerät
- Fahrtwindgebläse
- gasdichte, temperaturstabile Abgasanlagen-Adapter
- Verdünnungstunnel
- CVS-Abgasmessanlage (CVS: Constant Volume Sampling)
- modale Abgasmessanlage
- Mess- und Kalibriergase
- Umgebungsluftanalyse (Bestandteil der modalen Abgasmessanlage)
- zentraler Prüfstandsrechner inkl. Fernbedienung zur Rollensteuerung
- Prüfstandsautomatisierung (Echtzeit-Betriebssystem)
- mechanische Fang- und Sicherheitseinrichtungen
- allgemeine Sicherheitstechnik

In diesem Kapitel wird die CVS-Anlage beschrieben, alle weiteren Einrichtungen werden im Kap. 16 dargestellt.

Zuerst ein kurzer Überblick zur CVS-Methode

Abgas wird dem Fahrzeug entnommen und mit Umgebungsluft gemischt. Aus diesem Volumenstrom wird ein Teil in Kunststoff-Beutel definierter Größe gefüllt. In identische Beutel wird gleichzeitig Umgebungsluft gefüllt. Das Gas beider Beutelreihen wird den Abgasanalysatoren zugeführt. Die in der Umgebungsluft enthaltenen Schad-

Abb. 13.15 Entnahme der
Abgase aus dem Fahrzeug

stoffkomponenten; im Prüfstandsalltag z. B. bis zu 5 ppm HC; werden mit den aus
dem verdünnten Abgas ermittelten verrechnet. Damit liegen volumetrische Abgas-
konzentrationen für die Messzeiten, die den einzelnen Beutelfüllzeiten entsprechen, vor.
Anhand der von der Rolle aufgezeichneten Fahrgeschwindigkeit ist auch die zugehörige
Fahrtstrecke bekannt.

Um nun die gravimetrischen, streckenbezogenen Emissionen in *g/km* berechnen zu
können, sind die Dichten der einzelnen Abgaskomponenten und ihre Partialdrücke notwendig. Die Partialdrücke ergeben sich aus den Volumenanteilen, die in den Abgasanalysatoren ermittelt wurden. Die Dichten werden vom Gesetzgeber vorgegeben und sind
den für den jeweiligen Zyklus geltenden Prüfrichtlinien zu entnehmen.

Folgend werden die wichtigsten Komponenten der CVS-Methode erklärt.

Abgasentnahme

Das Abgas wird direkt an der Abgasanlage des Fahrzeugs entnommen, üblich ist der
Anschluss am Endrohr. Dabei kommen Silikontüllen zum Einsatz, die gasdicht das
Endrohr bzw. die Endrohre des Fahrzeugs umschließen, siehe Abb. 13.15. Ebenfalls
üblich sind Metallflansche für Ringspann-Schnellverschlüsse. Von dort gelangen die
Abgase zur Verdünnungsanlage. Für Entwicklungsaufgaben wird oft eine Aussage
über die Rohemissionen benötigt, hier erfolgt die Abgasentnahme in der Abgasanlage
vor den Abgasnachbehandlungssystemen. Für diese ist ebenso wie für einige übliche

Abb. 13.16 Verdünnungsanlage

Applikationsarbeiten, z. B. sog. Misfire-Applikationen (Zündaussetzer) zu beachten, dass die Analysatoren hinreichend große Messbereiche aufweisen und dass die gesamte Anlage, insbesondere Beutel und Analysatoren mitunter (zu) stark verunreinigt, im Extremfall unbrauchbar werden.

Verdünnungsanlage (Mixing T)
In der Verdünnungsanlage, Abb. 13.16, wird dem Abgas gefilterte Umgebungsluft zugemischt. Für verschieden große Abgasvolumenströme stehen z. B. 4 Verdünnungsstufen zur Verfügung, durch deren Kombination 15 Verdünnungsfaktoren eingestellt werden können. Zur Volumenstrombestimmung werden Venturidüsen eingesetzt, welche anhand des Wirkdruckprinzips arbeiten.

Anhand der Druckdifferenz an der Venturidüse ist die Regelung der Ansaugpumpe(n) möglich, sodass ein konstanter, verdünnter Abgasvolumenstrom eingestellt werden kann. Alternativ können auch Pumpen mit konstantem Fördervolumen benutzt werden, deren Umdrehungen gemessen werden und das Maß für den Volumenstrom bereitstellen.

Beutel
Die Beutel werden proportional zum Volumenstrom gefüllt. Damit sind für jeden Beutel die Verdünnungsstufe und die Fahrstrecke bekannt. Aus den Beuteln wird das verdünnte Abgas entnommen und den Analysatoren zugeführt.

Analyse
Die Analyse der verschiedenen Abgaskomponenten geschieht, wie in Abschn. 13.1 beschrieben. Mit dem Wert der hier ermittelten Volumenanteile der verschiedenen Abgaskomponenten ist die Berechnung der emittierten Abgaskomponentenmasse

Abb. 13.17 CVS-Anlage

je Fahrtstrecke, üblicherweise in *g/km* angegeben, möglich. Abb. 13.17 zeigt die in mehreren 19"-Racks untergebrachte CVS-Anlage. In diesem Fall ist die Anlage wegen des im Bereich von $T_{Umgebung} = -25 \ldots +40\,°C$ konditionierbaren Rollenprüfstands in einem separaten, wärmeisolierten Raum untergebracht.

13.3   Abgasmessung auf der Straße – PEMS/RDE

Mit der Einführung des neuen Verbrauchs- und Emissionszyklusses WLTC nach EURO 6c soll auch die Einhaltung der Emissionsgrenzwerte unter realen Bedingungen, also im öffentlichen Straßenverkehr sichergestellt werden. Dazu werden Portable Emission Measuring Systems (PEMS) zur Ermittlung der Real Driving Emissions (RDE) eingesetzt. Die Anforderungen an die Messtechnik werden in [6] und [7] definiert. Demnach sollen mindestens die GPS-Daten (GPS: Global Positioning System, siehe Abschn. 17.2.1) des Fahrprofils, die Daten aus der OBD-Schnittstelle, Umgebungsbedingungen, Abgasmassenstrom sowie die Konzentrationen von CO, CO_2, NO_x und PN mit einer Frequenz $f \geq 1$ Hz aufgezeichnet werden.

CO und CO_2 werden auch bei PEMS mittels NDIR, siehe Abschn. 13.1.4, gemessen. Für das Erfassen der NO_x kommen CLD, siehe Abschn. 13.1.2, und nichtdispersive Ultraviolett Verfahren (NDUV) zum Einsatz. Näheres zum NDUV-Verfahren findet sich z. B. in [4]. Beide sind im RDE-Einsatz suboptimal, da der Einsatz des CLD exakte Massenströme, die wiederum dichte- und damit höhenabhängig sind, fordert und die optischen Systeme beim NDUV-Verfahren empfindlich auf mechanische Einflüsse, z. B. Vibrationen reagieren. Die Partikelanzahl wird sowohl mit der in Abschn. 13.1.5 beschriebenen Streulichtmethode als auch mit sog. Diffusion Charger Sensoren ermittelt. Letztere benutzen eine elektrostatische Aufladung der Partikel, die dann sensiert werden kann. Näheres zu den Vor- und Nachteilen der jeweiligen Messprinzipien bzgl. des Einsatzes auf der Straße findet sich z. B. in [8].

Die Erfassung des Abgasmassenstroms soll lt. Gesetzgeber mit sog. Exhaust Flow Metern EFM geschehen. Hier kommen Sonden nach dem Pitot-Prinzip, siehe Abschn. 8.2, zum Einsatz. Bei kleinen Volumenströme sind die Anforderungen an die Differenzdruckerfassung sehr hoch und im rauen Straßenbetrieb schwierig umzusetzen.

Die Abgase werden der Abgasanlage an deren Austritt entnommen und mittels beheizter Leitung zu den Analysatoren geleitet. Für PKW hat sich die Montage der Analysatoren, zumindest derzeit (2020), auf der Anhängerkupplung durchgesetzt. Das bietet den Vorteil relativ schneller und unkomplizierter Montage und einer kurzen beheizten Leitung. Stromversorgung und Rechner werden im Kofferraum des Fahrzeugs (bei Frontmotoren) untergebracht. Des Weiteren wird das riskante Verlegen von abgasführenden Leitungen und notwendigen Zusatzstoffen (z. B. Butanol für die Streulichtmethode) in den Innenraum vermieden. Bei Fahrzeugen mit Heckmotor oder ohne Anhängerkupplung wird das PEMS dagegen im Innenraum installiert.

PEMS werden auf dem Rollenprüfstand mit CVS-Anlage validiert, hierbei sind Unterschiede zur reinen CVS-Messung bzgl. der Druckverluste, der Massenströme und der Konzentrationen der Schadstoffe vorhanden, da das PEMS analog zum Straßenbetrieb installiert und betrieben wird und somit zwischen CVS-Anlage und Abgasanlage sitzt. Vorteilhaft ist bei dieser Validierung die Erfassung der Modalwerte der Analysatoren der CVS-Anlage, da das PEMS ebenfalls modal (und unverdünnt!) misst. Der Vergleich kumulierter Modalwerte mit den systembedingt gemittelten Werten aus der Beutelanalyse gestaltet sich aufwendiger und führt zu unsicheren Ergebnissen.

Die Messfahrten werden simultan mittels statistischer Methoden bzgl. der Zeitanteile der gefahrenen Geschwindigkeiten analysiert. Dem Fahrer wird angezeigt, inwieweit er die Mindestanteile für Stadtverkehr, Landstraßenfahrt und Autobahnfahrt erreicht hat. Sind alle Anteile genügend repräsentiert und wurde dabei ein gewisses Zeitlimit eingehalten, war die Versuchsfahrt erfolgreich.

Anschließend werden die Messdaten mittels zweier Methoden, MAW Moving Average Window (auch EMROAD genannt) und Power Binning (auch: CLEAR), analysiert. Bevor ein Fahrzeug dem RDE-Test unterzogen wird, hat es generell einen WLTC auf dem Rollenprüfstand hinter sich. Aus diesem sind die zu einer Durchschnittsgeschwindigkeit über einen gewissen Zeitraum gehörenden CO_2-Emissionen bekannt.

MAW

Aus den WLTC-Ergebnissen werden Zeitfenster gebildet, die sich durch gleich große CO_2-Massen auszeichnen. Während das erste Zeitfenster des Tests läuft, startet das zweite Fenster mit 1 s Verzug. Die Emissionen werden über ein Fenster gemittelt und über der dazugehörigen Durchschnittsgeschwindigkeit, die die Anforderungen für Stadtfahrt, Landstraßenfahrt oder Autobahnfahrt erfüllen muss, dargestellt und mit den entsprechenden Werten aus dem WLTC verglichen. Dabei sind Toleranzbänder festgelegt, innerhalb derer sich die RDE-Werte befinden müssen, damit die Ergebnisse den Anforderungen des Gesetzgebers genügen.

Power Binning

Bei dieser Methode ist die Mittelungsdauer 3 s. Der Leistungsbereich des untersuchten Fahrzeugmotors wird in neun Klassen unterteilt, aus dem zuvor absolvierten WLTC ist bekannt, wie viele Laufzeitanteile in die jeweilige Leistungsklasse fallen. Bei der Auswertung der RDE-Fahrt werden die in die jeweilige Leistungsklasse fallenden Punkte mit denen aus dem WLTC verglichen. Wurden während der RDE-Fahrt weniger Punkte in einer Klasse absolviert als im WLTC, werden die Emissionen aus dieser Klasse höher bewertet, wurden mehr Punkte gefahren, wird entsprechend geringer gewichtet.

Eine RDE-Fahrt gilt, wenn die Vorgaben aus beiden Verfahren erfüllt werden. Wird nur einer Methode entsprochen, muss die Fahrt wiederholt werden. Die wiederholte Fahrt muss nun mindestens den Anforderungen einer der beiden Auswertemethoden entsprechen, um zu gelten.

Für die Routenwahl sind neben den notwendigen, o.a. Kriterien die geografische Höhe, die Umgebungstemperatur und die Verkehrssituation zu beachten. Der Gesetzgeber schreibt z. B. Umgebungstemperaturen zwischen 0 und 30 °C sowie Höhen üNN < 1700 m für Europa vor. Entscheidenden Einfluss auf die Abgasemissionen übt der Fahrer mit seinem Fahrstil aus. Durch die Wahl von Routen in ebenem Gelände bei Umgebungstemperaturen nahe der vom Gesetzgeber vorgegebenen oberen Grenze in Verkehrsräumen mit sehr geringem Stauanteil können die Emissionen niedrig gehalten werden. Des Weiteren kann der Fahrwiderstand und damit die notwendige Antriebsleistung verringert werden, wenn möglichst geringe Querbeschleunigungen mit dementsprechend wenig Schräglaufwiderstand gefahren werden. Das wird durch Streckenwahl mit geringem Kurvenanteil bei großem Kurvenradius erreicht. Somit sind auch auf der Straße Annäherungen an die im WLTC erreichten Emissionswerte möglich.

Literatur

1. VERORDNUNG (EG) Nr. 715/2007 DES EUROPÄISCHEN PARLAMENTS UND DES RATES vom 20. Juni 2007 über die Typgenehmigung von Kraftfahrzeugen hinsichtlich der Emissionen von leichten Personenkraftwagen und Nutzfahrzeugen (Euro 5 und Euro 6) und über den Zugang zu Reparatur- und Wartungsinformationen für Fahrzeuge.
2. VERORDNUNG (EU) Nr. 333/2014 DES EUROPÄISCHEN PARLAMENTS UND DES RATES vom 11. März 2014zur Änderung der Verordnung (EG) Nr. 443/2009 hinsichtlich der Festlegung der Modalitäten für das Erreichen des Ziels für 2020 zur Verringerung der CO2-Emissionen neuer Personenkraftwagen.

3. https://www.umweltbundesamt.de/daten/klima/atmosphaerische-treibhausgas-konzentrationen# textpart-2.
4. Klingenberg, H.; Automobilmeßtechnik Band C: Abgasmeßtechnik; Springer Verlag Berlin Heidelberg; 1995.
5. http://www.horiba.com/de/automotive-test-systems/products/emission-measurement-systems/ analytical-systems/particulates/details/mexa-2000spcs-series-4331/.
6. Tschöke, H. (Hrsg.); Real Driving Emissions (RDE); Springer Vieweg Wiesbaden; 2019.
7. Verordnung (EU) 2017/1151, Europäische Kommission, 1. Juni 2017.
8. Verordnung (EU) 2017/1154, Europäische Kommission, 7. Juni 2017.
9. Merker, P., Teichmann, R. (Hrsg.); Grundlagen Verbrennungsmotoren; 8. Auflage, Springer Vieweg Wiesbaden; 2018

Indizierung

Als Indizierung wird die zeitlich hochaufgelöste, kurbelwinkelbasierte Messung des Druckes im Zylinder bzw. in der Brennkammer und in der Ansaug- und Abgasanlage bezeichnet. In den letzten Jahren wurden weitere Größen, wie z. B. Zünd- und Einspritzsignale, Drücke im Einspritzsystem und das an der Kurbelwelle anliegende Drehmoment, in die Indiziermessungen einbezogen. Die Messwerte werden dabei messtechnisch bis zu Genauigkeiten von 0,025°KW (Kurbelwinkel) erfasst, im PKW-Motorenbereich sind 0,1°KW üblich.

Das erste Indikatordiagramm für einen Verbrennungsmotor wurde von Nicolaus August Otto im Jahr 1876 aufgenommen, siehe Abb. 14.1.

Abb. 14.2 zeigt das Indizierdiagramm eines Ottomotors mit Saugrohreinspritzung.

14.1 Einleitung

Mit der zeitunabhängigen Erfassung der verschiedenen Messgrößen auf Basis des Kurbelwinkelsignals erfolgt eine systemimmanente Anpassung an die Drehzahl. Damit wird die thermodynamische Analyse von Verbrennungsmotoren, für die der Druckverlauf elementar notwendig ist, erleichtert. Die Zuordnung zu oberem und unterem Totpunkt und allen KW-abhängigen Motorregelungsgrößen (Einspritzbeginn, Einspritzdauer, Zündzeitpunkt, NW-Verstellung usw.) ist so ebenfalls sehr einfach. Gegenüber der bisher behandelten Messtechnik sowie der Prüfstandsautomatisierung, deren Abtastraten bei 10…100 Hz liegen, sind bei der Indizierung deutlich höhere Frequenzen notwendig.

Bei einer Motordrehzahl $n = 10.000/min$, die z. B. bei vielen Motorradmotoren üblich ist, und einer gewünschten Auflösung $A = 0,1$ °KW erhält man mit Gl. 14.1

$$f = \frac{nz_{KW}}{A} = \frac{10.000 \cdot 360° \, KW}{60 \, s \, 0,1° \, KW} = 600.000 \, s^{-1} \qquad (14.1)$$

D. Goßlau, *Fahrzeugmesstechnik*, https://doi.org/10.1007/978-3-658-28479-4_14

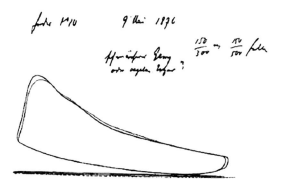

Abb. 14.1 Indikatordiagramm von Nicolaus August Otto aus dem Jahr 1876 [1]

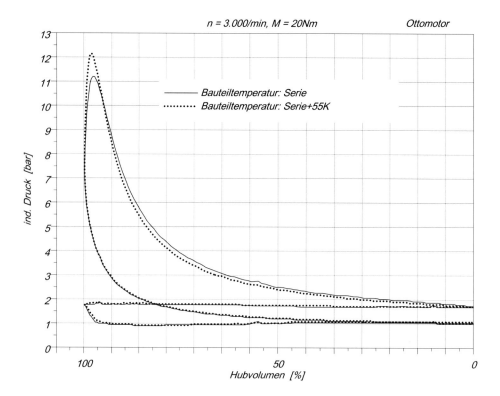

Abb. 14.2 Aktuelles Indizierdiagramm eines Saugrohreinspritzers

eine notwendige Abtastfrequenz von mindestens 600 kHz je Kanal. Entsprechend dem Nyquist-Shannon-Theorem in Gl. 5.2, Abschn. 5.2.1 ist jedoch mindestens die doppelte Abtastrate notwendig, somit ergeben sich mindesten $f_{min} = 1{,}2$ MHz je Kanal. Für den Betrieb rechnergestützter Indiziersysteme (bis in die 1960er Jahre gab es mechanische

Indiziersysteme) sind echtzeitfähige Betriebssysteme, schnelle Datenerfassung und Zwischenspeicherung großer Datenvolumina sowie ein leistungsfähiger Postprozessor zur simultanen Berechnung und Darstellung interessierender Größen Grundvoraussetzung.

Moderne Indiziersysteme sind optional komplett in die Prüfstandsautomatisierung eingebunden und erlauben außerdem HIL/SIL-Entwicklungen, bei denen z. B. komplette Motorbetriebskennfelder mittels automatischer Heizverlauf-Schwerpunktlageregelung mehrdimensional optimiert werden. Die mehrdimensionale Optimierung ergibt sich aus den Anforderungen an spezifischen Kraftstoffverbrauch, mehrere Emissionsparameter, Response-Verhalten, Laufruhe usw.

14.2 Genereller Aufbau

Die Messkette ist in Abb. 14.3 skizziert. Der Drucksensor im Brennraum liefert ein Signal in Form elektrischer Ladung, das vom Ladungsverstärker vervielfacht und als Einheitssignal (üblich sind 0...10 V) ausgegeben wird. Dieses Druckverlaufssignal wird an die Datenerfassung weitergeleitet, die außerdem das Signal vom Kurbelwinkel-Aufnehmer erhält. In der Datenerfassung wird das Druckverlaufsignal mit dem KW-Signal synchronisiert, zwischengespeichert und an die Datenverarbeitung, den eigentlichen Indizierrechner, weitergegeben. Hier werden die gewünschten Berechnungen, z. B. Mitteldrücke, Heizverläufe, Wärmeumsatzpunkte usw. durchgeführt. Außerdem wird hier die Messsteuerung, z. B. das automatische Aufzeichnen von 1000 Zyklen, durchgeführt, das ganze Indiziersystem parametriert und u. U. die Anbindung an die Prüfstandsautomatisierung und das Motorsteuergerät vollzogen.

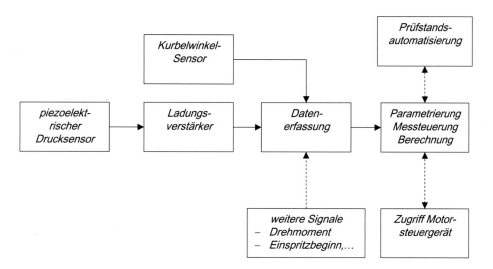

Abb. 14.3 Messkette eines Indiziersystems, – optional

14.2.1 Piezoelektrischer Drucksensor

Das piezoelektrische Prinzip wurde bereits in Abschn. 10.4 erklärt. Sensoren für die Zylinderdruckindizierung gibt es in gekühlter und ungekühlter Ausführung. Sie werden generell als Absolutdruckaufnehmer ausgeführt und erlauben sehr gut die dynamische Messung, dagegen kaum statische Messung. In den rauen Umgebungsbedingungen, denen der Drucksensor ausgesetzt ist, haben sich bisher nur Sensoren nach dem piezoelektrischen Prinzip bewährt. Die Temperaturen an der Sensormembran erreichen kurzzeitig bis zu 2500 °C, im Sensorelement selbst werden bis zu 400 °C erreicht. Gleichzeitig treten Beschleunigungen bis zu 2000 g auf, sowie chemische Korrosion, die durch aggressive Verbrennungsendprodukte verursacht wird. Der Messbereich geht aktuell bis etwa 250 bar, teilweise bis 300 bar. Die Empfindlichkeit beträgt 15…80pC/bar.

Neben natürlichen Quarzen, die bis etwa 350 °C stabil sind, werden seit einigen Jahren künstliche, gezüchtete Einkristalle (siehe Abb. 14.4) verwendet. Diese sind bis

PiezoStar® – seit mehr als zehn Jahren züchtet Kistler eigene Kristalle mit hoher Empfindlichkeit und Temperaturstabilität

Abb. 14.4 Gezüchtete Einkristalle aus SiO$_2$ [2]

etwa 900 °C stabil und bestehen aus Gallium-Orthophosphat GaPO$_4$ oder Siliziumdioxid SiO$_2$. Sie weisen außerdem höhere Empfindlichkeiten als natürliche Quarze auf.

Vor der Weiterverarbeitung werden die Kristalle geröntgt, um die optimalen Schnittebenen anhand des (für jeden Quarz individuellen) Kristallgitters zu bestimmen. Aus den Scheiben (Wafer) werden die eigentlichen Messkristalle geschnitten und in mehreren Bearbeitungsschritten geläppt und beschichtet. Das Läppen und Beschichten wird mehrmals wiederholt. Zuletzt werden die Quarze in ihre Fassung gebracht und unter Reinraumbedingungen im Sensorelement montiert. Das eigentliche Sensorelement, der Kristall, ist durch eine Druckplatte und eine Membran, die den Druck aus dem Brennraum an den Kristall weiterleiten, vor der Brennraumumgebung geschützt. Abb. 14.5 zeigt einen gekühlten Zylinderdrucksensor mit den Anschlüssen für die Wasserkühlung, deren Schläuche bereits montiert sind.

Mit komplexer werdenden Motoren (Direkteinspritzung, Mehrventiltechnik, Doppelzündung, Präzisionskühlung, Drall- und Thumbleklappen, integrierter Ladeluftkühler, integrierter Abgaskrümmer) wird der nutzbare Bauraum immer geringer, sodass in den letzten Jahren auch eine Miniaturisierung der Sensoren stattfand. War bis vor einigen Jahren noch M10 × 1 die meist verwendete Gewindegröße, werden aktuell standardmäßig Sensoren mit Gewinde M8 × 0,75 (gekühlt) bis hinunter zu M5 (ungekühlt) verwendet. Bei der Kühlung ist auf kontinuierlichen Volumenstrom zu achten, da Pulsationen das Sensorsignal verfälschen könnten. Jeder Zylinderdrucksensor besitzt, bedingt durch den Einsatz natürlicher oder gezüchteter Kristalle, seine eigene Empfindlichkeit. Diese wird vom Hersteller, z. B. Kistler, AVL, ermittelt und steht auf der Sensorverpackung. Diese Empfindlichkeit in *pc/bar* muss bei der Parametrierung des Indiziersystems korrekt zugewiesen werden.

Abb. 14.5 Gekühlter
Zylinderdrucksensor

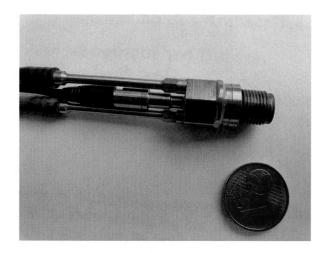

14.2.2 Kurbelwinkelsensor

Kurbelwinkelsensoren sind meist optische Drehzahlsensoren, die direkt auf das freie Ende der Kurbelwelle montiert werden. Sie werden in geschlossener Bauweise, siehe Abb. 14.6, oder offen gefertigt. Die offenen KW-Sensoren werden auf das abtriebsseitige Ende der Kurbelwelle in der Kupplungsglocke montiert, wenn das freie KW-Ende nicht zugänglich ist oder besonders geringe Drehträgheiten des Sensors (z. B. bei sehr hoch drehenden Rennmotoren) gefordert sind. Aktuelle (2020) KW-Sensoren arbeiten mit dem Durchlichtverfahren und weisen 720 Teilstriche auf. Damit ist eine hardwareseitige Auflösung von 0,5°KW gegeben, die mit sehr geringen Fehlern auf 0,1…0,025°KW interpoliert werden kann. Diese Auflösung ist für die meisten Indizieraufgaben absolut ausreichend. Die beschädigte Scheibe eines optoelektronischen Kurbelwinkelsensors (im Sensorraum hatte sich eine M3-Schraube gelöst) mit den einzelnen Marken zeigt Abb. 14.7. In Abb. 14.8 ist die Einbausituation eines Kurbelwinkelsensors erkennbar.

14.2.3 Ladungsverstärker

Ladungsverstärker, Abb. 14.9 und 14.10, wandeln die zylinderdruckabhängige Ladung des piezoelektrischen Sensors in ein Spannungssignal um. Aufgrund der hohen Impedanz der Leitung vom Sensor bis zum Ladungsverstärker ist das Signal (die Ladung von einigen pC) sehr störempfindlich gegenüber elektromagnetischen Feldern. Sie sollte also sehr kurz gehalten und abgeschirmt werden. Letzteres ist am Motor oft nur unzureichend möglich, da der Sensor meist zwischen Ventilen, Zündkerze und Injektor sitzt. Die bei ruhender Zündverteilung direkt auf der Zündkerze sitzende Hochspannungszündspule

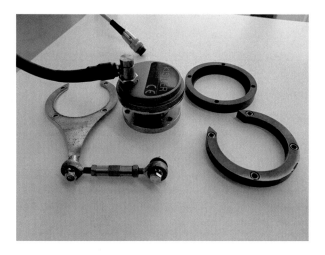

Abb. 14.6 Kurbelwinkelsensor mit Befestigungsflansch und Drehmomentstütze

Abb. 14.7 Markenscheibe
eines Kurbelwinkelsensors,
mechanisch beschädigt durch
gelöste Gehäuseschraube

Abb. 14.8 Einbausituation
Kurbelwinkelsensor

erzeugt relativ starke elektromagnetische Felder, die das Sensorsignal beeinflussen
können. Abhilfe schafft meist das Anbringen von Ferritkernen, siehe Abb. 14.11, an der
Signalleitung des Drucksensors, welche die Magnetfelder in ihrer Umgebung eliminieren
(Magnetfelder außerhalb der Sensorleitung werden gedrosselt) (Abb. 14.12).

Abb. 14.9 Rückseite
eines Ladungsverstärkers
mit Signalleitungen zum
Indiziermodul

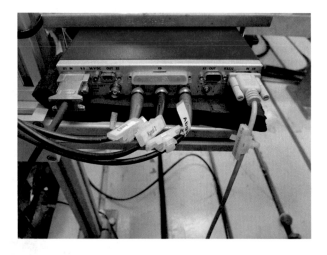

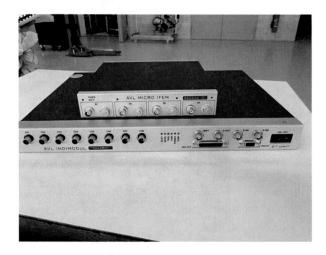

Abb. 14.10   Ladungsverstärker auf Indiziermodul

Abb. 14.11   Ferritkern

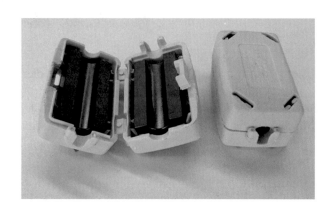

Sowohl Ladungsverstärker als auch Indizierquarze gibt es inzwischen als smarte Lösungen. Jeder Quarz wird kalibriert und die dabei ermittelte Empfindlichkeit üblicherweise auf einem Datenblatt vermerkt. Diese Kalibrierdaten müssen beim Einrichten des Systems im Verstärker hinterlegt werden. Bei smarten Lösungen entfällt die manuelle Eingabe, die Indiziersoftware oder der Verstärker selbst lesen die Daten vom Drucksensor und hinterlegen diese automatisch im Signalweg. Damit entfällt eine Fehlerquelle (die der manuellen Eingabe).

14.2.4 Indiziersystem

Im Indiziergerät werden die analogen Eingangssignale (0…10 V) digitalisiert, die Auflösung beträgt dabei $\geq$ 800 kHz je Kanal bei 14Bit. Das entspricht 16.384 Schritten. Die digitalisierten Werte werden im Speicher abgelegt und für Echtzeitberechnungen zur Verfügung gestellt. Der Zwischenspeicher ist mehrere GB groß. Typische Echtzeitgrößen sind Maximaldrücke oder Klopfkennwerte *(dp/dKW)*. Zur weiteren Datenübertragung an den Auswerte- und Datenablagerechner ist eine schnelle Schnittstelle notwendig. Die Bedienung erfolgt über eine geeignete Software, die neben der Hardware ein wesentliches Qualitätsmerkmal von Indiziersystemen darstellt. Die Dateneingabe sollte detailliert und fehlerimmun möglich sein. Standardformeln sowie Formeleditoren für mechanische und thermodynamische Auswertungen bis hin zur Berechnung des Wärmeüberganges sind ebenso notwendig, wie ein Datenbanksystem zur effizienten Verwaltung, standardisierte Schnittstellen und Übertragungsprotokolle zur Einbindung in die Prüfstandsautomatisierung, sowie vielfältige Möglichkeiten der grafischen Darstellung von Mess- und Berechnungswerten, damit der Prüfstandsfahrer schnell reagieren kann. Letzteres verlangt klare, intuitiv erfassbare Darstellungen der wesentlichen Werte.

Abb. 14.12 Platzverhältnisse am Motor

14.2.5 Mess- und Berechnungsgrößen

Direkt ermittelt werden können alle aus dem Druckverlauf über dem Kurbelwinkel resultierenden Größen:

- Druckverlauf über dem Kurbelwinkel
- Druckanstieg
- Spitzendruck

Des Weiteren lassen sich hochfrequente, mithilfe des Indiziermoduls kurbelwinkelbasierte Signale, z. B. das Rohsignal des Drehmoment-Messflansches, mit der Indizierung synchronisieren.

Indirekt ermittelbare Größen resultieren aus Berechnungen, dabei lassen sich vier Hauptgruppen definieren:

Thermodynamische Analyse:

Brennverlauf (Energieumsatz), Brennfunktion (Integral des Brennverlaufes), Heizverlauf (Energieumsatz ohne Wandwärmeverluste), Heizfunktion (Integral des Heizverlaufs), Brennbeginn, Brennende, Schwerpunkt der Verbrennung, markante Energieumsatzpunkte (üblich 5, 10, 50 und 95 %) können aus dem Zylinderdruckverlauf und den Motordaten berechnet werden. Für die Applikation eines Motors kann z. B. der 50 %-Energieumsatzpunkt benutzt werden, dieser liegt üblicherweise je nach Motor und Betriebspunkt bei etwa 8…20°KW n.OT. Der Applikateur regelt den Einspritzbeginn (SOI = Start Of Injection) dementsprechend, benötigt also eine schnelle (Echtzeit) Berechnung dieses Punktes und eine klare Darstellung (oft farbcodiert). Moderne HIL/SIL-Systeme applizieren den Motor automatisiert im gesamten Kennfeld z. B. auf diese Applikationsgröße.

An dieser Stelle ist zu erwähnen, dass oft der 50 %-Energieumsatzpunkt mit der Schwerpunktlage der Verbrennung identisch gesehen wird. In der Realität gibt es allerdings Abweichungen zwischen beiden, insbesondere bei modernen, hochaufgeladenen Ottomotoren mit Direkteinspritzung. Bei diesen Motoren wird in bestimmten Kennfeldbereichen, z. B. bei Volllast sehr spät gezündet, um genügend Zeit für die Gemischbildung zu haben und Klopfen zu vermeiden. Dementsprechend findet der durch die Verbrennung bewirkte Druckanstieg nach OT und nach dem Verdichtungsspitzendruck statt, siehe Abb. 14.13. Dementsprechend ist der Druckverlauf und daraus resultierend der Heizverlauf nicht symmetrisch.

Abb. 14.14 zeigt den Heizverlauf und dessen Integral, die Heizfunktion, eines ATL-aufgeladenen DI-Ottomotors bei Motordrehzahl $n = 2000/\text{min}$ und einem effektiven Mitteldruck von $p_{me} = 2$ bar. Deutlich erkennbar ist das langsame Ausbrennen ab etwa 30°KW nach OT. Den gezeigten Heizverlauf kann man mit sogenannten Dreiecksbrennverläufen gut annähern. In Abb. 14.15 ist anhand der Heizfunktion erkennbar, dass bereits mit vier Dreiecken eine sehr gute Annäherung an den realen Heizverlauf gelingt,

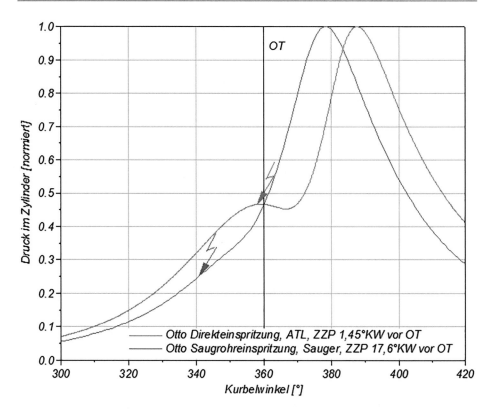

Abb. 14.13 Vergleich der normierten Zylinderdruckverläufe eines Otto-Direkteinspritzers mit ATL vs. Sauger mit Saugrohreinspritzung, $n = 3000$/min, Vollast

die beiden Kurven liegen nahezu übereinander. Der 50 %-Umsatzpunkt liegt bei 12°KW nach OT, der gemeinsame Schwerpunkt der vier Dreiecke dagegen bei 16°KW nach OT.

Berechnung des Mitteldrucks
Der Mitteldruck ist entscheidend für das indizierte (durch den Verbrennungsdruck erzeugte) und das effektive (an der Kurbelwelle abnehmbare) Drehmoment. Dementsprechend werden indizierter und effektiver Mitteldruck sowie der Reibmitteldruck und der Ladungswechselmitteldruck berechnet. Abb. 14.16 zeigt beispielhaft die Beurteilung der temperaturbedingten Effekte im Motor mit Hilfe der Mitteldrücke.

Analyse des Ladungswechsels:

Werden auch die Drücke ansaug- und abgasseitig gemessen, kann anhand dieser und des Druckverlaufs im Zylinder auf die Ventilhübe und die ein- und ausströmenden Massen geschlossen werden. Dazu ist vorher die Bestimmung des Massendurchsatzes am Ein- und Auslassventil auf einer Fließbank notwendig. Mit den Zustandsgrößen der betrachteten Gase (i. A. Frischgas oder Luft und Abgas) $p_{1/2}$ und $T_{1/2}$, der Gaskonstante

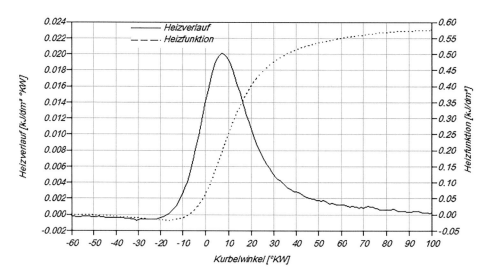

Abb. 14.14 Heizverlauf und Heizfunktion eines DI-Ottomotors mit ATL, $n = 2000/\text{min}$, $p_{me} = 2$ bar

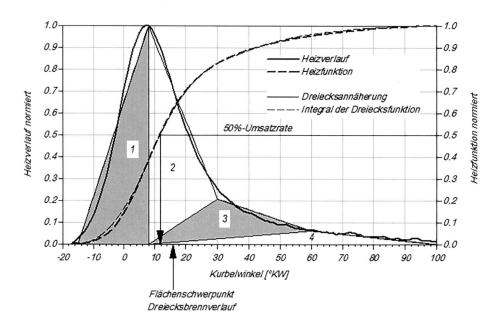

Abb. 14.15 Unterschied zwischen 50 %-Umsatzpunkt und Heizverlauf-Schwerpunkt

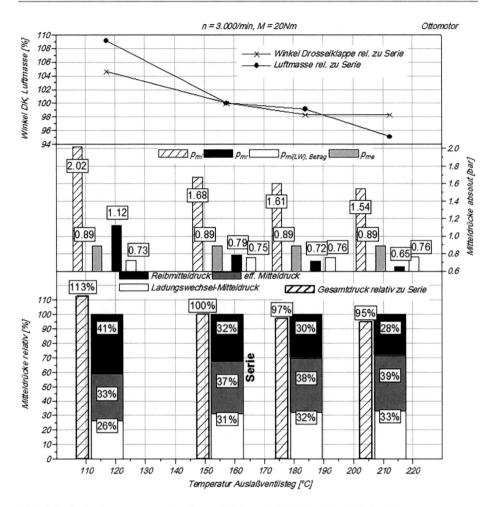

Abb. 14.16 Analyse temperaturbedingter Effekte mit Hilfe der Mitteldrücke [3]

R und der Referenzfläche A_{Ref} (entspricht dem an der Fließbank ermittelten freien Quer-schnitt beim entsprechenden Ventilhub) kann der Massenstrom berechnet werden. Die Indizes $_{1/2}$ bedeuten dabei Behälterzustand 1 (an der Stelle der Niederdruckindizierung saugseitig z. B. vor dem Einlassventil, abgasseitig nach dem Auslassventil) und Zustand 2 im Brennraum. Der Massenstrom an der Referenzfläche (Ein- oder Auslassventil) ergibt sich dann anhand Gl. 14.2.

$$\dot{m} = A_{Ref} p_1 \sqrt{\frac{2}{R_1 T_1}} \sqrt{\frac{\kappa}{\kappa - 1}\left[\left(\frac{p_2}{p_1}\right)^{\frac{2}{\kappa}} - \left(\frac{p_2}{p_1}\right)^{\frac{\kappa-1}{\kappa}}\right]} \qquad (14.2)$$

Die detaillierte Herleitung anhand Kontinuitäts- und Bernoulligleichung kann [4] und
[5] entnommen werden.

Klopfauswertung

Auswertung des Spitzendrucks sowie der Druckgradienten, typische Klopfschwingungen
weisen eine Frequenz zwischen 7…8 kHz sowie von deren Vielfachen auf.

Hubkolben-Verbrennungsmotoren weisen periodische oder stochastische Zyklen-
schwankungen auf. Aufgrund der komplexen Abläufe bei Ladungswechsel und Verbrennung ändern sich die Druck- und damit Brennverläufe ständig, deshalb ist die
Aufnahme eines einzelnen Zyklus´ nicht sehr aussagekräftig. Weiter herrschen in
den Zylindern eines Mehrzylindermotors unterschiedliche Bedingungen, Differenzen
existieren z. B. bei den durchschnittlichen Bauteiltemperaturen. Gründe hierfür liegen
im nicht exakt gleichen Ladungswechsel (Ansaugweglänge, Ventilablagerungen, …),
in der ungleichen mechanischen Abnutzung und unterschiedlichen Bauteiltoleranzen
(Druckverhältnisse, konstruktive und dynamische Verdichtung) und in der nicht symmetrischen Kühlung (Motor ist z. B. meist auf der Abtriebsseite wärmer als auf der
Steuerseite). Deshalb werden aussagekräftige Daten gewonnen, wenn über mehrere
Zyklen Mittelwerte gebildet und außerdem mehrere Zylinder indiziert werden. Für die
Mittelwertbildung reichen mehrere hundert Zyklen bei stationären Bedingungen. Eine

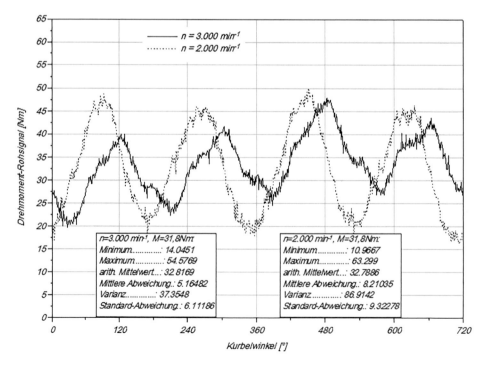

Abb. 14.17 Drehungleichförmigkeiten eines Vierzylinder-Ottomotors

Vollindizierung (alle Zylinder sind mit Indizierquarzen ausgestattet) bietet den Vorteil, dass Unterschiede in den Druck- und Brennverläufen erkannt und teilweise applikativ ausgeglichen werden können.

Die Zylinderdruckindizierung ist die einzige Methode, das thermodynamische Verhalten eines Motors exakt zu analysieren. Deshalb ist ein wichtiges Entwicklungsziel die zuverlässige Zylinderdruckmessung im Serienfahrzeug für die komplette Fahrzeugdauer. Damit bestünde die Möglichkeit, den Motor verbrennungsdruckgeregelt zu fahren und dadurch den eff. Wirkungsgrad zu steigern bzw. den Kraftstoffverbrauch und die Abgasemissionen weiter zu verringern. Außerdem wäre damit eine applikative Anpassung an den Zustand des Motors bzgl. Verschleiß und Bauteiltoleranzen möglich.

Die Synchronisation mit weiteren Signalen, z. B. dem o. a. Drehmoment-Rohsignal, erlaubt weitere Analysen. In Abb. 14.17 ist die Drehungleichförmigkeit eines Vierzylindermotors dargestellt. Dafür wird das Rohsignal des Drehmoment-Messflansches der Prüfstandsbremse, welches als Spannungssignal vorliegt, in die Indizierung eingespeist und dort kurbelwinkelaufgelöst (1°KW) aufgezeichnet.

Literatur

1. Goldbeck, G.; Gebändigte Kraft. Die Geschichte der Entwicklung des Otto-Motors; Heinz-Moos-Verlag; München; 1965
2. Cavalloni, C., Sommer, R.; PiezoStar® Kristalle Eine neue Dimension in der Sensortechnik; Kistler Instrumente AG, Winterthur CH.
3. Goßlau, D.; Vorausschauende Kühlsystemregelung zur Verringerung des Kraftstoffverbrauches; Dissertation; Shaker Verlag; 2009.
4. Manz, P.-W.; Indiziertechnik an Verbrennungsmotoren; Vorlesungsscript TU Braunschweig; 2015.
5. Dolt, R.; Indizierung in der Motorentwicklung; Verlag Moderne Industrie; München; 2006

Motorenprüfstand 15

Je nach verwendeter Belastungseinrichtung (Bremse) kann in Motorenprüfstände für stationäre oder transiente Messungen unterschieden werden. Dabei versteht man unter stationären Messungen diskrete Betriebspunkte des Motors, die nacheinander angefahren und bis zum Stationärwerden aller Temperaturen, Drücke usw. gehalten werden. Haben sich stationäre Verhältnisse eingestellt, wird der sog. Kennfeldpunkt gemessen. Transiente Messungen umfassen z. B. das Fahren diverser Zyklen, z. B. NEFZ, WLTC, Kundenverbrauchszyklen, Rennstreckensimulationen usw. Für stationäre Messungen reichen oft sehr einfach aufgebaute Prüfstände, für transiente Messungen gibt es bzgl. der Prüfstandsausstattung und –komplexität kaum Grenzen nach oben. Moderne Motorenprüfstände sind mit leistungsfähigen Automatisierungen, Temperatur-, Druck- und Durchflussmesstechnik, Abgasmesstechnik, Indizierung, optischer Diagnostik usw. ausgestattet. Zentrales Steuerungs- und Regelinstrument ist dabei die Automatisierung des Prüfstands, mit deren Hilfe auch Datenablage und –verwaltung, Fernsteuerung und Fernüberwachung, automatisierter Betrieb (24/7), Einbindung von HIL/SIL-Tools neben der Verwaltung und Steuerung der o. a. Messsysteme geschehen. Prüfstände für transiente Messungen werden dynamische Prüfstände genannt. Des Weiteren werden Prüfstände, deren Belastungseinrichtungen in der Lage sind, sehr steile Drehzahlgradienten von $dn/dt \gg 10.000/\text{min/s}$ einzustellen, hochdynamische Prüfstände genannt. Demgegenüber steht der einfachste sinnvolle Prüfstandsaufbau, der die manuelle Messung von Drehmoment und Drehzahl erlaubt.

© Springer Fachmedien Wiesbaden GmbH, ein Teil von Springer Nature 2020
D. Goßlau, *Fahrzeugmesstechnik,* https://doi.org/10.1007/978-3-658-28479-4_15

15.1   Genereller Aufbau

Motorenprüfstände bestehen aus den Subsystemen Belastungseinrichtung, Medien-konditionierung, Messwerterfassung und Prüfstandsautomatisierung, Energieversorgung/ Netzeinspeisung. Die Prüfstandsautomatisierung verwaltet die einzelnen Subsysteme und wird vom Prüfstandsfahrer bedient. Abb. 15.1 zeigt beispielhaft und schematisch den grundsätzlichen Aufbau eines Motorenprüfstands.

Auf die einzelnen Komponenten wird in den folgenden Abschnitten näher ein-gegangen.

15.2   Belastungseinrichtung

Die Belastungseinrichtung, meist nur Bremse genannt, nimmt das vom (Verbrennungs-) Motor bzw. Prüfling abgegebene Drehmoment auf und wandelt diese Energie in elektrischen Strom und Wärme (elektrische Belastungsmaschine) oder kinetische Energie und Wärme (Wasserbremse) oder Wirbelstrom und Wärme (Wirbelstrombremse)

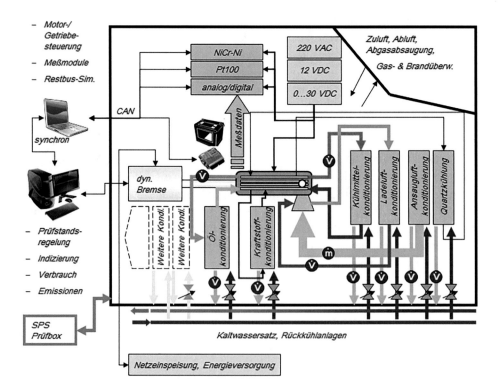

Abb. 15.1 Schema Motorenprüfstand

um. Wasserbremse und Wirbelstrombremse können in beiden Drehrichtungen betrieben werden (Umbaumaßnahmen notwendig) und nur Drehmoment aufnehmen. Damit ist kein Schubbetrieb des Prüflings möglich. Elektrische Belastungsmaschinen können in beiden Drehrichtungen Drehmoment aufnehmen oder abgeben (Vierquadrantenbetrieb), siehe Abb. 15.2, somit kann der Prüfling transient betrieben werden. Belastungseinrichtung und Prüfling sind üblicherweise auf einem vom Prüfraum schwingungsentkoppelten, massiven gemeinsamen Fundament gelagert. Die Schwingungsentkopplung geschieht mittels mehrerer Füße, auf denen das Prüfstandsbett lagert. Diese sind mit einer hochviskosen Flüssigkeit gefüllt, zusätzlich wird oft eine Nivellierung mittels Druckluft hergestellt. Für spezielle Anwendungen, insbesondere die Simulation von Beschleunigungen in Längs- und Querrichtung, ist das Prüfstandsbett in beiden Achsen (Längs- und Querrichtung des Motors) schwenkbar gelagert.

15.2.1 Elektrische Belastungseinrichtung

Hier kommen Synchron- und Asynchronmaschinen zum Einsatz. Im Bremsbetrieb wird das vom Prüfling erzeugte Drehmoment in der Belastungsmaschine in elektrische Energie umgewandelt, die Bremse arbeitet generatorisch. Die erzeugte Wechselspannung ist in ihrer Frequenz drehzahlabhängig und wird am Frequenzumrichter in die Netzfrequenz, in Deutschland und Europa, Australien, weiten Teilen Asiens und Afrikas und einigen südamerikanischen Ländern $f = 50 \pm 0{,}2$ Hz, umgerichtet. Die so generierte elektrische Energie wird in das Stromnetz eingespeist. Im motorischen Betrieb wird der Prüfling geschleppt, befindet sich also im Schub und die Belastungsmaschine treibt im elektromotorischen Betrieb den Prüfling an. Der Leistungspfad kehrt sich damit um.

Die Sollwerte für Drehmoment und Drehzahl werden vom Regler der Prüfstandsautomatisierung vorgegeben. Entsprechend der gewünschten Drehzahl wird die Ausgangs-

Abb. 15.2 Quadranten für Drehmoment- und Drehrichtungssinn

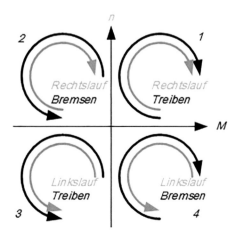

frequenz des Umrichters zur E-Maschine eingestellt. Bei Leistungsabnahme dagegen ist die Netzfrequenz die Regelgröße für den Ausgang des Umrichters.

Das aufzunehmende oder abzugebende Drehmoment der E-Maschine wird durch die Stromstärke geregelt. Da Frequenzumrichter i. A. keine lineare Kennlinie besitzen, müssen E-Maschine und Umrichter bzgl. des Zusammenhanges Drehmoment/Stromstärke kalibriert werden. In Abb. 15.3 ist ein Frequenzumrichter dargestellt.

Synchronmaschinen werden eingesetzt, wenn geringe Drehträgheiten der Belastungsmaschine und dadurch hohe mögliche Drehzahlgradienten (bis $dn/dt = 45.000$/min/s) bei kleiner Baugröße gefragt sind. Synchronmaschinen besitzen als Erreger Dauermagneten, deren Material- und Montagekosten sehr hoch sind. Sie sind somit teurer als vergleichbare Asynchronmaschinen. Synchronmaschinen zeigen keinen Schlupf (daher ihr Name), d. h. sie laufen exakt mit der umrichterseitig eingestellten Frequenz.

Asynchronmaschinen, siehe Abb. 15.4, besitzen statt Dauermagneten Erregerwicklungen. Sie weisen Schlupf auf (beim Treiben voreilend, beim Bremsen nacheilend). Entsprechend hoch sind die Regelungsanforderungen. Gegenüber Synchronmaschinen erzeugen sie außerdem mehr Abwärme. Allerdings sind sie robuster, wartungsärmer, drehzahlfester und preiswerter.

In Abb. 15.5 sind typischer Drehmoment- und Leistungsverlauf einer Asynchronmaschine dargestellt.

15.2.2 Wasserbremsen

Wasserbremsen wandeln das Drehmoment in kinetische Energie. Dabei wird Wasser durch eine Föttinger-Kupplung geleitet, bei der allerdings nur das Pumpenrad dreht und das Turbinenrad stillsteht. Dementsprechend wird im gesamten Kennfeld mit 100 %

Abb. 15.3 Frequenzumrichter

Abb. 15.4 Asynchronmaschine im Motorenprüfstand

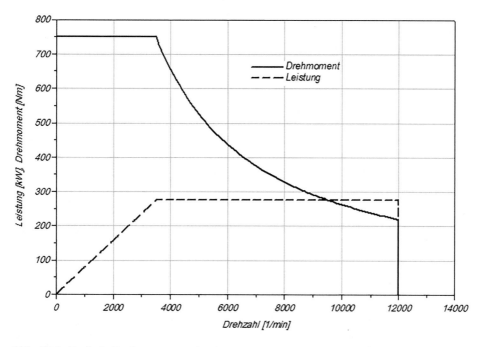

Abb. 15.5 Typische Drehmoment- und Leistunskennlinie Asynchronmaschine

Schlupf gearbeitet und sämtliche kinetische Energie in Wärme gewandelt. Diese Wärme wird über Rückkühlanlagen an die Umgebung oder an andere Wärmeabnehmer, z. B. Konditionieranlagen oder Gebäudeheizungen, abgeführt. Die Regelung des Bremsmomentes erfolgt mittels Füllstandsvariation in der Bremse. Das Drehmoment stützt sich am Turbinenrad, das zwar mit dem Bremsengehäuse drehbar gelagert, aber an der Kraftmessdose verankert ist, ab. Das Prinzip ist in Abb. 15.6 erkennbar.

Wasserbremsen benötigen wenig Bauraum, besitzen also eine hohe Leistungsdichte, vergleiche dazu die elektrische und hydraulische Maschine in Abb. 15.7, sind preiswert, besitzen ein geringes Trägheitsmoment und sind für hohe Drehzahlen und Drehmomente geeignet. Allerdings ist immer eine Wasserkühlung notwendig, was Versuche bei Temperaturen unter 0 °C aufwendiger gestaltet. Des Weiteren ist kein echter Leerlauf möglich, da Luftreibung in der Föttinger-Kupplung und Lagerreibung ein Grunddrehmoment darstellen, das nicht kompensiert werden kann.

Ein Kennfeld ist beispielhaft in Abb. 15.8 dargestellt.

15.2.3 Wirbelstrombremsen

Bei der Wirbelstrombremse übertragen Magnetfelder das Drehmoment von der drehenden Welle auf den Stator, das Bremsengehäuse. Im Stator liegt die Erregerwicklung, die von Gleichstrom durchflossen wird und ein Magnetfeld erzeugt, welches eine, sich mit der Welle drehende, gezahnte Polscheibe durchflutet. Bei der Drehung der Polscheibe (Verzerrung des Magnetfeldes) entstehen Wirbelströme im Stator, die als Drehmoment auf ihn wirken. Der Stator ist drehbar gelagert und wird über eine Kraftmessdose abgestützt.

Diese Wirbelströme, die ein die Polscheibe abbremsendes Magnetfeld zur Folge haben, verwandeln die Nutzleistung in Wärmeleistung. Deshalb muss der Stator mit Wasser gekühlt werden, welches die Wärmeleistung an den angeschlossenen Kühlkreislauf mit Wärmetauscher abgibt.

Abb. 15.6 Prinzip der Drehmomentabstützung einer hydraulischen Bremse

1 *Kraftmessdose*
2 *Lagerbock*
3 *hydraulische Bremse*
4 *Pendelstützen*

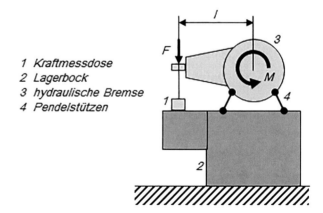

Abb. 15.7 Tandem-Bremse
im Motorenprüfstand
1: Asynchronmaschine
$P_{max} = 130$ kW 2: hydraulische
Bremse $P_{max} = 400$ kW

Der Stator ist drehend in den Stützlagern gelagert, wird jedoch durch die seitlich montierte Kraftmessdose fixiert, sodass sich der Stator nicht drehen kann. Die dort wirkende Kraft ist zusammen mit dem bekannten Hebelarm das Maß für das Drehmoment des Prüflings. Wirbelstrombremsen werden auch in Nutzfahrzeugen als Retarder (Dauerbremsanlagen) eingesetzt.

Der Erregerstrom wird vom Automatisierungssystem vorgegeben, sodass sich verschiedene Momentenkennlinien in Abhängigkeit von der Drehzahl realisieren lassen. Die Wärmeabfuhr erfolgt innerhalb eines geschlossenen Kühlkreislaufes mit Durchflusswächter und Temperaturüberwachung. Der Systemdruck darf den vom Hersteller vorgegebenen Wert nicht übersteigen um Fehler bei der Drehmomentmessung zu vermeiden.

Vor- und Nachteile von Wirbelstrombremsen:

- bauen größer als entsprechende Wasserbremsen
- Bremse muss mit Wasser versorgt und gekühlt werden
- relativ preiswert
- sehr gut elektrisch regelbar
- nur bremsen, kein Schleppbetrieb
- höheres Trägheitsmoment als Wasserbremsen, dementsprechend geringere Dynamik

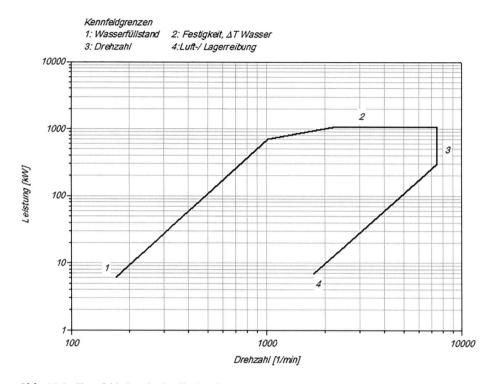

Abb. 15.8   Kennfeld einer hydraulischen Belastungseinrichtung (Wasserbremse)

15.2.4 Regelungsarten Belastungseinrichtung-Verbrennungsmotor

Am Verbrennungsmotor können 2 Parameter variiert werden:

a) Drehzahl n
b) Last, Winkel $= W$ am Fahrpedal/Drosselklappe

Das Motordrehmoment Md ist eine resultierende Größe, die sich je nach Laststellung und Motordrehzahl einstellt, siehe Abb. 15.9.

Hierfür werden Regelungsarten durch das Steuergerät der Bremse zur Verfügung gestellt, um die erforderlichen Daten ermitteln zu können (Tab. 5.1):

Motorseitig kann also nur am Fahrpedal eingegriffen werden, applikative Eingriffe werden hier nicht beachtet. Die Regelung erfolgt durch die Prüfstandsautomatisierung mittels mechanischer oder elektronischer Schnittstelle.

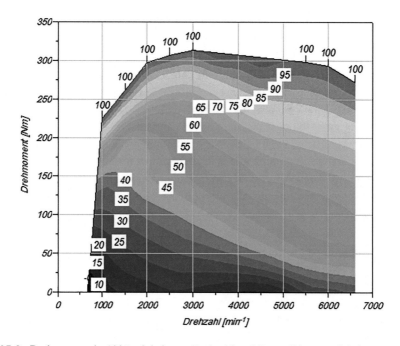

Abb. 15.9 Drehmoment in Abhängigkeit von Drehzahl und Drosselklappenwinkel

Tab. 15.1 Regelarten für Belastungseinrichtung-Verbrennungsmotor

Regelart	Motor	Belastungseinrichtung	Resultierende Größe
W/n	W	hält Drehzahl konstant	Drehmoment Md
Md/n	Md	hält Drehzahl konstant	Winkel am Fahrhebelsteller
n/Md	n	hält Md an der Bremse	Winkel am Fahrhebelsteller
W/Md	W	hält Md an der Bremse	n, Drehzahlerhöhung bzw.-verringerung, bis Arbeitspunkt erreicht ist, Achtung: bei unbekanntem Motorverhalten oder falscher Parametrierung kann es zum Abwürgen oder Überdrehen kommen
W/Md = 0	W = 0	Md = 0	Leerlaufregelart, nur bei elektrischen Bremsen, Kompensation der Massenträgheit und Reibung
Freie Größe	W	n oder Md	z. B. Kennfelderstellung in Abhängigkeit vom Abgasgegendruck, Ladedruck usw.
W/Straßenlast	W	n/Md nach Simulation	Nachstellen eines realen Fahrprofils

15.3 Fahrhebelsteller

mechanisch:

Der Fahrhebelsteller ersetzt in diesem Fall den „Gasfuß" des Fahrers. Er besteht aus einem Stellmotor (meist Schrittmotor), der mittels Getriebe einen Schlitten in lineare Bewegung versetzt. Mit diesem Schlitten wird mittels Bowdenzug oder Gestänge die Lastbeeinflussung des Motors (Einspritzpumpe, Fahrpedal, E-Gas, Drosselklappe) verbunden und kann somit durch den Fahrhebelsteller betätigt werden (Abb. 15.10).

Die Ansteuerung erfolgt durch die Prüfstandsautomatisierung oder manuell. Des Weiteren ist direkter Kontakt mit dem Motorsteuergerät möglich. Hier wird das Signal der Prüfstandsautomatisierung entweder direkt in das Motorsteuergerät gegeben (die entsprechende Variable für den Laststeller wird beeinflusst) oder an die Schnittstelle des Fahrpedalpotentiometers.

15.4 Prüfstandsautomatisierung

Die Prüfstandsautomatisierung dient als Mensch-Maschine-Schnittstelle zwischen Operator (Prüfstandsfahrer), Prüfstand und Prüfling. Je nach Automatisierungsgrad reicht der Funktionsumfang vom reinen Ansprechen der Belastungseinrichtung und des Prüflings bis zum Regeln und Verwalten aller Komponenten und Subsysteme inkl. der Einbindung externer Echtzeit-Modelle.

Aufgaben:

- Last- und Drehzahlregelung, Zyklengenerierung
- Messwertaufnahme, Visualisierung, Aufzeichnung, Berechnung und Speicherung

Abb. 15.10 Fahrhebelsteller im Vordergrung, ebenfalls erkennbar ist der Bowdenzug zum Hebel des Fahrpedalsensors

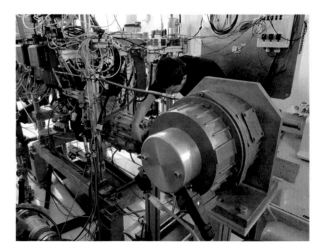

- Datenablage und –verwaltung
- Grenzwertüberwachung und Notabschaltung
- post mortem Funktion
- Regelung und Einbindung von externen Geräten: Konditionieranlagen, Abgasmessanlage, Indizierung, Aktoren, Luftmassenmessgerät, Blow By Messgerät, Standardmesstechnik
- Kommunikation mit dem Motor- und weiteren Prüflingssteuergeräten
- Kommunikation mit der Infrastruktur (Feuer-/Gasmelder, Kraftstoffvorrat, Abgasabsaugung, Raumklimatisierung/-konditionierung, Frischluftzufuhr, …)
- Restbussimulation (um die vom nicht vorhandenen Fahrzeug erwarteten Daten zu simulieren)
- automatisches Fahren vorher definierter Versuchsprogramme nach vorgegebenen Kriterien/Schwellwerten
- Einbindung und Kommunikation externer Simulationsmodelle (z. B. Längsdynamikmodelle, DoE)
- Fernüberwachung, Fernwartung

Aktuelle Automatisierungen sind modular aufgebaut und erlauben schrittweise Erweiterungen der Funktionsumfänge. Wie schon bei der Indizierung in Abschn. 14.2.4 erwähnt, ist auch die Funktionalität der Automatisierung ein wesentliches Qualitätsmerkmal eines Motorenprüfstandes. Die Benutzeroberfläche lässt sich üblicherweise frei mit definierten, grafischen Bausteinen gestalten.

15.5 Medienkonditionierung

Zu konditionierende Medien sind üblicherweise: Motorkühlmittel, Motoröl, Getriebeöl, Ladeluft, Ansaugluft und Kraftstoff. Die dafür eingesetzten Konditionieranlagen haben die Aufgabe, die Medientemperaturen auf gewünschte Werte einzustellen. Im einfachsten Fall muss nur gekühlt werden, dafür genügt ein Wärmetauscher mit Anschluss an den Kaltwassersatz der Gebäudeinfrastruktur. Die gewünschte Temperatur dient als Führungsgröße für einen Stellmotor, der ein Durchflussregelventil auf der Kaltwasserseite betätigt. Wird Heizen und Kühlen benötigt, kann das z. B. mittels Mischwärmetauscher oder Dreiwegeventil geschehen, siehe Schemata in Abb. 15.11.

15.6 Gebäude-Infrastruktur

Aufbau und Infrastruktur von Prüfstandsgebäuden sind je nach Anwendungsfall sehr unterschiedlich, allerdings existieren einige, in der folgenden Liste aufgeführte, grundlegende Anforderungen:

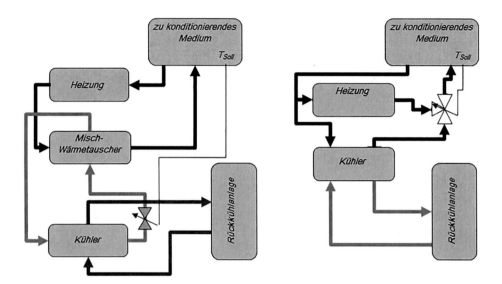

Abb. 15.11 Schemata für Medienkonditionierung links: mittels Mischwärmetauscher und Drosselventil, rechts: mittels Dreiwegeventil

- Versorgung mit elektrischer Energie und Netzeinkopplung, oft im MW-Bereich
- Zufuhr von Frischluft und Abfuhr von Abluft, oft temperaturkonditioniert, teils feuchtekonditioniert
- Abfuhr von Abgas
- Auskopplung der Wärme von Verbrennungsmotoren, Konditionieranlagen, Hilfs-aggregaten, Messsystemen, Belastungseinrichtungen, oft im MW-Bereich
- Telefon- und Netzkommunikation
- Bereitstellung von Kraftstoffen
- Bereitstellung von Mess- und Kalibriergasen für Abgasanalysatoren
- Sicherheitsanlagen; Gaswarnsysteme mindestens für explosive Gase und Kohlenstoff-monoxid, Rauchmelder, Flammendetektoren, automatische Löschanlagen, Brand-meldesystem und Löschkonzept für die örtliche Feuerwehr
- Raumklimatisierung, Prüfstandskonditionierung
- Hebe- und Rangiereinrichtungen für Motoren, Palettensysteme
- Abfall- und Sondermüllentsorgungskonzept
- Zugangskonzept zur Gewährleistung der Geheimhaltung

Generell muss die vom Prüfling, dem Motor, bereitgestellte mechanische und thermische Energie an die Umwelt ausgekoppelt werden. Das geschieht je nach Typ der Belastungs-einrichtung in Form von elektrischer Energie und Wärme (elektrische Bremse) oder nur als Wärme. Dementsprechend verfügen Prüfstandsgebäude über Wärmetauscher, die die Wärme an die Umgebungsluft und optional an Konditionieranlagen, Gebäudeheizungen usw. abgeben.

Abb. 15.12 Zu- und
Abluftanlagen und Rückkühler
(P = 1,2 MW) auf dem Dach
eines Prüfstandsgebäudes

Des Weiteren benötigt der Prüfstandsraum Zu- und Abführung von Luft, einerseits um dem Verbrennungsmotor die zur Verbrennung benötigte Luft zuzuführen und andererseits, um den Oberflächenwärmestrom des Motors und der Abgasanlage an die Umgebung auszukoppeln. Als Beispiel für die Größenordnung: ein nichtaufgeladener Ottomotor mit einem Hubraum von drei Litern benötigt bei Volllast und Nenndrehzahl einen Luftmassenstrom von etwa 600 kg/h. Wünschenswert ist die Konditionierung der Ansaugluft bzgl. Temperatur und relativer Feuchte. Üblich sind Konditionierungstemperaturen zwischen −20 und +40 °C. Demnach werden weitere Wärmetauscher sowie Kälteanlagen notwendig. Abb. 15.12 zeigt die Zu- und Abluftanlagen und die Rückkühlanlagen auf dem Dach eines Prüfstandsgebäudes.

Wärmeträgermedium in den Rückkühlanlagen ist ein frostsicheres Wasser-Glykolgemisch, das von den zentralen Wärmetauschern mittels Vor- und Rücklaufleitung, siehe Abb. 15.13, jedem Prüfstand zu- und von dort wieder abgeführt wird. Die Wärmeauskopplung an die Umgebung geschieht mittels Flüssigkeits-Luft-Wärmetauschern. Ergänzend kann ein weiterer Kühlkreislauf mit Kälteanlagen versehen werden, der in den Prüfständen Kaltwasser mit Temperaturen von etwa 6 bis 12 °C bereitstellt. Diese Anlagen weisen meist geringere Leistungsdaten als die Hauptkühlanlagen auf.

Das vom Verbrennungsmotor emittierte Abgas wird im Prüfstand abgesaugt und zentral an einem Abgasschlot an die Umgebung abgegeben.

Kraftstoffe werden üblicherweise zentral in großen Tanks (teilweise mehrere 10.000 L je Sorte) gelagert und von dort sog. Tagestanks zugeführt, welche automatisch nachgefüllt werden.

Kalibrier- und Messgase können direkt an den Abgasmessanlagen oder zentral bereitgestellt werden. letzteres bietet sich an, wenn mehrere Prüfstände vorhanden sind. Die Gase werden dann vom zentralen Lager zu jedem infrage kommenden Prüfstand geleitet.

Abb. 15.13 Zentrale
Kühlwasserverteilung im
Prüfstandsgebäude

Tab. 15.2 Kurzübersicht Bussysteme und Schnittstellen

Schnittstellen-/Bustyp	Beschreibung	Geräte
CAN-Bus	Controller Area Network, Standardbus im automobilen Bereich	Motorsteuergerät, Getriebe-steuergerät, Messmodule, smarte Sensoren
Flex Ray	Standardbus im automobilen Bereich, schneller als CAN	Fahrwerkssteuergeräte
LIN	Local Interconnect Network, geringere Bandbreite als CAN	Verbindung/Ansteuerung von Aktoren, z. B. elektrische Kühl-mittelpumpe, Türmodul (Zentral-verriegelung, Fensterheber, Spiegeleinstellung)
AK-Protokoll	AK = Arbeitskreis (der Automobil-industrie)	Master-Slave-Verbindung, z. B. für die Ansteuerung von Mess-geräten

15.7 Schnittstellen

Zur Kommunikation zwischen der Prüfstandsautomatisierung und den Subsystemen, Messgeräten, den Prüflingssteuergeräten und weiteren Rechnern werden neben den Standardschnittstellen (RS232, FireWire, USB, D-SUB, TCP/IP) anwendungsspezifische Schnittstellen eingesetzt, siehe Kurzübersicht in Tab. 15.2.

Detailliertere Erläuterungen finden sich u. a. in [1, 2] und [3].

Literatur

1. Zimmermann, W., Schmidgall, R.; Bussysteme in der Fahrzeugtechnik; Springer Vieweg; Wiesbaden; 2014
2. Paulweber, M., Lebert, K.; Mess- und Prüfstandstechnik; Springer Vieweg; 2014
3. Reif, K.; Automobilelektronik; Springer Vieweg; Wiesbaden; 2014

Rollenprüfstand

16

Auf Rollenprüfständen können die Längskräfte der Straßenfahrt simuliert werden. Das dient zur Applikation und Zertifizierung von gesetzlich vorgeschriebenen Abgaszyklen, zur Leistungsmessung, zur Simulation von Höhenfahrten, zur Dauerlaufuntersuchung, für NVH- und EMV[1]-Untersuchungen und seit einigen Jahren auch zur Applikation der Klimatisierung, Kühlung, Vereisung, Schneebewurf und Regenfahrt, wenn der Rollenprüfstand Teil eines Klimawindkanals ist.

16.1 Theorie

An dieser Stelle werden Abgas-Rollenprüfstände dargestellt. Reine Leistungsprüfstände ohne Zyklenfunktion und Abgasanalyse spielen in der Fahrzeugentwicklung eine untergeordnete Rolle, Leistungsmessungen sind natürlich mit Abgasrollen ebenfalls möglich und werden auch in der Entwicklung durchgeführt. Abb. 16.1 zeigt den generellen Aufbau eines Einachs-Scheitelrollenprüfstands schematisch. Für Fahrzeuge mit Allradantrieb werden Zweiachs-Rollenprüfstände verwendet.

Abgasrollenprüfstände sind nahezu ausschließlich in klimatisierbaren Räumen untergebracht, um die gesetzlichen Anforderungen bzgl. der Raum- bzw. Umgebungslufttemperatur für Abgaszyklen zu erfüllen.

Rollenprüfstände können generell nur Kräfte in Fahrzeuglängsrichtung (x-Richtung des Fahrzeug-Koordinatensystems) und keine Querkräfte (y-Richtung) abbilden. Die Kräfte in z-Richtung werden an der angetriebenen Achse, die sich auf der Rolle befindet, abgebildet und für die nicht angetriebene Achse simuliert.

---

[1]NVH: Noise Vibration Harshness, EMV: ElektroMagnetische Verträglichkeit.

© Springer Fachmedien Wiesbaden GmbH, ein Teil von Springer Nature 2020
D. Goßlau, *Fahrzeugmesstechnik,* https://doi.org/10.1007/978-3-658-28479-4_16

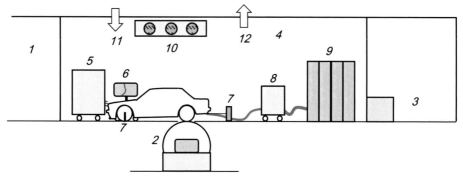

1   Fahrzeugvorbereitung, ggfs. konditioniert -20…+40°C, Hebebühne
2   Einachs-Scheitelrolle mit elektr. Belastungseinrichtung, Scheibenbremse
3   Messwarte, Zentralrechner für Ansteuerung Rolle, Abgasmessung, weitere
    Geräte, Arbeitsplatz Operator
4   konditionierter Rollenraum, -20…+40°C, Feuchtekonditionierung, Simulation
    solarer Einstrahlung
5   Fahrtwindgebläse, geschwindigkeitsproportional
6   Fahrerleitgerät
7   Fahrzeugfesselung
8   Verdünnungstunnel
9   CVS-Anlage mit Analysatoren, ggfs. Partikelzähler, FTIR
10 Verdampfer und Ventilatoren zur Klimatisierung
11 Zuluft
12 Abluft

Abb. 16.1 Schema eines Einachs-Scheitelrollenprüfstands

16.1.1 Abbildung von Straßenlasten auf der Rolle

Um Antriebs- und Bremskräfte auf der Rolle einstellen zu können, müssen die auf das Fahrzeug bezogenen einzelnen vier Anteile aus den Fahrwiderständen bekannt sein, siehe Abb. 16.2.

Die Fahrwiderstände Luftwiderstand F_L, Steigungswiderstand F_{St}, Beschleunigungswiderstand F_B und die Radwiderstände $F_{Rv,h}$ ergeben sich aus Gl. 16.1 bis Gl. 16.4, alle in den folgenden Gleichungen benutzten Formelzeichen sind übersichtlich in Tab. 16.1 dargestellt.

$$F_L = c_W A \, 0{,}5 \rho_L v^2 \tag{16.1}$$

$$F_{St} = mg \sin \alpha \tag{16.2}$$

$$F_B = m\ddot{x}e \tag{16.3}$$

$$F_R = F_{Rv} + F_{Rh} = (F_{zv} + F_{zh})f_R. \tag{16.4}$$

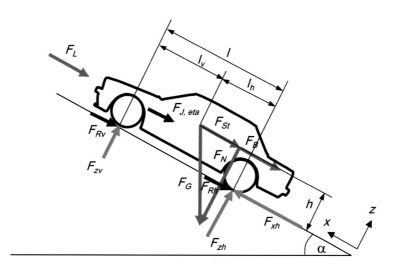

Abb. 16.2 Kräfte am Fahrzeug in der Längsdynamik

Tab. 16.1 Formelzeichen

Zeichen	Bedeutung	Zeichen	Bedeutung	Zeichen	Bedeutung
F_L	Luftwiderstand	c_W	Luftwiderstands-beiwert	Θ	Drehträgheit
F_{St}	Steigungs-widerstand (Hangabtriebskraft)	A	Querspantfläche	r	Radius
F_B	Beschleunigungs-widerstand	ρ_L	Luftdichte	f_R	Rollwiderstands-beiwert
F_R	Radwiderstand	v	Geschwindigkeit	l	Radstand
F_{zv}	Achslast vorn	m	Fahrzeugmasse	l_v	Schwerpunktrück-lage
F_{zh}	Achslast hinten	g	Fallbeschleunigung	l_h	Schwerpunktvor-lage
F_G	Gewichtskraft	α	Steigungswinkel	h	Schwerpunkthöhe
F_N	Normalkraft	$\ddot{x}$	Längs-beschleunigung	η_G	Wirkungsgrad Getriebe
M	Drehmoment	$\ddot{\varphi}$	Dreh-beschleunigung	η_{AG}	Wirkungsgrad Achsgetriebe

Die aus den Drehbeschleunigungswiderständen aller sich drehenden Teile resultierende Kraft F_J wird auf die Antriebsachse bezogen und schlägt sich in Gl. 16.3 als Drehmassenzuschlagsfaktor e nieder. Die Massenträgheit eines drehbeschleunigten Bauteils wirkt der Drehbeschleunigung mit einem Drehmoment anhand Gl. 16.5 entgegen.

$$M = \Theta \, \ddot{\varphi}. \tag{16.5}$$

Um diesen Drehbeschleunigungswiderstand in einen translatorischen Beschleunigungs-widerstand zu transformieren, wird die Winkelbeschleunigung mithilfe des wirksamen Radius' der Drehmasse in eine Längsbeschleunigung umgerechnet, Gl. 16.6

$$v = \dot{x} = \dot{\varphi} \, r. \tag{16.6}$$

Aus Gl. 16.6 ergibt sich für die Winkelbeschleunigung Gl. 16.7.

$$\ddot{\varphi} = \frac{\ddot{x}}{r} \tag{16.7}$$

Das Drehmoment M aus Gl. 16.5 lässt sich mithilfe des wirksamen Radius' als Kraft formulieren, Gl. 16.8.

$$F_{rot} = \frac{M}{r} \tag{16.8}$$

Diese Kraft lässt sich mit Gl. 16.7 in Abhängigkeit von der Winkelbeschleunigung in Gl. 16.9 ausdrücken.

$$F_{rot} = \frac{\Theta \ddot{x}}{r^2} \tag{16.9}$$

Der gesamte Beschleunigungswiderstand ist die Summe aus rotatorischem und trans-latorischem Anteil und führt zum Ausdruck in Gl. 16.10.

$$F_B = F_{rot} + F_{trans} = \frac{\Theta \ddot{x}}{r^2} + m\ddot{x} = \left(\frac{\Theta}{r^2 m} + 1 \right) m\ddot{x}. \tag{16.10}$$

Damit ist der Drehmassenzuschlagfaktor e definiert, Gl. 16.11.

$$e = \left(\frac{\Theta}{r^2 m} + 1 \right). \tag{16.11}$$

Die in Abb. 16.2 in $F_{J, \, eta}$ enthaltenen Verluste im Antriebsstrang werden üblicherweise durch Wirkungsgrade des Getriebes η_G und des Achsgetriebes η_{AG} berücksichtigt, sind allerdings auf der Straße oder der Rolle nicht trivial herleitbar. Allerdings kann man diese Verluste aus dem Vergleich von Beschleunigungs- und Ausrollsequenzen auf dem Rollenprüfstand bestimmen, was üblicherweise für die Aufnahme von Vollastkurven durchgeführt wird.

Die statischen Achslasten des Fahrzeugs ergeben sich aus dem Kräftegleichgewicht in z-Richtung aus Abb. 16.2 zu Gl. 16.12.

$$\sum F_z = 0 = F_{zv} + F_{zh} - F_N = F_{zv} + F_{zh} - mg\cos\alpha \tag{16.12}$$

Die beiden einzelnen Achslasten $F_{zv,h}$ erhält man durch das Momentengleichgewicht um den Radaufstandspunkt der jeweils gegenüberliegenden Achse $_{v,h}$ in Gl. 16.13 für die Hinterachse und in Gl. 16.14 für die Vorderachse.

$$\sum^{v} M = 0 = F_{zh}l - mg\cos\alpha \cdot l_v - m\ddot{x}eh - mg\sin\alpha \cdot h \qquad (16.13)$$

$$\sum^{h} M = 0 = -F_{zv}l + mg\cos\alpha \cdot l_h - m\ddot{x}eh - mg\sin\alpha \cdot h \qquad (16.14)$$

Der Luftwiderstand F_L wird dabei nicht als Vektor, sondern als Flächenlast angenommen und bewirkt kein Moment. Die aus der Beschleunigungskraft F_B und der Hangabtriebskraft F_{St} resultierenden dynamischen Achslastverlagerungen stellen sich auf der Rolle nicht ein.

Auf dem Rollenprüfstand ergibt sich noch die unbekannte Kraft aus den Verlusten zwischen Fahrzeugrädern und Rolle, die im Wesentlichen aus Schlupf und Reibung resultieren. Außerdem besitzen alle drehenden Teile der Rolle Drehträgheiten (Schwungmassen) und natürlich ist Lagerreibung vorhanden. Beides muss kompensiert werden.

Für das Übertragen der Straßenlast auf die Rolle gilt:

1. Die Fahrwiderstände der realen Fahrt müssen von der Rolle abgebildet werden. Diese Fahrwiderstände lassen sich aus den Fahrzeugdaten berechnen und im Rollenrechner programmieren. Üblicherweise reicht dazu der Geschwindigkeits-Zeit-Verlauf eines Ausrollversuches (coast down) aus, wenn die restlichen fahrzeugabhängigen Größen parametriert wurden.
2. Die Drehträgheiten der Rolle müssen bekannt sein und kompensiert werden. Bei freiem Drehen der Rolle ohne Fahrzeug muss die ausgegebene Brems-/Antriebskraft NULL sein. In diesen Drehträgheiten sind auch Reibungsverluste (z. B. aus der Lagerreibung) der Rolle enthalten. Die Summe aus rolleninternen Verlusten und Drehwiderständen kann sich also ändern und muss deshalb ständig abgeglichen werden. Vor Versuchsdurchführung ist die Rolle demnach warmzufahren, um die Lagerreibung auf stationäre Verhältnisse zu bringen.
3. Die Verluste zwischen Rolle und Fahrzeugrädern sind unbekannt, müssen aber berücksichtigt werden. Für die Ermittlung dieser Verluste werden ebenfalls Ausrollversuche (coast down) benutzt.

In der obigen Aufzählung ist zwischen Ausrollen (coast down) auf der Straße und Ausrollen auf der Rolle zu unterscheiden. Auf der Straße werden die fahrzeugspezifischen Parameter ermittelt, auf der Rolle wird der Prüfstand mittels der Straßendaten im Ausrollversuch parametriert, um die Einflüsse der Drehträgheiten und Lagerreibung der Rolle sowie systematische, nicht bekannte Effekte; z. B. radlast- und achslastabhängiger Schlupf; zu kompensieren.

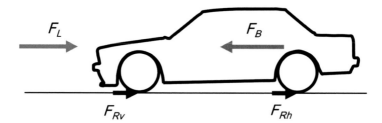

Abb. 16.3   Kräftegleichgewicht beim Ausrollversuch

16.1.2 Ausrollversuche – coast down

Die Daten aus Ausrollversuchen können für die fahrzeugabhängige Rollenpara-
metrierung und für die Ermittlung von Rollwiderstand und Luftwiderstand des Fahrzeuges benutzt werden. Ausrollversuche sind gesetzlich genormt, wenn die Ergebnisse
für Zyklen auf der Rolle zur Ermittlung des Kraftstoffverbrauches und der Abgasemissionen benutzt werden sollen. Generell wird das Fahrzeug beim Ausrollversuch
auf eine bestimmte Geschwindigkeit beschleunigt (je höher die Geschwindigkeit, desto
besser sind die Ergebnisse). Anschließend wird bei Fahrzeugen mit Automatikgetriebe
auf N geschaltet, bei Fahrzeugen mit Handschaltung der Leerlauf eingelegt. Das Fahrzeug rollt nun aus bis zum Stillstand, der Verlauf der Geschwindigkeit über der Zeit
wird aufgezeichnet. Anschließend wird der Versuch in Gegenrichtung gefahren. Beide
Richtungen werden mehrmals wiederholt. Das dient zur Minimierung der Windeinflüsse
und evtl. vorhandener, minimaler Gefälle/Steigungen.

16.1.2.1 Ermittlung von Roll- und Luftwiderstandsbeiwert durch
Ausrollen
Beim Ausrollen (mit vom Antriebsstrang getrenntem Motor) herrscht Kräftegleich-
gewicht zwischen der Massenträgheit des Fahrzeuges und den Drehträgheiten und
Verlusten im Antriebsstrang einerseits und der Summe aus Rad- und Luftwiderstand
andererseits, siehe Abb. 16.3. Die Drehträgheiten (Räder, Bremsscheiben/-Trommeln,
Antriebswellen, Lager, Zahnräder im Differential, Kardanwelle, Getriebewellen und
Zahnräder) und die Reibungsverluste sind in der Beschleunigungskraft enthalten.

Das Kräftegleichgewicht ergibt sich zu Gl. 16.15.

$$F_B = F_L + F_R \tag{16.15}$$

Mit den Herleitungen aus Abschn. 16.1.1 kann Gl. 16.15 zu Gl. 16.16 ausformuliert
werden.

$$m\ddot{x}e = c_W A 0{,}5 \rho_L v^2 + f_R m g \tag{16.16}$$

Für die Beschleunigung ergibt sich dann Gl. 16.17.

Abb. 16.4 Messwerte aus Ausrollversuch und Ausgleichsgerade

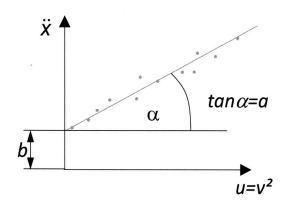

$$\ddot{x} = \frac{c_W A 0{,}5 \rho_L}{me} v^2 + \frac{f_R g}{e} \tag{16.17}$$

Wird v^2 durch u substituiert, kann als Geradengleichung geschrieben werden.

$$\ddot{x}(u) = au + b \text{ mit} : a = \frac{c_W A 0{,}5 \rho_L}{me} \text{ und } b = \frac{f_R g}{e} \tag{16.18}$$

Trägt man die zu einer bestimmten Geschwindigkeitsänderung des Ausrollversuches gehörende Beschleunigung über dem Quadrat der Mittleren der Differenzgeschwindigkeiten auf, erhält man die Darstellung in Abb. 16.4.

Sind zwei Punkte der Ausgleichsgeraden der Messwerte in Abb. 16.4 bekannt, können die Geradengleichung und damit der Koeffizient a und der Nullpunktabstand b berechnet werden. Aus diesen ergeben sich Luftwiderstandsbeiwert c_W und Rollwiderstandsbeiwert f_R. Anzumerken ist, dass der Rollwiderstandsbeiwert nur im niedrigen Geschwindigkeitsbereich proportional zur Fahrzeugmasse bzw. achsweise zur Achslast ist. Bei hohen Geschwindigkeiten, typisch im Bereich um die zulässige Höchstgeschwindigkeit des Reifens, steigt der Rollwiderstand stark an.

16.1.2.2 Rollenparametrierung (coast down)

Um ein Fahrzeug auf der Rolle parametrieren zu können, müssen die Ausrollzeiten des Straßenversuchs bekannt sein. Die sich aus diesen ergebenden Faktoren (Konstante, linear von der Geschwindigkeit abhängig, quadratisch von der Geschwindigkeit abhängig) werden dem Rollenrechner mitgeteilt. Anschließend wird das Fahrzeug auf der Rolle motorisch (also durch die Rolle) auf eine bestimmte Geschwindigkeit (üblicherweise 140 km/h) beschleunigt und anschließend ausrollen gelassen. Hierbei befindet sich das Fahrzeug in derselben Konfiguration wie beim Ausrollversuch auf der Straße (Getriebe in Neutralstellung, Motor läuft).

Das Ausrollen wird mehrmals wiederholt, dabei passt die Rolle ihre Schwungmassenkompensation solange an, bis gegenüber den Ausrollwerten aus dem Straßenversuch nur noch ein sehr geringer Fehler (0…1 %) vorhanden ist.

Sowohl die Anzahl der Wiederholungen als auch die Fehlerschwelle können programmiert werden, sodass der Rollenrechner den coast down automatisch durchführt.

Damit sind die Verluste zwischen Rolle und Fahrzeugrädern sowie die Schwungmasse der Rolle kompensiert.

Dennoch treten im Vergleich zur realen Fahrt auf der Straße Fehler auf, die systembedingt sind.

Die bereits in Abschn. 16.1.1 erwähnte, nicht stattfindende Abbildung der dynamischen Achslastverlagerung auf der Rolle führt zu anderem Reifenschlupf als auf der Straße. Dieser wird zwar im coast down für den dabei stattfindenden Ausrollvorgang kompensiert, ist allerdings wegen der bei Beschleunigung/Verzögerung starken Änderungen der Achslasten nicht für alle Fahrzustände repräsentativ. Im coast down ist die Verzögerung sehr gering, damit auch die dynamische Achslastverlagerung. Je stärker also Beschleunigungen/Verzögerungen auf der Rolle sind, desto größer oder geringer, je nach Lage der angetriebenen Achse, wird der Reifenschlupf und damit der nicht berücksichtigte Verlust aus diesem. Die gleiche Aussage gilt sinngemäß für die Achslastverlagerungen bei Steigungs/Gefällefahrt, die auf der Straße stattfinden, auf der Rolle jedoch nicht.

Die Luftwiderstandskraft führt bei realer Fahrt ebenfalls zu Achslaständerungen, üblicherweise (außer bei diversen sportlichen Fahrzeugen) wird an beiden Achsen Auftrieb erzeugt. Dadurch verringern sich die Achslasten und der Schlupf zwischen Reifen und Fahrbahn ist auf der Straße größer als auf der Rolle.

Der Reifenlatsch (die Reifenaufstandsfläche) ist auf der üblicherweise ebenen Fahrbahn deutlich größer als in der kleinen Kontaktzone zwischen Reifen und Rolle. Um den Reifen nicht schnell zu zerstören und um ähnliche Schlupfverhältnisse und Rollwiderstände wie auf der Straße herzustellen, werden die Räder bei Rollenversuchen mit deutlich höherem Luftdruck versehen als bei Straßenfahrt. Dies wird ebenfalls durch den coast down parametriert, allerdings nur für den dort durchfahrenen Geschwindigkeitsund Beschleunigungsbereich.

Der Drehmassenzuschlagsfaktor e ist abhängig vom eingelegten Gang, da das der Drehbeschleunigung entgegenwirkende Massenträgheitsmoment durch die Getriebeübersetzung direkt verändert wird. Beim Beschleunigen auf der Rolle spielt diese Tatsache für den Schlupf keine Rolle, da das zum Überwinden der Drehträgheiten notwendige Drehmoment vom Motor geliefert wird. Allerdings stellt sich im Schub je nach eingelegtem Gang und geforderter Verzögerung ein unterschiedliches Drehwiderstandsmoment ein, das direkt den Schlupf beeinflusst. Da der Schlupf nicht erfasst wird, stellt er eine Fehlerquelle dar.

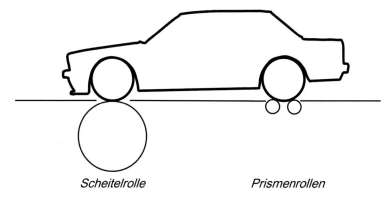

Scheitelrolle   Prismenrollen

Abb. 16.5 Schema Scheitelrolle und Prismenrollen

16.2   Belastungseinrichtung und Rolle

Die Belastungseinrichtung ist analog zu elektrischen Bremsen an Motorenprüfständen aufgebaut und treibt die Rolle, auf der sich die Antriebsachse des Fahrzeuges befindet, an oder bremst diese. Direkt auf der Welle befindet sich zusätzlich eine Scheibenbremse, um die Rolle blockieren bzw. Notstops durchführen zu können.

Zur Kraftübertragung zwischen Fahrzeugrädern und Belastungseinrichtung werden Scheitelrollen (eine Rolle je Rad) oder Prismenrollen (zwei Rollen je Rad) eingesetzt, siehe Abb. 16.5. Bei Prismenanordnung ist ein Getriebe zwischen Belastungseinrichtung und Rollen notwendig.

Generell ist der Reifenlatsch auf der Rolle kleiner als auf der realen Straße, er nähert sich punktförmiger Belastung. Die Walkarbeit des Reifens ist also bei gleicher Radlast und gleichem Reifenluftdruck größer als auf der Straße. Das wird durch höheren Reifenluftdruck kompensiert. Trotzdem werden Reifen auf der Rolle stärker mechanisch belastet als auf der Straße und werden deshalb nach Rollenversuchen nicht mehr im öfftl. Verkehr benutzt (in der tägl. Praxis werden die „Rollenräder" oft farblich markiert). Bei Prismenrollen ist die Belastung wegen der zwei Kraftübertragungsflächen meist kleiner als bei Scheitelrollen, allerdings kann bei genügend großem Durchmesser der Scheitelrolle ebenfalls die Belastung stark verringert werden. Ein Vorteil der Prismenanordnung ist die Selbstzentrierung des Rades zwischen den Prismenrollen. Bei Scheitelrollen ist dafür eine separate Zentriereinrichtung notwendig. Abb. 16.6 zeigt die Antriebsachse auf einer Scheitelrolle.

16.3   Fahrzeugfixierung

Die Fixierung verhindert, dass das Fahrzeug von der Rolle springt. Die nicht angetriebene Achse wird starr fixiert, z. B. mittels Einspannen der Räder. Dadurch ist das Fahrzeug in x-Richtung fixiert.

Abb. 16.6 Antriebsachse auf Einachs-Scheitelrolle

An der Antriebsseite wird das Fahrzeug seitlich (in y-Richtung) fixiert. Das kann z. B. durch Spanngurte, die in die Abschleppöse eingehängt werden, geschehen, siehe Abb. 16.7. Weitere Möglichkeiten sind Gestänge, die ebenfalls in die Abschleppöse oder direkt an den Rädern angekoppelt werden. Letztere Variante ist wegen der notwendigen Lager zwischen Radflansch und Fixiervorrichtung teuer, aber im Prüfstandsbetrieb sehr schnell montierbar und insbesondere bei hohen Geschwindigkeiten sicherer. Für die Messung der Zugkraft ist die Fesselung des Fahrzeugs mittels Kraftmessdose an einem massiven Gestänge möglich.

16.4   Fahrerleitgerät, Fahrtwindgebläse, Operator

Für das Fahren vorgegebener Geschwindigkeitsverläufe (Zyklen) benötigt der Fahrer Informationen über den einzustellenden Wert. Diese erhält er vom Fahrerleitgerät, Abb. 16.8, das einen Bildschirm mit Abbildung des Geschwindigkeitsverlaufes über der Zeit darstellt. Zusätzlich werden weitere Informationen dargestellt, z. B. Schalthinweise für die Gangwahl, Ein-/Auskuppelzeitpunkte, Motorstart-/stop-Anweisungen, Zyklenstart und –ende.

Die vom Fahrzeug benötigte Kühlluft wird von einem Fahrtwindgebläse, Abb. 16.9, bereitgestellt. Der Luftmassenstrom wird vom Rollenrechner mittels Ansteuerung eines Frequenzumrichters der Geschwindigkeit angepasst. Das Fahrtwindgebläse ist in der Höhe so justierbar, dass es an die Kühlluftöffnungen des Fahrzeugs angepasst werden kann.

Abb. 16.7 Fahrzeugfixierung auf einer Einachs-Scheitelrolle

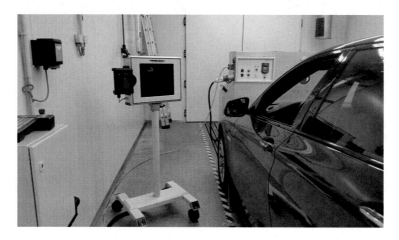

Abb. 16.8 Fahrerleitgerät

Der Rollenprüfstand mit seinen Subsystemen, u. a. auch die CVS-Anlage, wird vom Operator bedient. Dazu steht ihm eine Prüfstandsautomatisierung, die sowohl die Rolle als auch Abgasmessanlagen, Fahrtwindgebläse und weitere Komponenten verwaltet, zur Verfügung. Aufgaben des Operators sind hauptsächlich die Rollen- und CVS-Parametrierung für das jeweilige Fahrzeug im jeweiligen Zyklus, Überwachung des Versuchs und Datenkonvertierung, -ablage und –verwaltung. Die Kommunikation zwischen Fahrer im Fahrzeug und Operator geschieht z. B. mittels Handsprechfunkgerät. Abb. 16.10 zeigt den Arbeitsplatz eines Rollenoperators, auf dem linken Bildschirm ist

Abb. 16.9 Fahrtwindgebläse
für Zyklenmessungen

Abb. 16.10 Arbeitsplatz Rollenoperator

der Beginn der Fahrkurve zu erkennen. In der gleichen Form wird die Fahrkurve auf dem
Fahrerleitgerät dargestellt.

16.5   Zyklen

In der Fahrzeugentwicklung werden sowohl gesetzlich vorgeschriebene als auch frei
programmierte Zyklen gefahren. Für Europa (und weite Teile der Welt) galt bis 2017 der
NEFZ (Neuer Europäischer Fahrzyklus) zur Ermittlung der Abgasemissionen und dem sich
daraus ergebenden Kraftstoffverbrauch. Der NEFZ ist ein synthetisch generierter Zyklus,

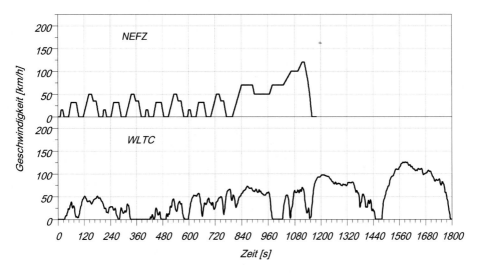

Abb. 16.11 Geschwindigkeits-Zeit-Verläufe NEFZ und WLTC

der das Verhalten des europäischen Durchschnittsfahrers abbilden soll, was nicht ganz gelingt. Er stand u. a. wegen des Geschwindigkeitsverlaufes, der ja Einfluss auf die einzustellenden Betriebspunkte des Motors hat, aber auch wegen der weiteren Randbedingungen stark in der Kritik, sowohl seitens der Fahrzeughersteller als auch auf Kundenseite. Insbesondere die relativ niedrigen Kraftstoffverbräuche im NEFZ spiegeln die realitätsfernen Bedingungen wider. Seit den 2000er Jahren fand eine starke Zyklenoptimierung des Fahrzeugantriebsstrangs, die teilweise zu extremem Downsizing führte, statt.

Seit September 2017 ist der WLTC (World Harmonized Light Duty Vehicles Test Cycle) gesetzlich verbindlich. Hier sind die Geschwindigkeiten etwas höher als im NEFZ, die Beschleunigungen stärker und realistischer und die Leerlaufanteile geringer. Außerdem dauert der WLTC mit $t_{WLTC} = 1800$ s etwa 50 % länger als der NEFZ mit $t_{NEFZ} = 1180$ s. Die Geschwindigkeits-Zeit-Verläufe sind in Abb. 16.11 dargestellt, die Kennwerte in Tab. 16.2 verglichen.

Tab. 16.2 Kennwerte NEFZ und WLTC

Wert	NEFZ	WLTC
Weg [m]	11.000	23.262
Maximale Geschwindigkeit [km(h]	120	131,3
Durchschnittsgeschwindigkeit [km/h]	34	46
zeitl. Anteil Stillstand [%]	27	13,4
zeitl. Anteil Beschleunigung [%]	20	44
zeitl. Anteil Verzögerung [%]	14	40
Dauer [s]	1180	1800

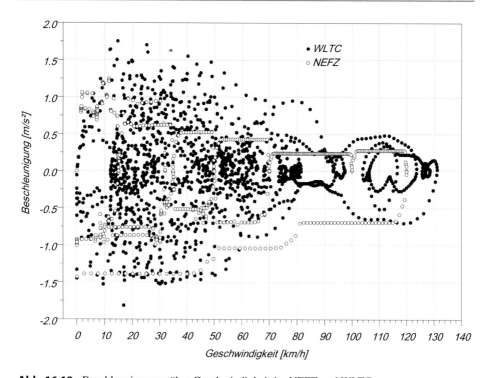

Abb. 16.12   Beschleunigungen über Geschwindigkeit im NEFZ und WLTC

In Abb. 16.12 sind die Beschleunigungen beider Zyklen über der Geschwindigkeit dargestellt. Im WLTC sind die Beschleunigungen höher als im NEFZ und deutlich homogener verteilt, was dem realen Fahrverhalten wesentlich besser entspricht. Die stärkere Motorbelastung und homogenere Betriebspunktverteilung im WLTC gegenüber dem NEFZ zeigt sich im Drehmoment-Drehzahl-Diagramm in Abb. 16.13. Im WLTC werden Fahrzeugausstattungen, Massen und Verbraucher (z. B. Klimatisierung/ Heizung, Multimedia) besser berücksichtigt als im NEFZ, was ebenfalls zur Annäherung an realistische Fahrten beiträgt.

In den USA ist der FTP75 (Federal Test Procedere) der gesetzlich vorgeschriebene Zyklus zum Ermitteln der Abgasemissionen. Hier beträgt die Durchschnittsgeschwindigkeit 34,2 km/h, die Höchstgeschwindigkeit 91,1 km/h, die Streckenlänge 17.884 m. Die ersten 505 s des FTP werden nach einer Pause von 10 min wiederholt, sodass sich insgesamt eine Fahrzeit von 1877 s und eine Gesamtdauer von 2477 s ergeben.

Um ein Fahrzeug nicht nur für die gesetzlich vorgeschriebenen Zyklen, sondern für die Realität zu entwickeln, müssen natürlich alle Betriebspunkte untersucht werden, und zwar stationär und transient. Dafür existieren einige Zyklen, die von OEM, Hochschulen, Arbeitskreisen der Automobilindustrie, Zulieferern und Ingenieurdienstleistern entwickelt wurden. Abb. 16.14 zeigt den Vergleich von realen Fahrten, deren Daten

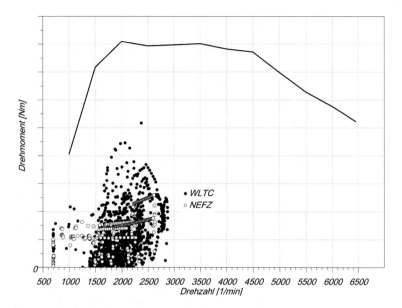

Abb. 16.13 Motorbetriebspunkte im NEFZ und WLTC, DI-Ottomotor mit ATL

aus einem umfangreichen Feldversuch stammen [1], mit den drei o. a. Zyklen. Insbesondere bei Landstraßenfahrt und vor allem auf (unlimitierten) Autobahnen werden in der Realität deutlich höhere Geschwindigkeiten gefahren als in den gesetzlich vorgeschriebenen Zyklen. Das hat im realen Betrieb höheren Kraftstoffverbrauch und höhere Abgasemissionen zur Folge. Allerdings sind durch vorausschauende und verbrauchsoptimierte Fahrweise auch niedrigere Werte als in den drei Zyklen möglich. Insbesondere bei leistungsstarken, großvolumigen Motoren in relativ leichten Fahrzeugen gelingt in der Praxis die Annäherung an den sog. Zyklusverbrauch besser als mit Downsizing-Konzepten.

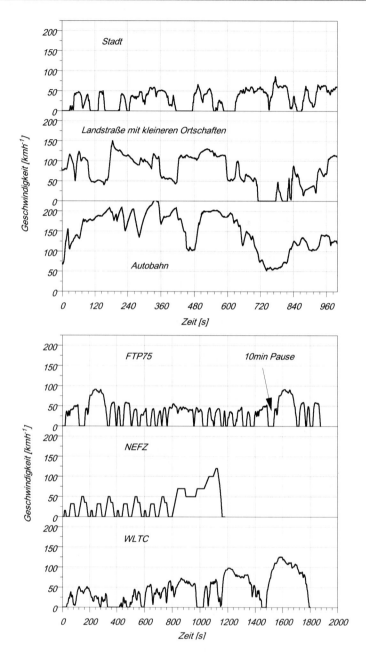

Abb. 16.14   Vergleich realer Fahrten aus Feldversuchen mit FTP75, NEFZ und WLTC

Literatur

1. Goßlau, Dirk; Vorausschauende Kühlsystemregelung zur Verringerung des Kraftstoffverbrauchs; Dissertation; 2009; Shaker Verlag

Fahrzeugmesstechnik

17

In diesem Kapitel wird auf die Messtechnik im Fahrzeug und zur Beurteilung von Fahrzeugen auf der Straße eingegangen.

17.1 Wichtige Sensoren im Serienfahrzeug

Zum Betrieb des Fahrzeugs, insbesondere des Verbrennungsmotors, sind einige Sensoren von elementarer Bedeutung und werden folgend gezeigt. Zusätzlich existiert eine Vielzahl von Sensoren und Messaufnehmern für Komfort-, Sicherheits- und Assistenzsysteme, von denen die Wichtigsten erklärt werden.

17.1.1 Lambda-Sonde

Otto- und Dieselmotor verlangen eine bestimmte Gemischzusammensetzung, die durch das Luftverhältnis λ (Lambda) beschrieben wird. Es hat signifikanten Einfluss auf:

- spezifischen Kraftstoffverbrauch
- indizierten und effektiven Mitteldruck (Drehmoment)
- Zusammensetzung der Schadstoffkomponenten im Abgas
- Innenkühlung des Motors durch Verdampfungsenthalpie des Kraftstoffes bei fettem Gemisch
- Konvertierungsraten der Katalysatoren

Dabei wird die tatsächlich zugeführte Luftmasse mit der zur stöchiometrisch notwendigen, theoretischen ins Verhältnis gesetzt, siehe Gl. 12.7 in Abschn. 12.1. Um jedes HC-Molekül des zugeführten Kraftstoffes zu verbrennen, ergibt sich ein zugehöriger

© Springer Fachmedien Wiesbaden GmbH, ein Teil von Springer Nature 2020
D. Goßlau, *Fahrzeugmesstechnik*, https://doi.org/10.1007/978-3-658-28479-4_17

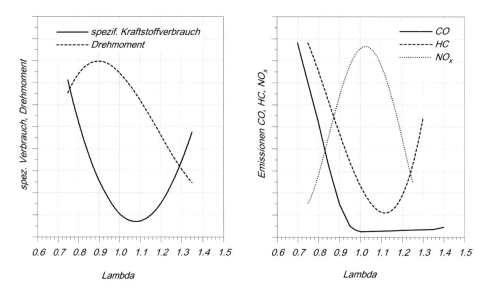

Abb. 17.1 Einfluss von Lambda auf den spezifischen Kraftstoffverbrauch, Drehmoment und Abgasemissionen

Bedarf an Sauerstoffmolekülen (stöchiometrische Verbrennung). Umgerechnet auf Massen von Kraftstoff (Benzin) und Luft erhält man ein Verhältnis von etwa 1:14,8. Bei 14,8 kg zugeführter Luft je 1 kg Benzin ist also $\lambda = 1$. Ist das Luftverhältnis > 1, wird von magerem Gemisch gesprochen, bei $\lambda < 1$ von fettem oder angereichertem. Die Auswirkungen unterschiedlicher Gemischqualitäten auf das eff. Drehmoment, den spezifischen Kraftstoffverbrauch und die Abgas-Rohemissionen in einem bestimmten Betriebspunkt sind in Abb. 17.1 erkennbar.

Demnach ergeben sich für die Anforderungen max. Mitteldruck (Drehmoment) oder minimaler spezifischer Kraftstoffverbrauch unterschiedliche Gemischzusammensetzungen. Maximales Drehmoment erfordert ein fettes Gemisch, minimaler Kraftstoffverbrauch ein mageres. Für einen Kompromiss bzgl. der Rohemissionen ist ein relativ mageres Gemisch von $\lambda = 1,2$ notwendig.

Außerdem hat das Luftverhältnis einen großen Einfluss auf die Konvertierungsrate eines Dreiwege-Katalysators. Im sehr engen Bereich von $\lambda = 0,995\ldots1,005$ werden Konvertierungsraten von etwa 98…99,8 % für die drei Schadstoffkomponenten erreicht.

Diese Anforderung hat im Leerlauf- und Teillastbereich Priorität gegenüber dem maximalen Drehmoment bzw. minimalen Kraftstoffverbrauch. Das Gemisch muss also in weiten Bereichen des Motorkennfeldes exakt geregelt werden, um die durch den Gesetzgeber vorgeschriebenen Abgasgrenzwerte einzuhalten. Mit reiner Kraftstoffzumessung zur detektierten Ansaugluftmasse (Luftmassenmessung siehe Abschn. 9.3.1) können die geforderten Genauigkeiten nicht erreicht werden. Um statt einer Gemischsteuerung eine Regelung zu erhalten, wird im Abgas der Restsauerstoffgehalt gemessen.

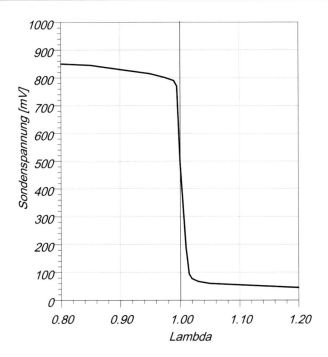

Abb. 17.2 Spannungskennlinie einer Sprungsonde

Daraus lässt sich auf das tatsächlich vorhandene Luftverhältnis schließen. Das Sensorelement dafür ist meist eine Yttrium-dotierte Zirkondioxidsonde, sie wird Sprungsonde
genannt. Umgangssprachlich hat sich der Begriff Lambdasonde eingebürgert. Die Kennlinie ist in Abb. 17.2 dargestellt. Im schmalen Lambdafenster zwischen 0,99 und 1,01 ist
die Kennlinie sehr steil und stellt damit ein für die Regelung sehr gut geeignetes Signal
dar.

Die Einbindung in die Motorreglung ist in Abb. 17.3 dargestellt. Bei zu fettem
Gemisch wird die Einspritzdauer (und damit die Einspritzmenge) verringert, bei zu
magerem Gemisch vergrößert.

Wirkungsweise der in Abb. 17.4 gezeigten Sprungsonde:

Prinzipiell findet ein Vergleich zwischen Restsauerstoffgehalt im Abgas und Sauer-
stoffgehalt der Umgebungsluft statt. Dazu ragt die Sonde zwischen Auslassventil
und Drei-Wege-Katalysator ins Abgasrohr. Sie benötigt eine Mindesttemperatur
von 300 °C, ist also beim Kaltstart aufgrund des noch relativ kalten Abgases oder im
Schubbetrieb (nur verdichtete Luft im Abgasrohr) oder in Schwachlastpunkten mit entsprechend niedrigen Abgastemperaturen nicht einsatzbereit. Abhilfe wird hier durch
eine elektrische Heizung geschaffen, die in die Sonde integriert ist und vom Motorsteuergerät angesprochen wird. Das hat außerdem den Vorteil, dass man die Sonde
möglichst weit entfernt von den Auslassventilen einbauen kann, ohne die Funktion zu

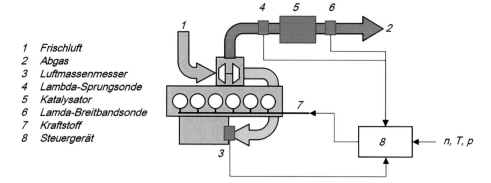

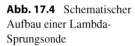

1   Frischluft
2   Abgas
3   Luftmassenmesser
4   Lambda-Sprungsonde
5   Katalysator
6   Lamda-Breitbandsonde
7   Kraftstoff
8   Steuergerät

Abb. 17.3 Funktionsschema der Lambda-Regelung

Abb. 17.4 Schematischer
Aufbau einer Lambda-
Sprungsonde

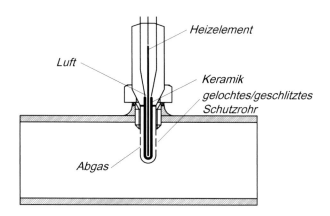

gefährden. Entlang der Lauflänge der Abgasanlage verringert sich die Abgastemperatur durch Wärmeauskopplung mittels Konvektion und Strahlung stetig. Je weiter entfernt die Sonde also vom Auslassventil ist, desto geringeren Abgastemperaturen ist sie ausgesetzt. Dadurch ist sie auch bei langen Volllastfahrten nicht Überhitzungsgefahr ausgesetzt (Maximaltemperatur 800…950 °C).

Der Festkörperelektrolyt ist für Gase undurchlässig, wird allerdings ab etwa 300…350 °C, der Ansprintemperatur der Sonde, für Sauerstoffionen leitend. Er ist beidseitig mit Elektroden beschichtet. Eine Seite ragt ins Abgas(-rohr), die andere steht mit der Umgebungsluft in Verbindung. Der Sauerstoffanteil in der Umgebungsluft ist höher als der im Abgas. Dadurch herrschen unterschiedliche Sauerstoffpartialdrücke in beiden Gasen. Im Abgas ist der Sauerstoff-Partialdruck niedriger als in der Umgebungsluft. Deshalb wandern O_2-Ionen von der Umgebungsluft zum Abgas. Die Bewegung der Ionen durch die Keramik erzeugt ein Spannungsgefälle, das über die aufgebrachten Elektroden abgegriffen wird. Die im wichtigen Bereich um $\lambda = 1$ sehr steile Kennlinie ist in Abb. 17.2 zu sehen. Dieses steile Signal erlaubt eine genaue Regelung in diesem Bereich, hat allerdings den Nachteil, dass die Sondenspannung bei sehr fettem oder

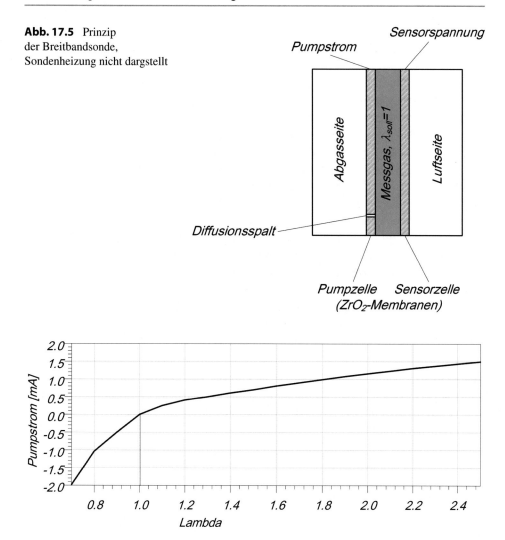

Abb. 17.5 Prinzip der Breitbandsonde, Sondenheizung nicht dargstellt

Abb. 17.6 Kennlinie einer Breitbandsonde

sehr magerem Gemisch nur eine sehr ungenaue Regelung erlaubt. Abhilfe wird hier mit sogenannten Breitbandsonden geschaffen, die wegen des großen sensierbaren Luftverhältnisbereiches auch bei Dieselmotoren eingesetzt werden können.

Wirkungsweise der Breitbandsonde

Die Breitbandsonde besitzt ab $\lambda = 0{,}7$ eine stetige Spannungssteigerung, die bei $\lambda = 1{,}0$ ihren Nullpunktdurchlauf hat. Der Aufbau der Sonde ist in Abb. 17.5 dargestellt, die Kennlinie in Abb. 17.6.

Die Breitbandsonde besteht prinzipiell aus zwei Sprungsonden, allerdings in mehreren Schichten planar ausgeführt. Eine Sprungsonde arbeitet als Messsonde für das Abgas, die zweite als Sauerstoffpumpe. Entsprechend dem Nernst -Prinzip kann durch Anlegen einer Spannung an die Pumpsonde ein Sauerstoff-Ionenstrom durch die Keramik gepumpt werden.

Zwischen der Abgasseite und dem Referenzgaskanal befindet sich ein Diffusionsspalt (10…50 µm), durch den Abgas in den Messgasraum diffundieren kann. Die Messzelle ist zur Referenzierung mit der Umgebungsluft verbunden.

Die Messzelle bestimmt den Restsauerstoffgehalt im Referenzgaskanal, welche in Abhängigkeit vom Restsauerstoffgehalt im Abgas variiert. Ziel ist es, im Referenzgaskanal $\lambda = 1$ einzuregeln. Die Regelung (das Motorsteuergerät) legt je nach vorhandenem Lambda im Referenzgaskanal eine positive oder negative Spannung an die Pumpzelle an. Diese Spannung ist in Abb. 17.6 als Kennlinie dargestellt und wird solange geregelt, bis im Referenzgaskanla $\lambda = 1$ anliegt. Bei fettem Gemisch werden solange Sauerstoffionen aus dem Referenzgaskanal in den Diffusionsspalt gepumpt (negative Spannung), bis $\lambda = 1$ erreicht ist. Bei magerem Gemisch werden Sauerstoffionen aus dem Abgas herausgepumpt (positive Spannung), ebenfalls bis $\lambda = 1$ erreicht ist.

Somit ist durch Verwendung zweier Sprungsonden, von denen eine als Ionenpumpe dient, der in Abb. 17.6 gezeigte Messbereich möglich.

Außer Sprungsonden mit der Nernstzelle aus Yttriumdotiertem Zirkondioxid sind auch Lambdasonden mit einem Titandioxid-Widerstand üblich, der als keramischer Halbleiter ausgeführt ist und dessen Widerstand, genauer dessen Leitfähigkeit; sauerstoffkonzentrationsabhängig ist. Auch bei der Titandioxidsonde ist im engen Bereich um $\lambda = 1$ wegen der starken Änderung der Leitfähigkeit ein sehr steiler Spannungsabfall vorhanden.

17.1.2 Temperatursensoren

Im Fahrzeug treten Temperaturen zwischen $\leq -40\,°C$ (z. B. Ansaugluft, Innenraumtemperatur) und $+2.000\,°C$ (Brennraum) auf. Für die Messung der Temperaturen von Kühlmittel, Ansaugluft, Innenraumluft, Motoröl und Kraftstoff werden meist sinterkeramische NTC-Widerstände aus Halbleitermaterialien oder Metalloxiden eingesetzt. Wegen der exponentiellen Kennlinie, Abb. 17.7, werden NTC nur in einem zu sensierenden Temperaturfenster von etwa 200 K eingesetzt. Dieses Fenster kann allerdings zwischen etwa -40 und $+850\,°C$ frei gewählt werden. Im Referenzpunkt, z. B. Kühlmitteltemperatur $T_{KM} = 110\,°C$, werden Genauigkeiten von bis zu $\pm 0{,}5\,K$ erreicht.

Im Gegensatz dazu werden zur Messung der Abgastemperatur meist PTC als Platin-Dünnschicht-Widerstände eingesetzt.

Details zu den einzelnen Temperaturmessverfahren siehe Kap. 5.

Abb. 17.7 Kennlinie eines NTC

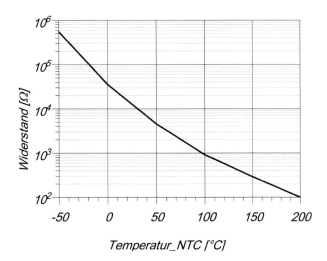

17.1.3 Klopfsensor

Klopfen bezeichnet unkontrollierte Selbstentflammung im Ottomotor. Durch lokale Hot-spots entzündet sich das Gemisch kurz nach der eigentlichen Zündung an einem vom Zündherd (Zündkerze) entfernten Ort, oft am relativ warmen Auslassventil. Durch die beiden entstehenden Druckwellen steigen Zylinderinnendruck und Brennraumtemperatur steil auf sehr hohe Werte an, was zügig zu starken Schäden vor allem am Kolben führt.

Klopfen kann von Schwingungssensoren (Körperschall des Motorgehäuses) erkannt werden. Damit hat das Motorsteuergerät die Möglichkeit, den Zündwinkel zurückzunehmen (nach spät, also in Richtung OT oder darüber hinaus zu verschieben) und entlang der Klopfgrenze zu fahren. Dadurch kann entsprechend der Kraftstoffqualität (Klopffestigkeit) ein arbeitsoptimaler Zündzeitpunkt eingestellt werden. Außerdem hat der Zündzeitpunkt Einfluss auf den Kraftstoffverbrauch, die Abgastemperatur und die Schadstoffkomponenten im Abgas.

Funktion des Klopfsensors
Die seismische Masse, siehe Abb. 17.8, wird durch die Schwingungen des Motorblockes selbst zu Schwingungen angeregt. Dadurch übt sie Druck auf die Piezokeramik aus. In der Piezokeramik finden Ladungsverschiebungen statt, die als Spannungssignal an das Motorsteuergerät weitergegeben werden. Für Vierzylindermotoren reicht ein Klopfsensor, bei Fünf- und Sechszylindermotoren werden zwei Sensoren und bei größeren Zylinderzahlen zwei oder mehr Sensoren verwendet (Viertaktmotoren). Das ergibt sich aus dem Zündabstand der einzelnen Zylinder.

Abb. 17.8 Klopfsensor [48]

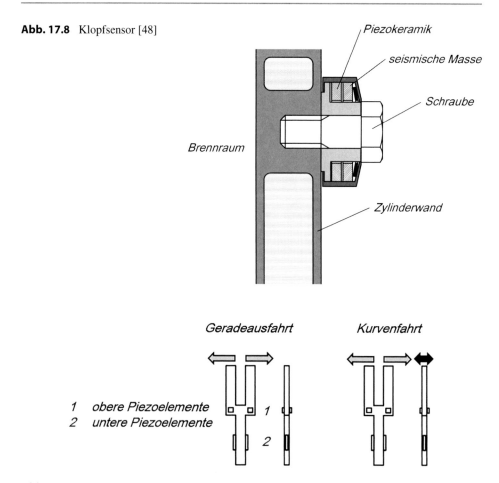

Piezokeramik

seismische Masse

Schraube

Brennraum

Zylinderwand

Geradeausfahrt   Kurvenfahrt

1   obere Piezoelemente
2   untere Piezoelemente

Abb. 17.9 Prinzip Stimmgabelsensor

17.1.4 Drehratensensor

Zur Erfassung der Fahrzeugdrehung um die Hochachse werden Gierratensensoren verwendet, deren Signale in der Fahrdynamikregelung und in Navigationsgeräten zur Kurs-
koppelung (z. B. bei längerer Fahrt durch Tunnel) verwendet werden. Prinzipiell werden
die Drehträgheit einer Masse oder die Corioliskraft genutzt.

Der Stimmgabelsensor, Abb. 17.9 wird hauptsächlich für Navigationsgeräte genutzt.
Wird an den Sensor die Betriebsspannung angelegt, versetzen die unteren Piezoelemente
durch Vibrieren die beiden Schenkel der Stimmgabel in gegenphasige Schwingungen,
links in Abb. 17.9. Die oberen Piezoelemente sind nur im rechten Winkel zu dieser
Schwingung empfindlich, liefern also bei rein gegenphasiger Schwingung kein Signal.
Diese Schwingung findet bei Geradeausfahrt statt.

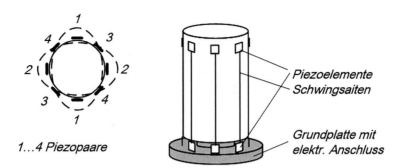

Abb. 17.10   Prinzip Schwingsaitensensor

Wird der Sensor nun durch Kurvenfahrt in Drehung versetzt, unterliegen die Stimmgabel-Schenkel der Corioliskraft, rechts inAbb. 17.9. Dabei werden sie senkrecht zur gegenphasigen Schwingung ausgelenkt, diese Schwingung wird der gegenphasigen überlagert und führt zu Sensorsignalen an den oberen Piezoelementen. Diese geben ein entsprechendes Spannungssignal an das Steuergerät.

Die Amplitude der Auslenkung ist von der Drehgeschwindigkeit des Sensors und damit des Fahrzeuges abhängig und gibt dadurch die Information über die Gierwinkelgeschwindigkeit. Der Richtungssinn der Auslenkung gibt die Information über Rechts- oder Linksdrehung des Fahrzeuges.

Der Stimmgabelsensor ist unempfindlich gegenüber magnetischen Einflüssen.

Im Schwingsaiten-Sensor, Abb. 17.10, ist ein Zylinder drehbar auf der Grundplatte angeordnet. Der Zylinder wird durch das Piezoelementpaar 1 zu radialen Resonanz-Schwingungen angeregt. Das um 90° dazu verdreht angeordnete Piezoelementpaar 2 regelt dabei eine konstante Amplitude ein. Dadurch entstehen vier Schwingungsknoten an den Peizoelementpaaren 3 und 4, an denen keine Auslenkung stattfindet. Die dort angebrachten Piezoelemente geben also kein Signal aus. Das entspricht der Geradeausfahrt, der Sensor dreht sich nicht.

Bei Drehung des Fahrzeuges und damit des Sensors werden die oberen, am Zylinder angebrachten Piezopaare aufgrund der auf den Zylinder einwirkenden Corioliskraft gegenüber den unteren Piezoelementpaaren verdreht. Damit treten in den sonst schwingungsfreien Knoten Kräfte auf, die zur Drehfrequenz proportional sind. Diese werden vom Piezoelementpaar 3 detektiert und als Spannungssignal ausgegeben. Das Paar 4 regt nun den Zylinder so an, dass die von 3 ausgegebene Spannung wieder auf den Referenzwert $U_{ref}=0$ zurückgeregelt wird. Die dafür notwendige Stellgröße stellt das Signal für die Gierrate dar.

Das Sensorsystem kann durch Einregeln von $U_{ref}=0$ im Stand kalibriert werden. Der Sensor besitzt signifikante Temperaturdrift, die schalttechnisch kompensiert wird. Außerdem setzen die Piezoelemente eine sorgfältige Grundalterung bei der Sensorfertigung voraus. Dieses feinmechanische Sensorprinzip wurde in der ersten

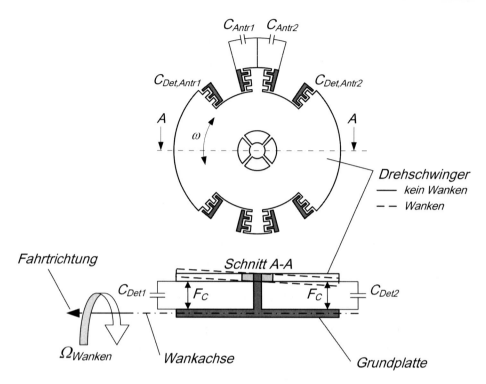

Abb. 17.11 Mikromechanischer Drehratensensor zur Erkennung von Drehraten um die Fahrzeuglängsachse (Wanken), nach [1]

serienmäßigen Fahrdynamikregelung (Mercedes-Benz W140) eingesetzt, allerdings vor einigen Jahren von mikromechanischen Drehratensensoren abgelöst.

Zur Erkennung von Wankbewegungen, z. B. für die Sensierung der Auslöseschwellen von Airbags, die im Falle eines Überschlags zünden sollen, werden nach [48] mikromechanische Drehratensensoren entsprechend Abb. 17.11 verwendet.

Der in Abb. 17.11 dargestellte Drehschwinger wird elektrostatisch durch Kondensatorenpaare in der Kammstruktur zu Drehschwingungen angeregt. Die Amplitude wird dabei konstant gehalten. Tritt keine Drehrate (kein Wanken) auf, bleibt die Lage des Schwingers parallel zur Grundplatte. Zwischen Grundplatte und Drehschwinger werden auf beiden Seiten die Kapazitäten gemessen, Drehschwinger und Grundplatte stellen also ebenfalls einen Kondensator dar. Wankt das Fahrzeug, unterliegt der Drehschwinger Corioliskräften, in Abb. 17.11 mit F_C bezeichnet. Diese verursachen ein Kippen des Drehschwingers. Dadurch ändern sich die Kapazitäten C_{Det} auf beiden Seiten, deren Differenz ein direktes Maß für die Drehgeschwindigkeit ist. Die Kippbewegungen sind sehr klein, deshalb wird der Drehschwinger im Vakuum betrieben. Die Gesamtgröße des Sensors beträgt etwa 5 mm.

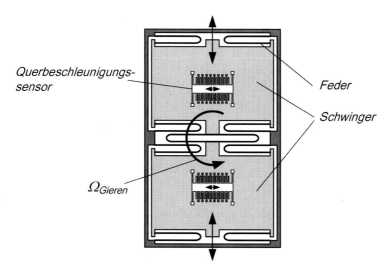

Abb. 17.12 Mikromechanischer Drehratensensor zur Erkennung von Drehungen um die Fahrzeughochachse (Gieren), nach [1]

Der mikromechanische Drehratensensor zur Erkennung von Gierbewegungen, also Drehbewegungen um die Fahrzeughochachse, vereinigt Gierratensensor und Querbeschleunigungssensor in einem mikromechanischen Bauteil. Er ist in Abb. 17.12 dargestellt. Dabei schwingen zwei seismische Massen gegenläufig in ihrer Resonanzfrequenz, auf ihnen befinden sich außerdem die Querbeschleunigungssensoren. Die beiden seismischen Massen werden durch Leiterbahnen mit Wechselstrom versorgt. Senkrecht zu den seismischen Massen liegt ein Dauermagnetfeld an. Demnach entsteht eine Lorentzkraft (Abschn. 11.4), die entsprechend der Stromversorgungsfrequenz das Schwingen der seismischen Massen verursacht und geregelt werden kann.

Giert das Fahrzeug, dreht sich der Sensor mit Ω um seine Achse. Dabei erfahren die Querbeschleunigungssensoren eine Coriolisbeschleunigung, die direkt proportional zur Drehrate ist und als Signal ans Steuergerät ausgegeben wird. Durch ihre Lage kompensieren die beiden Querbeschleunigungssensoren äußere Querbeschleunigungen, wenn ihre Signale voneinander subtrahiert werden. Die übrigbleibende Differenz gibt die Coriolisbeschleunigung und deren Richtung an. Werden die beiden Signale dagegen addiert, kann auch die äußere Querbeschleunigung detektiert werden. Zum Schutz vor Umwelteinflüssen wird der Sensor in einer Stickstoffatmosphäre betrieben.

Das Arbeitsprinzip des mikromechanischen Beschleunigungssensors ist in Abb. 17.13 erkennbar. Die seismische Masse ist federnd gelagert und verschiebt sich bei auftretender Beschleunigung. Dadurch ändert sich die Kapazität der Kondensatoren, die ein direktes Maß für die Beschleunigung darstellt. Die o. a. Additionen und Subtraktionen der Beschleunigungen sind in Abb. 17.14 erklärt.

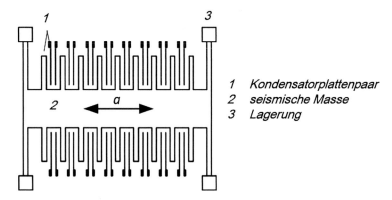

Abb. 17.13 Prinzip mikromechanischer Querbeschleunigungssensor

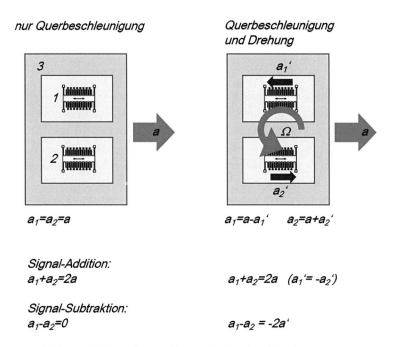

Abb. 17.14 Addition und Subtraktion der Signale der Querbeschleunigungssensoren

17.1.5 Lenkradwinkelsensor

Der Lenkradwinkelsensor gibt der Fahrdynamikregelung die Information über den Sollkurs, der vom Fahrer gewünscht wird. Da PKW-Lenkräder üblicherweise mehrere Umdrehungen von Anschlag zu Anschlag erreichen, müssen die Werte des Sensors

Abb. 17.15 AMR-
Lenkradwinkelsensor, nach [1]

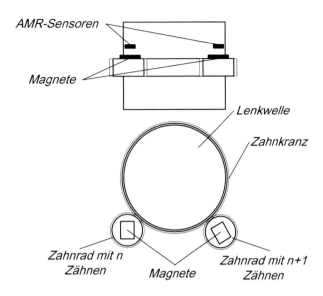

ständig gespeichert werden, insofern er nur 360° erfasst. Zum Einsatz kamen bis vor einigen Jahren Hall-Sensoren, die inzwischen von anisotrop-magnetisch-resistiven (AMR-) Sensoren abgelöst wurden. Zum AMR-Prinzip siehe Abschn. 11.5.

Anisotrop-Magneto-Resistive Sensoren ändern ihren Widerstand je nach der Richtung eines von außen auf sie einwirkenden Magnetfeldes. Werden solche Sensoren in einem stationären Magnetfeld bewegt, tritt natürlich der gleiche Effekt auf.

In Abb. 17.15 ist das Sensorprinzip dargestellt. Bei Drehung der Lenkwelle treibt das auf ihr befestigte Zahnrad die beiden kleineren Zahnräder, auf denen Dauermagnete befestigt sind, an. Die Zähnezahlen dieser Zahnräder unterscheiden sich um einen Zahn. Werden die beiden Zahnräder in Drehung versetzt, ändern die Magnete ihre Lage und damit den Widerstand in den AMR-Sensoren. Das ist das Maß für den Lenkradwinkel. Um mehr als eine Lenkradumdrehung (360°) erfassen zu können, sind die unterschied-lichen Zähnezahlen bei den kleinen, magnettragenden Zahnrädern vorhanden.

Einen sehr guten, weiterführenden Überblick zu Sensoren in Serienfahrzeugen bietet [1] .

17.2   Messtechnik in der Fahrzeugentwicklung und – beurteilung

Im Gegensatz zu den in Serienfahrzeugen verwendeten, großserientauglichen und preis-werten Sensoren werden in der Fahrzeugentwicklung meist aufwendige, sehr genau messende und entsprechend teure Messsysteme verwendet. Hier wird auf die Mess-technik zur Beurteilung der Fahrzeugdynamik eingegangen.

17.2.1 Grundlagen GPS

Zur Positionsbestimmung, Geschwindigkeitsmessung und Navigation wird hauptsächlich das Global Positioning System (GPS) genutzt. Es basiert grundsätzlich auf der Triangulation mit mehreren Satelliten, die dazu in etwa 20.200 km Höhe im Orbit der Erde kreisen. Insgesamt besteht das System, dass in den 1970er Jahren vom US-Verteidigungsministerium entwickelt, ab 1985 eingesetzt und 1995 für die zivile Nutzung freigegeben wurde, aus mehr als 30 Satelliten (in 2018: 31). Prinzipiell werden zur räumlichen Triangulation 3 Satelliten benötigt. Der GPS-Empfänger erhält Signale, die die Satellitenkennung besitzen sowie eine Angabe, zu welcher Satellitenzeit das Signal gesendet wurde. Aus der Laufzeit des Signals, den Bahndaten des Satelliten und damit aus dessen Position zum Sendezeitpunkt des Signals, kann die Entfernung zum Satelliten und eine Ebene im Raum bestimmt werden. Bei drei Satelliten ergibt sich als Schnittpunkt der drei Ebenen ein definierter Punkt im Raum, woraus sich die Position (in $xyz =$ Länge, Breite und Höhe auf der Erdoberfläche) des Empfängers bestimmen lässt.

Dabei treten jedoch mehrere Probleme auf:

- Zu Beginn des Empfangs sind Empfänger- und Satellitenzeit nicht synchronisiert
- Die Satelliten bewegen sich mit einer Geschwindigkeit von etwa 3,9 km/s und ändern dadurch ihre Position relativ zum Empfänger.
- Die Ausbreitungsgeschwindigkeit des Signals ist abhängig von der Umgebung, z. B. im freien Raum oder in der Atmosphäre. In der Atmosphäre kann sich die Signalgeschwindigkeit erheblich verringern.

Die Satellitensignale bestehen aus definiert dauernden Bits, die sich alle 6 s wiederholen. Des Weiteren gibt es eine Signalkennung, die Sonntag Null Uhr darstellt. Zählt der Empfänger die Bits, die seit Sonntag Null Uhr vergangen sind, kann die Satellitenzeit berechnet werden. Die Empfängerzeit sowie der Zeitpunkt des Signaleintreffens am Empfänger sind bekannt. Nun ist auch der Unterschied zwischen Empfängerzeit und Satellitenzeit bekannt. Damit kann der Satellitenstandort zum Sendezeitpunkt anhand im Empfangsgerät hinterlegter Tabellen exakt bestimmt und aus der Laufzeit des Signals eine Koordinate des Empfängerstandortes ermittelt werden.

Werden mehrere Positionsbestimmungen nacheinander durchgeführt, lassen sich natürlich die drei Geschwindigkeiten des Empfängers im Raum und alle daraus ableitbaren Daten (z. B. zurückgelegte Wegstrecke, zurückgelegter Kurs, Dauer bis Ankunft am vorgegebenen Ziel, Beschleunigungen) berechnen. Wegen der geringen zeitlichen Auflösung der GPS-Signale sind bei der Positionsbestimmung nur Genauigkeiten von etwa 3…10 m möglich. Für die exakte Erfassung der Fahrdynamik ist das Signal zu ungenau.

Abb. 17.16 Prinzip optischer
Fluss

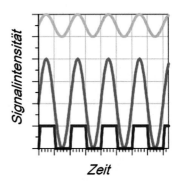

17.2.2 Geschwindigkeitsmessung[1]

Peiseler-Rad

Das Peiseler-Rad ist ein relativ großes Rad mit geringer Masse bzw. Drehträgheit, minimierter Lagerreibung und exakt definiertem Umfang. Es kann mit Schnellverschlüssen (z. B. magnetischen, Saugnäpfe) am Fahrzeug angebracht werden und die Daten (Drehzahl bzw. Impulse) leitungsgebunden oder per Funksignal ins Fahrzeug zum Auswerte- und Speicherrechner übertragen.

Durch den relativ einfachen Aufbau ist damit eine kostengünstige Möglichkeit zur relativ genauen Erfassung des zurückgelegten Weges über der Zeit und allen daraus ableitbaren Größen (Geschwindigkeit, Beschleunigung, Elastizität, Bremsweg) gegeben.

In der Fahrzeugentwicklung wird es allerdings nur noch sehr selten eingesetzt, da es sowohl das Fahrzeuggewicht als auch die Aerodynamik verändert.

Prinzip des optischen Flusses

Prinzipiell handelt es sich hierbei auch um die Messung eines zurückgelegten Weges innerhalb einer bestimmten Zeitdauer. Als optischen Fluss bezeichnet man die Verschiebung eines bekannten Musters; z. B. der Oberflächentextur von Asphalt; während einer bestimmten Messdauer. Das Prinzip des Mustervergleiches ist in Abb. 17.16 dargestellt. Jeder Punkt erzeugt, je nach seiner Größe, ein Signal das dadurch entsteht, dass der Punkt abwechselnd durch das optische Gitter verdeckt oder sichtbar ist, wenn das Gitter über die Punkte hinwegbewegt wird. Die Frequenz des Signals ist unabhängig von der Punktgröße, aber direkt proportional zur Geschwindigkeit. Sind nun die Teilung des Gitters und die Messdauer bekannt, kann hieraus die Geschwindigkeit berechnet

---

[1]Die Geschwindigkeit selbst kann nicht gemessen werden, sie wird nahezu immer aus dem während einer bestimmten Zeit zurückgelegten Weg oder aus einer Frequenz oder Phasenverschiebung ermittelt. Der Einfachheit halber soll aber weiterhin der umgangssprachliche Begriff Geschwindigkeitsmessung verwendet werden.

werden. Werden zwei Gitter verwendet, kann man Geschwindigkeiten in verschiedenen Richtungen, z. B. xy ermitteln.

In der Praxis werden nicht einzelne Punkte, sondern Helligkeitsintensitäten verglichen. Die Sensoren sind ein- oder zweiachsig ausgeführt. Somit können mit einem Gerät sowohl Längs- als auch Querdynamik schlupffrei gemessen werden. Wird auch die Höhe über der Fahrbahn mitgemessen, können mit drei Geräten Nick- und Wankwinkel berechnet werden.

Differential-GPS

Mit öffentlich zugänglichen Daten aus dem GPS sind in der Positionsbestimmung nur Genauigkeiten von etwa 3…10 m möglich. Das ist für exakte Geschwindigkeits- und Lagebestimmungen des Fahrzeugs in der Entwicklung viel zu ungenau. Eine relativ preiswerte Möglichkeit, trotzdem hohe Genauigkeiten mithilfe der GPS-Signale zu erreichen, stellt die Erweiterung der Satellitensignal-Empfänger um eine Referenzstation am Boden in der Nähe des Messobjektes dar. Der Standort dieser Referenzstation ist im geozentrischen Koordinatensystem (globales 3D-Koordinatensystem) genau bekannt. Bei genügend geringer Entfernung unseres Messobjektes von der Referenzstation können Korrekturdaten für Laufzeitfehler, Uhrzeitsynchronisationsfehler und atmosphärische Signalverfälschungen (Änderung der Signalgeschwindigkeit vom Satelliten zum Empfänger) korrigiert werden. Dabei vergleicht die Referenzstation die per GPS ermittelten Standortdaten mit den tatsächlichen. Daraus ergibt sich ein Korrekturfaktor für den Standort der Referenzstation. Dieser wird ausgestrahlt (über LW und UKW, GRS [Mobilfunk], RDS) und kann von D-GPS-fähigen Empfängern berücksichtigt werden. Wegen der notwendigen kurzen Signallaufzeiten; sonst entsteht wiederum ein Laufzeitfehler; ist dabei eine möglichst geringe Entfernung des Empfängers zur Referenzstation notwendig.

In Deutschland gibt es mehrere hundert Referenzstationen, von denen ein großer Teil öffentlich zugänglich ist.

In der Fahrzeugmesstechnik werden Lösungen angeboten, bei denen eine eigene, mobile Referenzstation eingerichtet wird. Das ist ein D-GPS-Empfänger, der nach Inbetriebnahme eine exakte Einmessung seines Standortes anhand der GPS-Signale und mehrerer D-GPS-Sender durchführt. Das Messobjekt (Fahrzeug) wird mit einem Sender/Empfänger ausgestattet, der die Signallaufzeitunterschiede zwischen seinem und dem Standort der Referenzstation auswertet.

Damit sind in der Positionsbestimmung Auflösungen bis zu 1 mm möglich.

17.2.3 Lagebestimmung

Erfolgt die Lagebestimmung mit hoher Frequenz, können daraus natürlich auch Bewegungen abgeleitet werden. Neben den Geschwindigkeiten in den drei Richtungen (xyz) sind das auch Drehungen um die drei Achsen.

Kreiselstabilisierte Plattform

Ein mit hoher Drehzahl laufender Kreisel behält aufgrund der aus seiner Drehträgheit resultierenden Kreiselkräfte seine Lage im Raum, wenn er kardanisch aufgehängt ist. Das ist der Fall, wenn die Drehachse seiner direkten Aufhängung senkrecht auf der Drehachse der indirekten Aufhängung steht. Bei Drehung der Aufhängung gegenüber dem Kreisel können also Winkel abgelesen werden, die Auskunft über die Lageänderung des Fahrzeuges geben, insofern das Grundgestell fest mit dem Fahrzeug verbunden ist. Der Kreisel ist also zum Sensieren von Wank- und Nickwinkel sowie von Gierbewegungen geeignet. Die zeitlichen Ableitungen erlauben demnach auch das Berechnen von Winkelgeschwindigkeiten Systemimmanent ist ein Fehler durch die von der Erddrehung verursachte Corioliskraft sowie aus Lagerreibung und mechanischen Ungenauigkeiten.

Faserkreisel

Die Lichtgeschwindigkeit ist unabhängig von der Geschwindigkeit eines (Hohl-) Körpers, in dem sie läuft. Das macht man sich beim Faserkreisel zunutze. Dieser besteht im Wesentlichen aus einem Lichtleiter aus Glasfaser, der auf einen Kreiszylinder gewickelt ist. Die Länge der Glasfaser kann dabei bis zu 5 km betragen. An beiden Enden der Glasfaser wird kohärentes Licht (monochromatisches Licht gleicher Welleneigeneigenschaften, z. B. durch eine Laserdiode) in die Faser geleitet. Dabei macht man sich den erstmals von Georges Sagnac im Jahr 1913 nachgewiesenen Effekt der Phasenverschiebung beider Lichtwellen beim Zurücklegen unterschiedlich langer Wege am gemeinsamen Zielort zunutze, siehe Abb. 17.17. Der entgegen dem Drehsinn laufende Strahl R muß einen längeren Weg zurücklegen als der mit dem Drehsinn laufende Strahl T.

Diese Phasenverschiebung kann z. B. optisch durch ein Oszilloskop dargestellt werden. Bei Interferenz (Kreisel steht) findet entweder Resonanz oder Auslöschung der Amplituden beider Lichtwellen statt. Sobald sich der Kreisel dreht, verschieben sich die Phasen, dementsprechend erhält man zwei phasenverschobene Signale. Der Phasenabstand ist ein direktes Maß für die Drehfrequenz des Kreisels.

Großer Vorteil der optischen gegenüber den mechanischen Kreiseln ist das Fehlen der Drift bei Beschleunigungen. Nachteilig sind dagegen die ständige Winkeldrift und die temperaturabhängige Drift. Beide werden durch Synchronisation mit D-GPS-Signalen kompensiert. Faserkreisel werden also im Fahrzeug nahezu immer in Kombination mit einem D GPS eingesetzt. Ohne D GPS-Kompensation werden die Fehler durch kontinuierliches Integrieren der Signale bereits nach wenigen Minuten inakzeptabel groß.

17.2.4 Radkräfte

Für die Auslegung von radführenden Bauteilen, Bremsen, Lenkungen und Antriebsbaugruppen, für Beurteilungen der Auswirkungen auf den gesamten Antriebsstrang,

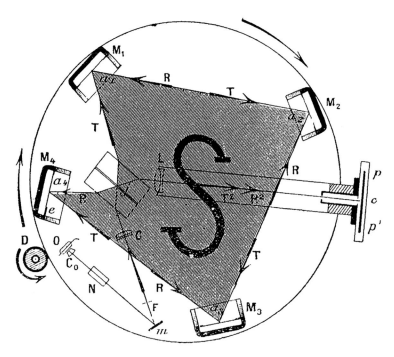

Abb. 17.17 Prinzipskizze von Sagnac

auf Komfortsysteme und zur Beurteilung der Fahrdynamik sowie für die Reifen- und
Felgenentwicklung ist die Kenntnis der Kräfte und Momente am Rad während der
Fahrt notwendig. In der Radnabe treten Kräfte und Momente in den jeweils drei Frei-
heitsgraden auf. Diese Kräfte und Momente können mit Hilfe von Messrädern, siehe
Abb. 17.18, die das serienmäßige Rad ersetzen, erfasst werden. Dabei sollten Steifigkeit
und reifengefederte Massen dem Serienrad vergleichbar sein.

Als Sensorelemente kommen DMS oder piezoelektrische Kristalle zum Einsatz.
Piezoelektrische Aufnehmer weisen dabei den Vorteil auf, dass sie selbst als tragendes,
steifes Bauelement mit hoher Eigenfrequenz ausgeführt werden können und keine
definierten Bauteildehnungen, wie sie für DMS-Messungen notwendig sind, verlangen.

Als Dreikomponenten-Kraftaufnehmer (getrennte piezoelektrische Sensoren für
jede Kraftrichtung) gestatten sie es, beliebig im Raum liegende Kräfte vektoriell als
kartesische Komponenten auszugeben. Die Übertragung der Signale und die Spannungsversorgung erfolgen mittels Schleifringen oder per Funk (Signale) und generatorisch
(Spannungsversorgung).

Für die Aufnahme der Kräfte und Momente in Windkanälen: siehe Kap. 19!

Abb. 17.18 6-Komponenten-
Messrad der Fa. Kistler [2]

17.2.5 Messlenkrad

Zum Messen von Drehmomenten und Winkeln am Lenkrad werden Messlenkräder oder entsprechende Adapter benutzt.

Messlenkräder werden auf das serienmäßige Lenkrad aufgesetzt, Messlenkrad-Adapter werden auf die originale Lenkwelle aufgesetzt und nehmen dann das (meist originale) Lenkrad auf. Das Drehmoment kann z. B. mit Hilfe von DMS ermittelt werden, der Lenkradwinkel mittels induktiver oder AMR-Sensoren.

Literatur

1. Reif, Konrad; Sensoren im Kraftfahrzeug; Springer Vieweg; 2016
2. https://www.kistler.com/de/produkt/type-9267a1; Kistler Instrumente AG, Eulachstrasse 22, 8408 Winterthur, Schweiz

Bremsanhänger 18

In der Vorserienerprobung von neuen PKW werden u. a. Grenzfälle der Kühlung untersucht, z. B. Höchstgeschwindigkeit oder Bergfahrt mit voller Zuladung und max. Anhängemasse bei konstanter, langsamer Geschwindigkeit und relativ hohen Umgebungstemperaturen. Dabei treten in der Praxis mehrere Probleme auf:

- Es existieren nur wenige öfftl. Straßen mit genügend langer, gleichmäßiger Steigung. Diese liegen zudem selten in den Gegenden, deren Klima für die Erprobung gewünscht ist.
- Bei Fahrten auf öfftl. Straßen sind Geschwindigkeitsbegrenzungen und Störungen durch andere Verkehrsteilnehmer in Kauf zu nehmen. Das führt oft zum Abbruch eines vorkonditionierten Versuches mit entsprechenden Ressourcennachteilen.
- Die zu erprobenden Fahrzeuge befinden sich im Vorserienstadium („Erlkönige") und sind auf öfftl. Straßen der Gefahr der unfreiwilligen Öffentlichmachung ausgesetzt.

Wünschenswert wäre demnach eine Belastungseinrichtung, die auf der Straße definierte Bremskräfte auf das zu untersuchende Fahrzeug ausüben kann. Diese Bremskraft kann in drei Modi geregelt werden:

- konstante Kraft bei variabler Geschwindigkeit, die Geschwindigkeit stellt sich je nach Lastanforderung des Zugfahrzeuges ein
- konstante Geschwindigkeit bei variabler Bremskraft, die Bremskraft stellt sich je nach Lastanforderung des Zugfahrzeuges ein
- Programmierung von Streckenprofilen, für Steigungsverläufe wird die dem Zugfahrzeug entsprechende Hangabtriebskraft programmiert und als Bremskraft eingestellt, die Geschwindigkeit ergibt sich je nach Lastanforderung des Zugfahrzeugs. Auf ebenen Versuchsgeländen können dadurch Steigungsprofile abgebildet werden.

© Springer Fachmedien Wiesbaden GmbH, ein Teil von Springer Nature 2020   237
D. Goßlau, *Fahrzeugmesstechnik,* https://doi.org/10.1007/978-3-658-28479-4_18

Die o. g. Nachteile können bei Verwendung eines Bremsanhängers umgangen werden. Die gewünschten Lastprofile lassen sich auf ebenen, abgesperrten Versuchsgeländen reproduzierbar darstellen. Das Prinzip ist für das Simulieren der Hangabtriebskraft F_{St} in Abb. 18.1 dargestellt.

Ein weiterer Einsatzfall ist die Applizierung der Motorsteuerung bzgl. Hochgeschwindigkeits- und Beschleunigungsklopfen. Hier kann mit dem Bremsanhänger bei konstanter Geschwindigkeit mit variabler Last gefahren werden, was bei einem Solofahrzeug zu Geschwindigkeitsänderungen und unerwünschten Betriebspunktverschiebungen führen würde. Das Beschleunigungsklopfen lässt sich, vereinfacht ausgedrückt, durch Aufweiten eines dynamischen in einen stationären Vorgang sehr gut applizieren.

Zum Aufbringen der Bremskraft ist eine regelbare Dauerbremsanlage notwendig. Um reproduzierbare Lastfälle zu generieren, ist die genaue und stabile Einregelung der Bremskraft notwendig. Mehrere Hersteller verwenden dafür aus dem LKW-Bereich bekannte, luft- oder wassergekühlte Dauerbremsanlagen (Retarder). Diese Wirbelstrombremsen erwärmen sich bei Anlegen von Bremskräften und verändern dadurch ihre Kennlinien, was ungenaue Regelung der Bremskraft zur Folge hat. Im Volllastfall ist die Erwärmung so stark, dass der Versuch nach relativ kurzer Zeit (mehrere Minuten) abgebrochen werden muss, soll die Bremse nicht zerstört werden. Versuchsabbruch hat die gleichen Konsequenzen wie oben für Versuche auf öfftl. Straßen beschrieben. Die

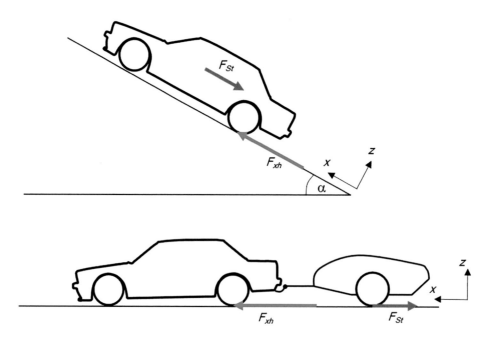

Abb. 18.1 Prinzip Bremsanhänger

genaue Regelung der Bremskraft ist auch von der exakten Erfassung der zwischen Kugelkopf des Zugfahrzeuges und Deichsel des Bremsanhängers anliegenden Kraft abhängig. Es ist also, im Gegensatz zu den üblichen Ausführungen, eine direkte Messung der Kraft ohne Umlenkungen/Elastizitäten erwünscht. Für die spätere Versuchsauswertung sind neben den Datenaufzeichnungen aus den Fahrzeugsteuergeräten und Umgebungssensoren auch Daten des Bremsanhängers, insbesondere der eingestellten Bremskraft, notwendig. Das wird mittels Speicherkarten realisiert.

Der Bremsanhänger muss weitestgehend den allgemeinen Anforderungen aus dem Automobilbereich genügen, z. B. AirCargo, Betrieb bei Umgebungstemperaturen von −25 °C … +50 °C, Rüttel- und Stoßfestigkeit. Außerdem muss er als Entwicklerwerkzeug robust sowohl seitens aller Baugruppen als auch gegen Missbrauchsbedienung sein. Ein möglichst hoher Geschwindigkeitsbereich sollte abgedeckt werden. Dabei ist ein Schaltgetriebe unerwünscht. Grund ist, dass der Versuchsfahrer zum Schalten anhalten und am Bremsanhänger den gewünschten Gang manuell einlegen muss. Das hat das Verlassen der Vorkonditionierung, z. B. 10 min bei 50 km/h, und damit eine unerwünschte Änderung der Versuchsrandbedingungen zur Folge und bedeutet außerdem einen signifikanten Zeitaufwand sowie ein Sicherheitsrisiko.

Die beste, allerdings auch aufwendigste Ausführung benutzt zur Erzeugung der Bremskraft eine wassergekühlte Asynchronmaschine, deren elektrische Leistung durch schaltbare Widerstandskaskaden mittels Lüftern als Wärme an die Umgebung ausgekoppelt wird.

Die Messung der x-Kraft direkt an der Kugelkupplung erlaubt eine exakte Regelung und eliminiert die bei den alternativen Konzepten vorhandenen Elastizitäten und Querkrafteinflüsse. Die Ausführung des vom Lehrstuhl Fahrzeugtechnik und −antriebe der

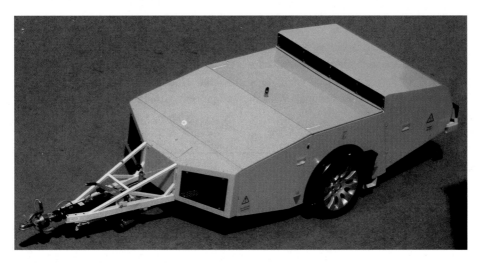

Abb. 18.2 Bremsanhänger mit flüssigkeitsgekühlter Asynchronmaschine und Kraftmessdose als tragendem Bauteil am Starrdeichselkopf

Abb. 18.3 Fernbedienung des
Bremsanhängers

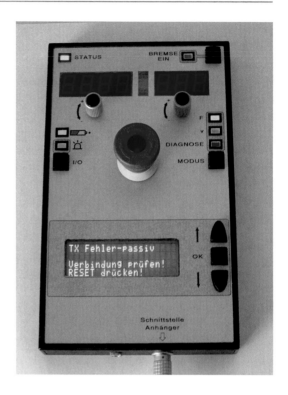

BTU Cottbus [1] entwickelten und verwirklichten Konzeptes ist in Abb. 18.2 zu sehen.
Dieser Bremsanhänger lief 10 Jahre im harten Erprobungsalltag eines deutschen OEM.

Die Regelung der Bremskraft in den Modi v = konst., F = konst. oder F = F(t)
erfolgt ebenso wie Eigendiagnose und Anzeige von Betriebsparametern über eine
Fernbedienung, Abb. 18.3, die der Fahrer des Zugfahrzeuges bedient. Die Fernbedienung wird mittels Kabel oder Nahfeldfunk mit dem Bremsanhänger verbunden.
Der gezeigte Bremsanhänger erlaubt definiertes Bremsen im Geschwindigkeitsbereich
v = 3…143 km/h. Bei Überschreiten der zulässigen Höchstgeschwindigkeit ertönt an
der Fernbedienung ein Warnsignal. Wird dieses ignoriert, schaltet sich die Bremseinheit
automatisch ab.

Literatur

1. Steinberg, P., Goßlau, D., Briesemann, S.; Der Bremsanhänger BA6500.1: ein komfortables
   Werkzeug für die ortsunabhängige Erprobung von Wärmekomponenten; Wärmemanagement
   des Kraftfahrzeugs V; expert Verlag; Renningen; 2006

Windkanal

Die Untersuchung der aerodynamischen Eigenschaften von Fahrzeugen war die ursprüngliche Intention beim Einrichten von Windkanälen. Inzwischen sind einige Anforderungen hinzugekommen, zum Beispiel:

- aeroakustische Untersuchungen
- Aggregatedurchströmungen
- HVAC -Eigenschaften, Sonneneinstrahlung, Beschlagfreiheit usw.
- Einfluss der Höhe (Luftdichte)
- Schneebewurf, Regenfluss

Dementsprechend gibt es heute; zumindest bei einigen OEM und TIER1-Zulieferern sowie an Hochschulen; neben den herkömmlichen Aerodynamikwindkanälen spezialisierte Windkanäle. Trotz der zunehmenden Geschwindigkeit und Genauigkeit von CFD-Simulationen kann auf das Experiment nicht verzichtet werden. Einerseits können nicht alle bekannten Sachverhalte im Rechner realitätsgetreu abgebildet werden, andererseits können Phänomene, die noch nicht bekannt bzw. in der Simulationssoftware hinterlegt sind, nicht erfasst werden.

Bzgl. der Luftführung gibt es zwei Bauarten für Windkanäle, bei der „Göttinger" Bauart, zuerst von Prandtl verwendet, wird die Luft in einem geschlossenen Kreislauf umgewälzt. Der Eiffel-Windkanal dagegen ist an beiden Seiten offen. Damit eignet er sich für Untersuchungen am Fahrzeug nur sehr bedingt, da die Änderung von Umgebungszuständen wie Temperatur, Feuchte und Druck kaum reproduzierbare Messbedingungen erlaubt. Des Weiteren ist die Eiffel-Bauart unökonomisch, sobald die Luft im Windkanal konditioniert werden soll. In der Fahrzeugentwicklung werden daher meist Windkanäle Göttinger Bauart eingesetzt. Zur detaillierten Beschreibung von Windkanälen sei hier auf entsprechende Literatur, z. B. Hucho [1] verwiesen.

Welche Größen werden im Windkanal gemessen bzw. aus den Messwerten berechnet?

- Kräfte und Momente an den Rädern; Auftriebskräfte, Luftwiderstandskräfte, Seitenwindfaktoren
- Strömungsgeschwindigkeiten, Drücke; Formeinfluss auf Grenzschichten, Luftwiderstandsoptimierung, Verschmutzungsgebiete, Motorraumdurchströmung, Bremsenkühlung
- Schallpegel
- Temperaturen

Für die Messung an Fahrzeugen ergibt sich das Problem, dass die realen Verhältnisse der Straße nur eingeschränkt abgebildet werden können. So ist z. B. der Einfluss der drehenden Räder und der ruhenden Straße bei Fahrt des Autos durch ruhende Luft am Windkanal nicht darstellbar. Hier werden die Verhältnisse umgekehrt. Die Luft wird bewegt, das Fahrzeug ruht. Die Räder können bei Verwendung von Laufbändern, auf denen das Fahrzeug steht, gedreht werden. Trotzdem stellen sich bzgl. der Temperatur-, Druck- und Geschwindigkeitsfelder andere Daten als auf der Straße ein. Abb. 19.1 zeigt das Schema und die modellhafte Darstellung eines Klimawindkanals.

Die aerodynamischen Kräfte und Momente werden von sog. Windkanalwaagen gemessen und in die Anteile der drei Koordinatenachsen zerlegt. Deshalb wird auch von 6-Komponenten-Waagen gesprochen. Die Waagen sollten die Aerodynamik des Fahrzeugs und des Versuchsraumes nicht beeinflussen. Außerdem sind die aus der Fahrzeuganströmung resultierenden Kräfte (Auftriebskräfte) viel kleiner als das Fahrzeuggewicht, die Waagen sollten also eine Tara-Kompensierung besitzen. In Abb. 19.2 sind drei verschiedene Prinzipien zur Ermittlung der aerodynamisch induzierten Kräfte dargestellt. Die Kräfte werden mittels DMS-Biegebalken ermittelt.

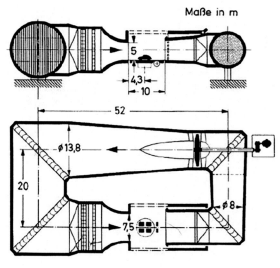

Maße in m

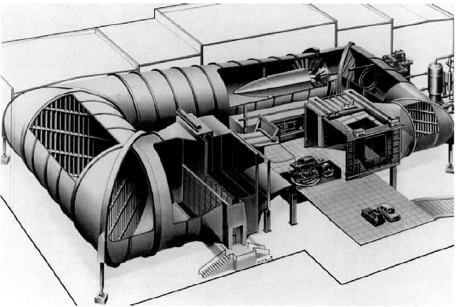

Bild 14.79:
Der große Klimawindkanal der Volkswagen AG; Bild: Schlenzig; Strahlquerschnitt 37,5 m², maximale Windgeschwindigkeit 200 km/h, Antriebsleistung 2,6 MW, Temperaturbereich .35 °C bis +50 °C.

Abb. 19.1 Klimawindkanal Volkswagen AG [2]

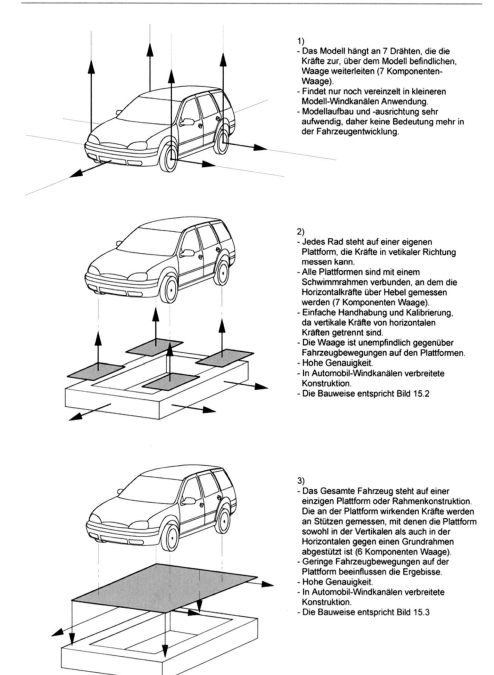

1)
- Das Modell hängt an 7 Drähten, die die Kräfte zur, über dem Modell befindlichen, Waage weiterleiten (7 Komponenten-Waage).
- Findet nur noch vereinzelt in kleineren Modell-Windkanälen Anwendung.
- Modellaufbau und -ausrichtung sehr aufwendig, daher keine Bedeutung mehr in der Fahrzeugentwicklung.

2)
- Jedes Rad steht auf einer eigenen Plattform, die Kräfte in vetikaler Richtung messen kann.
- Alle Plattformen sind mit einem Schwimmrahmen verbunden, an dem die Horizontalkräfte über Hebel gemessen werden (7 Komponenten Waage).
- Einfache Handhabung und Kalibrierung, da vertikale Kräfte von horizontalen Kräften getrennt sind.
- Die Waage ist unempfindlich gegenüber Fahrzeugbewegungen auf den Plattformen.
- Hohe Genauigkeit.
- In Automobil-Windkanälen verbreitete Konstruktion.
- Die Bauweise entspricht Bild 15.2

3)
- Das Gesamte Fahrzeug steht auf einer einzigen Plattform oder Rahmenkonstruktion. Die an der Plattform wirkenden Kräfte werden an Stützen gemessen, mit denen die Plattform sowohl in der Vertikalen als auch in der Horizontalen gegen einen Grundrahmen abgestützt ist (6 Komponenten Waage).
- Geringe Fahrzeugbewegungen auf der Plattform beeinflussen die Ergebisse.
- Hohe Genauigkeit.
- In Automobil-Windkanälen verbreitete Konstruktion.
- Die Bauweise entspricht Bild 15.3

Abb. 19.2   Wägeprinzipien für Windkanalmessungen [2]

Literatur

1. Schütz, Th. (Hrsg.); Hucho-Aerodynamik des Automobils; Springer Vieweg; Wiesbaden; 2013
2. Hucho, W.-H. (Hrsg.); Aerodynamik des Automobils; Springer Fachmedien; Wiesbaden 2008

Statistik und Fehlerbetrachtung

20

Die korrekte Interpretation von Messergebnissen und die Fehleranalyse machen einen großen Teil der Messaufgabe aus. Durch die Fehleranalyse kann die Messunsicherheit verringert werden, indem Einfluss auf die gesamte Messkette genommen wird. Durch das Anwenden statistischer Methoden gelingen die Bestimmung der Aussagesicherheit eines Messergebnisses einerseits und die Verringerung des Versuchsaufwandes andererseits.

20.1 Messfehler

In diesem Abschnitt werden Messfehler erklärt, die ihre Ursache im jeweils verwendeten Typ der Signalverarbeitung haben. Diese Fehler lassen sich zwar nicht eliminieren, allerdings können sie sehr klein gehalten werden.

Quantisierungsfehler:
Bei Zuordnung analoger Messwerte zu einem bestimmten Digitalwert im A/D-Wandler entsteht ein Informationsverlust. Die Breite des Analogbereiches bestimmt den Quantisierungsfehler, da im zugehörigen Digitalwert der Analogwert jeden beliebigen Wert innerhalb der Breite annehmen kann.

Die Breite einer Stufe entspricht der kleinsten analogen Differenz, die noch unterschieden werden kann. In Abb. 20.1 ist die Wandlung einer analogen Spannung in ein digitales Signal dargestellt. Beim digitalen Ausgangssignal mit dem Wert 1 kann die analoge Spannung zwischen 1 und <2 V liegen.

Der Betrag des Quantisierungsfehlers e_Q ergibt sich nach Gl. 20.1 aus dem Analogwertebereich $X_{max} - X_{min}$ und der Anzahl der möglichen Digitalwerte N.

© Springer Fachmedien Wiesbaden GmbH, ein Teil von Springer Nature 2020
D. Goßlau, *Fahrzeugmesstechnik*, https://doi.org/10.1007/978-3-658-28479-4_20

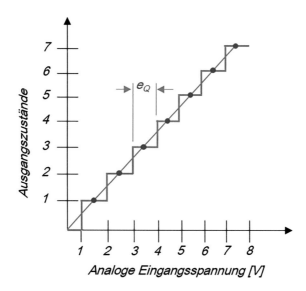

Abb. 20.1 Quantisierungsfehler bei Wandlung einer analogen Spannung in ein digitales Signal

$$|e_Q| = \frac{X_{\max} - X_{\min}}{N} = \pm \frac{e_Q}{2} \tag{20.1}$$

Der Betrag des Quantisierungsfehlers eines 8-Bit-A/D-Umsetzers mit einem Eingangs-spannungsbereich von 0 … 10 V beträgt nach Gl. 20.2 39,0625 mV. Demnach ist der Quantisierungsfehler ±19,53125 mV.

$$|e_Q| = \frac{10\,\text{V}}{2^8} = \frac{10\,\text{V}}{256} = 0,00390625\,\text{V} \tag{20.2}$$

Digitaler Restfehler
Wird eine Frequenz über eine bestimmte Zeit gemessen, wird sie innerhalb eines Tores auf einen Zähler gegeben. Wird das Öffnen und Schließen des Tores nicht mit der Frequenz synchronisiert, tritt ein digitaler Restfehler auf, das Prinzip ist in Abb. 20.2 dar-gestellt. Dort werden im oberen Beispiel 3 Tore gezählt, um unteren 2 Tore. Der absolute digitale Restfehler ist immer kleiner 1. Der relative digitale Restfehler kann natürlich durch eine höhere Abtastfrequenz oder ein größeres Zeitfenster verringert werden.

Statische Fehler
Statische Fehler beschreiben die Abhängigkeit des Messwertes Y von der Messgröße X, wenn sich das Messsystem in stationärem Zustand befindet. Für lineare Übertragungs-funktionen $Y = mx + n$ wird $m = 1$ und $n = 0$ angestrebt. Dabei ist m die multiplikative Konstante, Verstärkung, Empfindlichkeit, Übertragungsfaktor und n die additive Konstante, Offset, Nullpunkt (-verschiebung). In Abb. 20.3 sind eine ideale Kennlinie

Abb. 20.2 Digitaler
Restfehler

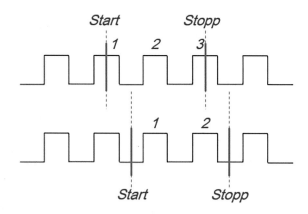

Abb. 20.3 Statische
Kennlinien

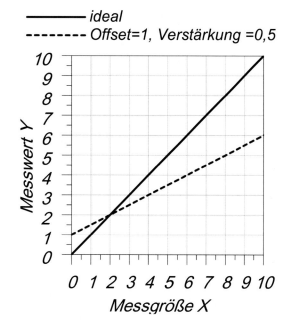

ohne Nullpunktverschiebung und Verstärkung 1 und eine offsetbehaftete mit Verstärkung 0,5 dargestellt.

20.2   Trennung systematischer und zufälliger Fehleranteile

In Kap. 4 wurde hergeleitet, dass fehlerfreies Messen nicht möglich ist. Die demnach immer auftretenden Fehler verschiedenster Art werden in systematische und zufällige Fehler unterteilt. Das Vorgehen zu deren Bestimmung und Bearbeitung sowie einige Beispiele sind in Abb. 20.4 übersichtlich dargestellt.

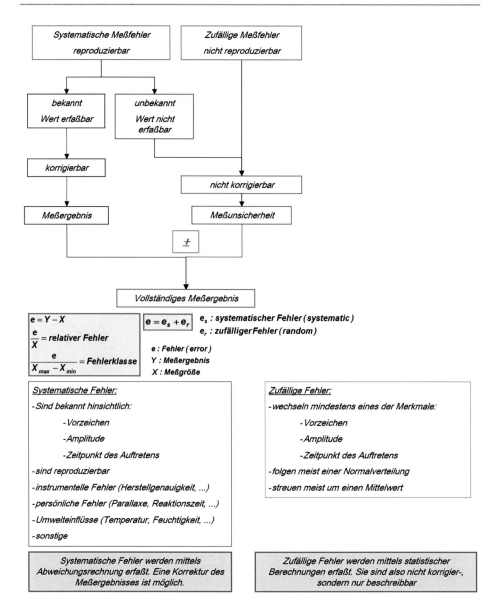

Abb. 20.4   Einordnung in systematische und zufällige Messfehler

Vorgehen zur Bestimmung systematischer und zufälliger Fehler:

1. Bestimmung der Anteile von zufälligen und systematischen Fehlern.
2. Erwartungswert des Messergebnisses ist der Mittelwert unendlich vieler Einzelmessungen.

3. Streuung spiegelt zufälligen Anteil wider.
4. Systematischer Fehleranteil ist Differenz zwischen Mittelwert und Erwartungswert.

20.3   Korrektur systematischer Messfehler

Bevor die zufälligen Fehler analysiert werden, müssen die systematischen Fehler korrigiert werden.

Allgemeine Korrekturen sind:

- Messen bei unterschiedlichen Umgebungszuständen, um den Umgebungseinfluss auf das Messgerät zu finden
- Messen in unterschiedlichen Zeitintervallen, Zeitdrift des Messgerätes quantifizieren
- Messung durch unterschiedliche Personen, subjektiven Einfluss finden
- Mathematische Korrekturen (Kennlinienkorrektur):
  - Lineare Approximation
  - Geradenapproximation
  - Polynominterpolation
  - Spline-Interpolation (spline: Profil, Kurvenlineal, Funktion, die an einen Kurvenverlauf der Messwertreihe angelegt wird)

Bei der Kennlinienkorrektur ist zu unterscheiden zwischen Kalibrierung und Eichung. Unter Kalibrierung versteht man Maßnahmen, die möglichst große Übereinstimmung zwischen Messwert und Messgröße zum Ziel haben. Die Eichung ist dazu identisch, außer dass sie nur von bestimmten staatlichen Stellen durchgeführt werden (örtliches Eichamt, PTB) darf.

Beispiel: Kalibrierung einer Temperaturmesskette an den Punkten 0 und 100 °C:

- Eisbad, schmelzendes Wassereis und das daraus resultierende Schmelzwasser bilden das Bad für 0 °C
- Siedebad, kochendes Wasser bildet das Bad für 100 °C
- Temperatursensor gibt Messwert an beiden Punkten aus
- Messwertskalierung wird an beiden Punkten solange korrigiert bis 0 °C bzw. 100 °C angezeigt werden

Zur Aufnahme der Kennlinie ist der Sensor mit einem Kalibriergerät; welches deutlich genauer messen muss, als das zu Kalibrierende; zu vermessen. Ein Beispielgerät für mehrere Sensortypen ist in Abb. 20.5 dargestellt. Abb. 20.6 zeigt einen sogenannten Blockkalibrator, in dem eine mit Bohrungen verschiedener Durchmesser versehene Metallmasse auf die Zieltemperatur aufgeheizt wird. Eine weitere Möglichkeit, Temperatursensoren zu kalibrieren stellt das Kalibrierbad dar. In Abb. 20.6 ist die Gegenmessung zwischen Kalibrierbad; links im Bild; und Kalibrator für Widerstände, im

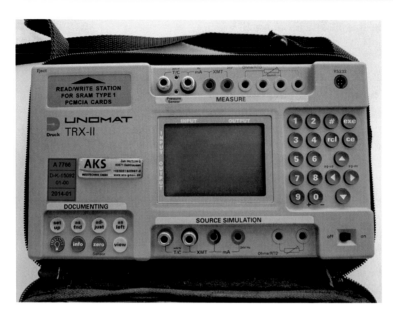

Abb. 20.5 Kalibriergerät für Temperatur- und Drucksensoren, Widerstände, Spannungen und Ströme

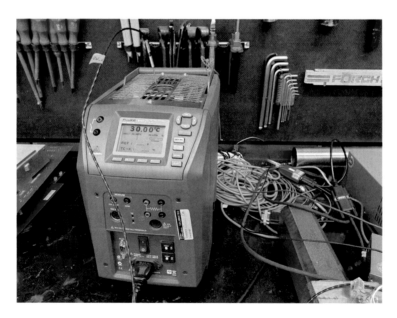

Abb. 20.6 Blockkalibrator für das Kalibrieren von Mantelthermoelementen und -widerstandsthermometern

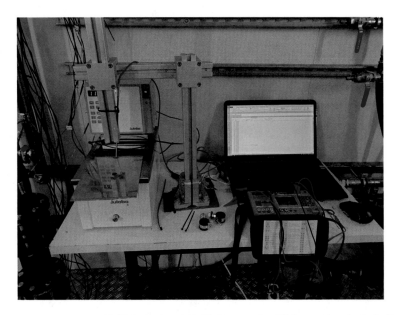

Abb. 20.7 Gegenmessung Kalibrierbad und Kalibriergerät für Widerstände mittels kalibriertem Pt100

Bildvordergrund mittels eines kalibrierten Widerstandsthermometers, dessen Kennlinie bekannt ist, dargestellt (Abb. 20.7).

Wurde die Kennlinie aufgenommen, kann sie entweder anhand von Stützstellen im Anzeigegerät abgelegt (Stützstellentabelle, mehrdimensionales Stützstellenkennfeld) oder als mathematische Korrektur hinterlegt werden. Da jeder Signalwandler ebenfalls fehlerbehaftet ist bietet es sich an, statt eines Sensors die komplette Messkette zu kalibrieren. In Abschn. 6.6.4 wurde der Anschluss von Thermoelementen oder Widerstandsthermometern mittels Minimodulen vorgestellt. Bei solch einem Aufbau findet das Kalibrieren der Messkette derart statt, dass jeder Temperatursensor an den Steckplatz im Minimodul angeschlossen wird, an dem er auch im späteren Versuchsbetrieb arbeiten wird. Die Minimodule geben ihre Daten via CAN an einen Auswerterechner weiter. Werden die Sensoren nun im Kalibrierbad oder Blockkalibrator auf verschiedene Temperaturen gebracht, kann die Kennlinie der gesamten Messkette aufgenommen und auch korrigiert werden. Im Idealfall entspricht die Korrekturfunktion der umgekehrten Übertragungsfunktion des Messsystems, sodass eine lineare Kennlinie entsteht. Die Merkmale der verschiedenen Korrekturverfahren sind folgend beschrieben.

Lineare Approximation, Abb. 20.8:

- keine Korrektur von Nichtlinearitäten
- Verschiebung der linearen Kennlinie so, dass möglichst viele Werte der wahren Kennlinie oder bevorzugt die Werte eines bestimmten Kennlinienbereiches möglichst gut erfasst werden

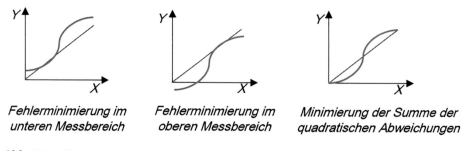

Fehlerminimierung im   Fehlerminimierung im   Minimierung der Summe der
unteren Messbereich   oberen Messbereich   quadratischen Abweichungen

Abb. 20.8   Lineare Approximation

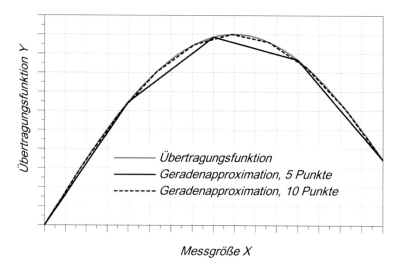

Abb. 20.9   Geradenapproximation

- oft geräteseitige Umsetzung, Verstärkung (=Steilheit) und Offset (=Achsabschnitt) werden empirisch angeglichen, Nutzung der Wertepaare an den Messbereichsenden. Anschließend programmseitige Korrektur der Nichtlinearitäten.

Geradenapproximation, Abb. 20.9:

- intervallweise lineare Approximation, Geraden bilden dabei Sekanten des betrachteten Teils der Übertragungsfunktion
- für jedes Intervall unterschiedliche Korrekturfaktoren für Steilheit und Achsenabschnitt
- Kennlinie wird also linearisiert, je mehr Stützstellen benutzt werden, desto geringer wird der Restfehler

- Nachteil: kein geschlossener mathematischer Ausdruck für die gesamte Übertragungsfunktion, sondern viele einzelne Terme, die programmtechnisch ausgewertet werden müssen
- manuell möglich mittels klassischem Runge-Kutta-Verfahren

Polynom-Interpolation, Abb. 20.10:

- Polynomannäherung der Übertragungsfunktion
- Nachteil: bei ungünstiger Stützstellenlage kann der Fehler zwischen den Stützstellen sehr groß werden, insbesondere bei Polynomen höherer Ordnung
- sind n + 1 Messwerte gegeben, sollte das Ausgleichspolynom n-ter Ordnung sein. Aufstellung mit:
  - Horner-Schema
  - Linearen Gleichungssystemen
  - Newton'schem Interpolationsverfahren

Spline-Interpolation:

- intervallweise Approximation mit Hilfe von kubischen Splines (ähnlich Geradenapproximation)
- erheblicher rechnerischer Aufwand, außerhalb des Wertebereiches (Extrapolation) starke Fehlerzunahme

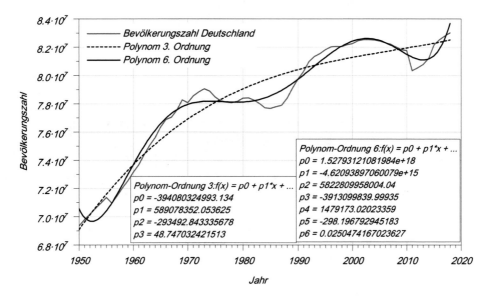

Abb. 20.10 Polynom-Interpolation 3. und 6. Ordnung der Bevölkerungszahl Deutschlands, Daten aus [1]

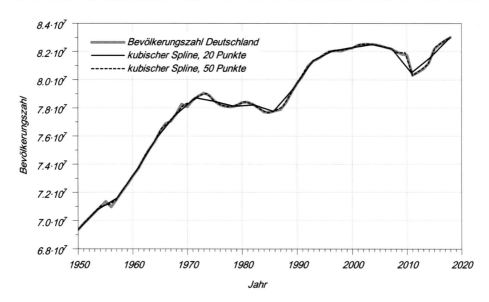

Abb. 20.11 Spline-Interpolation mit 20 und 50 Stützstellen der Bevölkerungszahl Deutschlands, Daten aus [1]

Aus Abb. 20.8 bis Abb. 20.11 ist sofort erkennbar, dass nichtlineare Funktionen am besten mittels Spline-Interpolation approximiert werden können. Dabei führt eine größere Stützstellenanzahl zu besserer Annäherung. Diverse Programme bieten die genannten Interpolationsverfahren komfortabel an und geben sowohl Gleichungen als auch Regressionskoeffizienten an.

20.4   Statistische Auswertung

Auch bei 100 %iger Kennlinienkorrektur und der Ausschaltung aller systematischen Fehler, die nur theoretisch möglich ist, wird man bei mehreren Messungen einer konstanten Messgröße unterschiedliche Messwerte erhalten. Diese spiegeln die zufälligen Fehler wider. Die mathematische Analyse dieser Fehler benutzt statistische Methoden, die wir uns genauer anschauen wollen. Abb. 20.12 veranschaulicht die Beziehungen zwischen dem wahren Wert einer Messgröße, dem Mittelwert und dem Erwartungswert.

Der Erwartungswert μ in Gl. 20.3 ist der arithmetische Mittelwert aller gemessenen Werte x_i einer sehr großen, idealerweise unendlichen, Anzahl n von Messungen der gleichen, möglichst unbeeinflussten Messgröße unter konstanten Randbedingungen.

$$\mu = \lim_{n \to \infty} \frac{1}{n} \sum_{1}^{n} x_i = \lim_{n \to \infty} \bar{x} \tag{20.3}$$

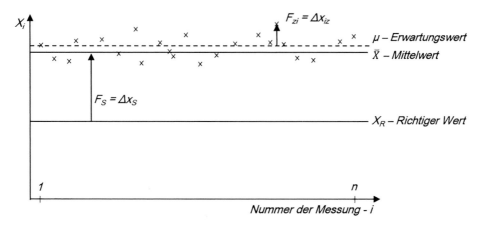

Abb. 20.12 Grafische Darstellung von Mittelwert, Erwartungswert und wahrem Wert

Die systematische Abweichung F_s ist die Abweichung des Erwartungswertes μ vom richtigen Wert x_r. Sie hat unter gleichen Messbedingungen immer gleiche Größe und Vorzeichen, Gl. 20.4.

$$F_s = \Delta x_s = \mu - x_r \tag{20.4}$$

Die zufällige Einzelabweichung F_{zi} in Gl. 20.5 ist die Abweichung des i-ten gemessenen Wertes x_i gegenüber dem Erwartungswert μ. Größe und Vorzeichen sind regellos verändert, also nicht systematisch zuordnenbar.

$$F_{zi} = x_i - \mu = \Delta x_i \tag{20.5}$$

Der Mittel- bzw. Schätzwert des Erwartungswertes ist der Mittelwert aus einer endlichen Anzahl von Einzelmesswerten lt. Gl. 20.6.

$$\bar{x} = \frac{1}{n} \sum_{i}^{n} x_i \tag{20.6}$$

Eine endliche Anzahl von Messwerten wird Stichprobe genannt. Der Unterschied zwischen Erwartungswert μ und Schätzwert x ist also die Anzahl der Messungen. Da wir keine Messreihe mit unendlich vielen Messungen durchführen, arbeiten wir in Wirklichkeit immer mit dem Schätzwert. Mit diesen grundlegenden Größen können Messwerte statistisch analysiert werden.

Häufigkeitsdichte und Verteilungsdichte geben bereits Auskunft über die Qualität einer Messung. Um die Häufigkeitsdichte h zu erhalten, wird der Messbereich in k Intervalle; auch Klassen genannt; aufgeteilt, und zwar gleichmäßig um den Mittelwert. Anschließend wird gezählt, wieviel Messwerte in jede Klasse fallen. Man unterscheidet in absolute Häufigkeitsdichte $h_{j,abs}$ und relative Häufigkeitsdichte h_j. Sie stellen jeweils den Quotienten aus Anzahl der Elemente Δn_j je Klasse und Klassenbreite Δx; absolute

Häufigkeitsverteilung in Gl. 20.7; bzw. den Quotienten bezogen auf die Anzahl der Messwerte n bei der relativen Häufigkeitsverteilung nach Gl. 20.8 dar.

$$h_{j,\text{abs}} = \frac{\Delta n_j}{\Delta x} \tag{20.7}$$

$$h_j = \frac{\Delta n_j}{n\Delta x} \tag{20.8}$$

Durch Auftragen der Häufigkeitsdichte als Mittelwerte über den Anzeigewerten erhält man die Häufigkeitsdichte-Verteilung. Das nennt man Histogramm, siehe Abb. 20.13.

Die Häufigkeitsverteilung von zwei zueinander in Beziehung stehenden Größen ergibt ein dreidimensionales Diagramm, Abb. 20.14 zeigt die Betriebspunkthäufigkeiten eines Motors auf identischer Strecke bei unterschiedlichen Fahrertemperamenten.

Man kann also Häufigkeitsverteilungen (Histogramme) nicht nur zur Messfehleranalyse benutzen, sondern auch zur Analyse von Messwerten. Daraus lässt sich das Verhalten bestimmter Individuen einer Population unter bestimmten Bedingungen ablesen.

Werden die Intervallbreiten immer kleiner und die Messwertanzahl immer größer, so erhält man eine zunehmend feinere Stufung des Histogramms. Beim Grenzfall unendlich vieler Versuche ergibt sich statt der Stufung im Histogramm ein Kurvenverlauf. Das nennt man stetige Verteilungsdichte $h(x)$ nach Gl. 20.9.

$$h(x) = \lim_{n\to\infty} \frac{\Delta n_j}{n\Delta x} = \lim_{n\to\infty} \frac{\mathrm{d}n_j}{n\mathrm{d}x} \tag{20.9}$$

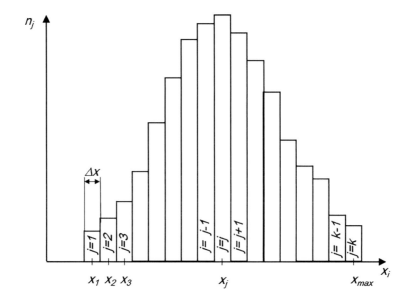

Abb. 20.13 Histogramm zweidimensional

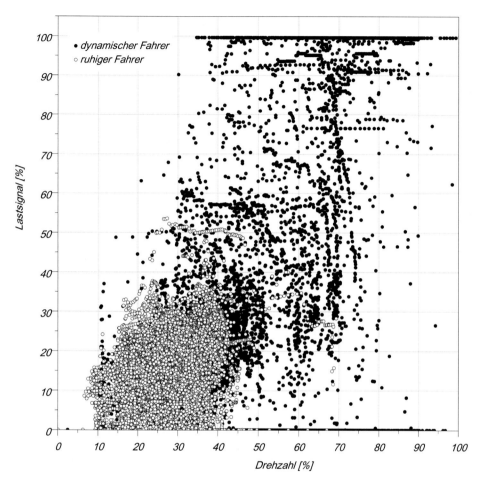

Abb. 20.14 Betriebspunkthäufigkeiten eines Motors bei zwei unterschiedlichen Fahrer-temperamenten auf identischer Strecke

Der Übergang zu einer hohen Anzahl von Messwerten ist in Abb. 20.15 dargestellt. Dort ist die Verteilungsdichte von 1000 Messwerten, in dem Fall Mitteldrücke aus den 1000 Arbeitszyklen eines Verbrennungsmotors in einem stationären Betriebspunkt, zu sehen. Dabei zeigen die senkrechten Balken die Klassenbreite, in dem Fall $\Delta x = 0{,}001$ bar, und die Höhe der Balken die Anzahl der in die Klasse fallenden Messwerte. Die durch-gezogene Linie stellt den Übergang zu unendlich vielen Messwerten entsprechend Gl. 20.9 dar.

Für uns ist nun interessant, wie wahrscheinlich es ist, dass ein Messwert x mög-lichst nahe am Erwartungswert μ liegt. Daraus können wir dann schließen, wie genau gemessen wurde. Die Wahrscheinlichkeit P, dass ein Messwert x in ein bestimmtes Inter-vall j fällt, ist in Gl. 20.10 formuliert.

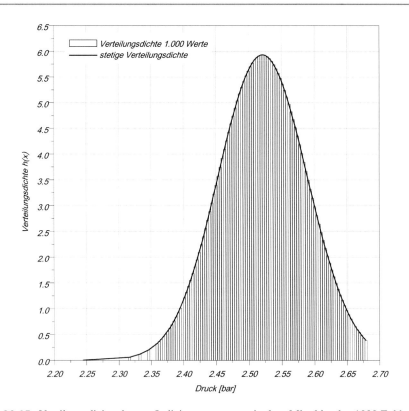

Abb. 20.15 Veteilungsdichte des aus Indiziermessung ermittelten Mitteldrucks, 1000 Zyklen

$$P\left(x_{i,j}\text{min} \leq x_i \leq x_{i,j}\text{max}\right) = \frac{\Delta n_j}{n} = h_j(x_i)\Delta x \qquad (20.10)$$

Den Übergang zu infinitesimalen (unendlich kleinen) Intervallen zeigt Gl. 20.11.

$$dP(x) = \lim_{\Delta x \to \infty} h_j(x_i)\Delta x = h(x)dx \qquad (20.11)$$

Die Verteilungsdichte wird auch oft als Wahrscheinlichkeitsdichte bezeichnet. Für unendlich viele Messwerte wird die Wahrscheinlichkeitsfunktion zu Gl. 20.12.

$$P(-\infty \leq x_i \leq \infty) = \int_{-\infty}^{\infty} h(x)dx = \lim_{n \to \infty} \sum_{1}^{k} \frac{\Delta n_j}{n} \equiv 1 \qquad (20.12)$$

Summiert man die Messwerte, die kleiner als der interessierende Erwartungswert $\bar{x}$ (bzw. μ bei unendlich vielen Messwerten) sind, erhält man eine Treppenkurve und im Grenzfall unendlich vieler Messwerte eine Summenhäufigkeit, Abb. 20.16 bzw. Wahrscheinlichkeitsfunktion nach Gl. 20.12.

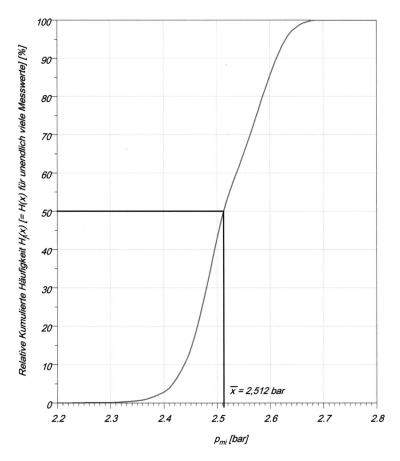

Abb. 20.16 Summenhäufigkeit des Mitteldrucks aus 1000 Zyklen

Der Stichprobenmittelwert $\bar{x}$ ist als Schätzwert des Erwartungswertes μ der Grundgesamtheit aufzufassen. Der Erwartungswert μ berechnet sich nach Gl. 20.13 aus der stetigen Verteilungsdichte $h(x)$.

$$\mu = \int_{-\infty}^{\infty} h(x)dx \qquad (20.13)$$

μ ist also der Schwerpunktwert der im vorigen Bild gezeigten Häufigkeitsfunktion auf der Abszisse. Der Mittelwert einer Abweichungsverteilung trifft Aussage über die Schwerpunktlage der Abwei-chungen, nicht jedoch über die Streubreite der Messwerte. Eine Aussage über die Streubreite erhält man, wenn man den Abstand eines Messwertes vom Mittelwert quadriert und die Summe dieser Abweichungsrate entsprechend Gl. 20.14 bestimmt.

$$s_q = \sum_{1}^{n} (x_i - \bar{x})^2 \qquad (20.14)$$

Die mittlere quadratische Abweichung ergibt sich durch Radizieren von Gl. 20.14 zu Gl. 20.15.

$$s = \sqrt{\frac{s_q}{n-1}} \qquad (20.15)$$

Für unendlich viele Messwerte erhält man die Standardabweichung σ in Gl. 20.16.

$$\sigma = \lim_{n \to \infty} s \qquad (20.16)$$

Das Quadrat der Standardabweichung wird als Varianz V bezeichnet und ergibt sich aus Gl. 20.17.

$$V = \sigma^2 = \int_{-\infty}^{\infty} h(x)(x-\mu)^2 dx \qquad (20.17)$$

Die Varianz entspricht dem Flächenträgheitsmoment der Gesamtfläche unter der Verteilungsdichtefunktion um die Ordinate an der Stelle des Erwartungswertes. Je größer die Varianz, desto geringer ist die Messgenauigkeit. Das sieht man sehr gut in Abb. 20.17. Dort sind die stetigen Verteilungsdichten aus Indiziermessungen dargestellt. Werden im stationären Betriebspunkt 1000 Zyklen gemessen, ergibt sich eine Verteilungsdichte mit geringerer Varianz des indizierten Mitteldrucks, rote Kurve in Abb. 20.17, als bei der Messung von nur 375 Zyklen, schwarze Kurve.

Da wir ja nicht unendlich viele Messwerte aufnehmen können, ist für uns die Standardabweichung nur theoretisch von Wert. Praktisch rechnen wir immer mit der Stichproben-Standardabweichung s anhand Gl. 20.18 oder vereinfacht anhand Gl. 20.19, welche sich leichter in Tabellenkalkulationsprogrammen umsetzen lässt.

$$s = \sqrt{\frac{1}{n-1} \sum_{i=1}^{n} (x_i - \overline{x})^2} \qquad (20.18)$$

$$s = \sqrt{\frac{1}{1-n} \left(\sum_{i=1}^{n} x_i^2 - n\overline{x}^2 \right)} \qquad (20.19)$$

Anders ausgedrückt gibt die Stichproben-Standardabweichung wieder, dass der wahre Messwert mit der berechneten Wahrscheinlichkeit im Bereich der Standardabweichung liegt.

Um herauszufinden, ob die Messwerte normal über die Klassenbreiten verteilt sind, untersucht man sie auf Normalverteilung. Ist diese nicht gegeben ist davon auszugehen, das grobe Messfehler vorliegen. Die Normalverteilung wurde bereits 1809 von Carl Friedrich Gauß angegeben und wird umgangssprachlich auch Gaußverteilung, Gaußkurve oder Gauß'sche Glockenkurve genannt. Gauß, geboren 1777 in Braunschweig, gestorben 1855 in Göttingen, gilt als der Gründer statistischer Methoden. Er leitete lt. Legende mit sieben Jahren die Reihenentwicklung her, als er die Aufgabe erhielt, alle Zahlen von 0…100 zu addieren. Gauß begründete die Sterbetafeln, leistete Beiträge zur Landvermessung und Astronomie, zum Elektromagnetismus, zu komplexen

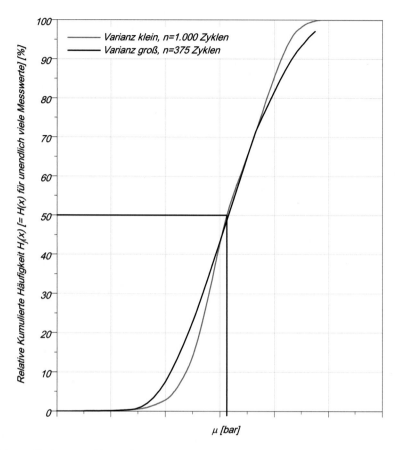

Abb. 20.17 Stetige Verteilungsdichten aus Indiziermessungen, 1000 Messwerte mit kleinerer Varianz als 375 Messwerte mit großer Varianz

Zahlen usw. Er veröffentlichte nur sehr wenige seiner Arbeiten. Erst nach seinem Tod wurde mit der Entdeckung seiner Tagebücher das wahre, von ihm geschaffene Potential öffentlich bekannt. Er wird deshalb auch Fürst der Mathematik genannt. Die Normalverteilung $h(x)$ bzw. $\Phi(x)$ wird anhand Gl. 20.20 berechnet.

$$h_n(x) \equiv \Phi(x) = \frac{1}{2\pi\sigma} e^{-\frac{1}{2}\left(\frac{x-\mu}{\sigma}\right)^2} \tag{20.20}$$

Eigenschaften der Gauß'schen Glockenkurve:

- symmetrisch zum Erwartungswert μ
- Maximum Φ an der Stelle des Erwartungswertes
- besitzt zwei Wendepunkte x_w
- nähert sich vom Maximum beidseitig monoton fallend asymptotisch der x-Achse
- der Flächeninhalt bleibt immer gleich

Tab. 20.1 Wahrscheinlichkeitstabelle

|z|	0,00	0,25	0,50	0,75	1,00	1,50	1,645	1,96	2,00	2,58	3,00
P [%]	0,00	19,70	38,30	54,00	68,30	86,60	90,00	95,00	95,45	99,00	99,73

Das Maximum $\Phi_{max}(x)$ an der Stelle des Erwartungswertes μ wird mit Gl. 20.21 berechnet.

$$\Phi_{max}(x) = \Phi(\mu) = \frac{1}{\sqrt{2\pi}\,\sigma} \tag{20.21}$$

Die Wendepunkte x_w ergeben sich aus dem Erwartungswert μ und der Standardabweichung σ nach Gl. 20.22.

$$x_w = \mu \pm \sigma \tag{20.22}$$

Die standardisierte Normalverteilung ergibt sich durch Stauchung um σ und Verschiebung um μ sowie eine Ordinatendehnung, siehe Gl. 20.23.

$$\Phi_n(z) = \frac{1}{2\pi} e^{-\frac{1}{2}z^2} \tag{20.23}$$

Dabei ist der Exponentenanteil z in Gl. 20.23 entsprechend Gl. 20.24 abhängig vom jeweiligen Messwert x_i, dem Erwartungswert μ und der Standardabweichung σ.

$$z = \frac{x_i - \mu}{\sigma} \tag{20.24}$$

Nun kann die zugehörige Wahrscheinlichkeitsfunktion mit Gl. 20.25 berechnet werden.

$$\Phi(z) = \frac{1}{2\pi} \int_{-\infty}^{\infty} e^{-\frac{1}{2}z^2} \tag{20.25}$$

Der große Vorteil der standardisierten Normalverteilung ist, dass damit Messungen unterschiedlichster Messgrößen mit verschiedensten Messverfahren und Messwertanzahlen bzgl. ihrer Qualität (Genauigkeit, Messunsicherheit) beurteilt werden können. Außerdem ist die vergleichende Beurteilung von Individuenverteilungen in unterschiedlichen Populationen möglich. Die Wahrscheinlichkeit P, dass ein Messwert innerhalb der standardisierten Normalverteilung liegt, ergibt sich nach Tab. 20.1. Am Beispiel des indizierten Mitteldrucks p_{mi} aus der Messung von 1000 Zyklen zeigt Abb. 20.18 die standardisierte Normalverteilung.

20.5   Messunsicherheit

Für die Angabe der Messunsicherheit wird ein Vertrauensbereich um den Mittelwert $\bar{x}$ der Messwerte gebildet. Mit der Aussagesicherheit wird beschrieben, mit welcher Wahrscheinlichkeit der Erwartungswert μ in diesen Bereich fällt, Gl. 20.26.

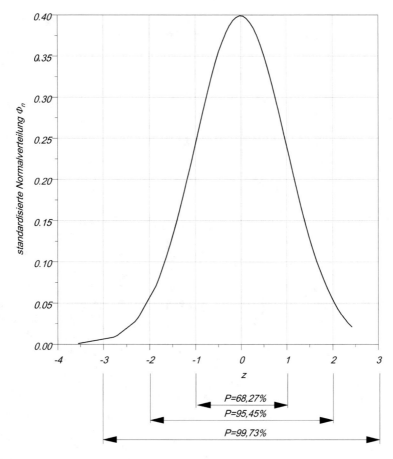

Abb. 20.18 Standardisierte Normalverteilung des indizierten Mitteldrucks aus einer Indizier-messung

$$\mu = \bar{x} \pm \bar{u}_x. \tag{20.26}$$

Der Vertrauensbereich dafür ergibt sich nach Gl. 20.27.

$$P_n = \Phi_n\left(\frac{\bar{x} - \mu + \bar{u}}{\sigma}\right) - \Phi_n\left(\frac{\bar{x} - \mu - \bar{u}}{\sigma}\right) \tag{20.27}$$

Je größer die Messunsicherheit, desto größer der Vertrauensbereich. Ist die Standard-abweichung bekannt, kann die Messunsicherheit u_{xi} mithilfe von z nach Gl. 20.28 berechnet werden.

$$u_{xi} = z\sigma \tag{20.28}$$

In der Realität ist die Standardabweichung σ meist unbekannt und wir rechnen mit der Stichproben-Standardabweichung s. Mit Hilfe der Students-Verteilung aus Abb. 20.19 kann aber mit vorgegebener Wahrscheinlichkeit eine Aussage über den Vertrauensbereich des Mittelwertes gewonnen werden, Gl. 20.29.

Anzahl der Einzelwerte	Werte für t und $t/\sqrt{n}$							
	für P = 95,0%		für P = 99,0%		für P = 99,73%		für P = 68,3%	
n	t	$t/\sqrt{n}$	t	$t/\sqrt{n}$	t	$t/\sqrt{n}$	t	$t/\sqrt{n}$
(3)	(4,30)	(2,48)	(9,92)	(5,72)	(19,21)	(11,00)	1,32	0,762
(4)	(3,18)	(1,59)	(5,84)	(2,92)	(9,22)	(4,61)	1,20	0,600
5	2,78	1,243	4,60	2,057	6,62	2,961	1,15	0,514
6	2,57	1,049	4,03	1,645	5,51	2,249	1,11	0,453
7	2,45	0,926	3,71	1,402	4,90	1,852	1,09	0,412
8	2,37	0,838	3,50	1,237	4,53	1,602	1,09	0,385
9	2,31	0,770	3,36	1,120	4,27	1,423	1,07	0,357
10	2,26	0,715	3,25	1,028	4,09	1,293	1,06	0,335
11	2,23	0,672	3,17	0,956	3,96	1,194	1,06	0,317
12	2,20	0,635	3,11	0,898	3,85	1,111	1,05	0,303
13	2,18	0,605	3,06	0,849	3,76	1,043	1,05	0,288
14	2,16	0,577	3,01	0,804	3,69	0,986	1,04	0,278
15	2,15	0,555	2,98	0,769	3,63	0,937	1,04	0,269
16	2,13	0,533	2,95	0,738	3,58	0,895	1,04	0,258
18	2,11	0,497	2,90	0,684	3,50	0,825	1,03	0,243
20	2,08	0,465	2,86	0,640	3,43	0,767	1,03	0,230
22	2,07	0,441	2,83	0,603	3,40	0,725	1,03	0,217
24	2,06	0,420	2,81	0,574	3,36	0,686	1,02	0,208
25	2,06	0,412	2,80	0,560	3,34	0,668	1,02	0,204
26	2,05	0,402	2,79	0,547	3,33	0,653	1,02	0,200
28	2,05	0,387	2,77	0,523	3,30	0,624	1,02	0,193
30	2,05	0,374	2,76	0,504	3,28	0,599	1,02	0,186
35	2,03	0,343	2,73	0,461	3,24	0,548	1,02	0,171
40	2,02	0,319	2,71	0,428	3,20	0,506	1,01	0,160
50	2,01	0,284	2,68	0,379	3,16	0,447	1,01	0,143
60	2,00	0,258	2,66	0,343	3,31	0,428	1,01	0,129
80	1,99	0,222	2,64	0,295	3,10	0,347	1,00	0,112
100	1,98	0,198	2,63	0,263	3,08	0,308	1,00	0,100
120	1,98	0,181	2,62	0,239	3,06	0,279	1,00	0,091
150	1,98	0,162	2,61	0,213	3,05	0,249	1,00	0,082
180	1,97	0,147	2,60	0,194	3,04	0,227	1,00	0,075
sehr groß	1,96	0,088	2,58	0,106	3,00	0,106	1,00	0,112
	$n = 500$		$n = 590$		$n = 800$		$n = 80$	
∞	1,96	0,000	2,58	0,000	3,00	0,000	1,00	0,000

Abb. 20.19 Students-Tabelle

$$u_{\overline{x}} = \frac{t}{\sqrt{n}}s \qquad (20.29)$$

20.6 Anwendungsbeispiel zur Angabe eines Messwertes mit Messunsicherheit

Für Kraftstoffverbrauchsmessungen im NEFZ sind für den Motorenprüfstand und die Abgasrolle die Messunsicherheiten zu bestimmen. Die in mehreren Versuchen gemessenen, kumulierten Verbräuche sind in Abb. 20.20 dargestellt. Dabei wurde auf dem Motorenprüfstand ein zum im Fahrzeug auf der Rolle identischer Motor verwendet. Die Zyklen am Motorenprüfstand wurden automatisiert gefahren, am Rollenprüfstand kam ein menschlicher Fahrer zum Einsatz. Der Kraftstoffverbrauch wurde am Rollenprüfstand mittels CVS bestimmt, siehe Abschn. 13.2. Am Motorenprüfstand wurde ein Massenstrommessgerät nach dem Coriolisprinzip, siehe Abschn. 12.2.2, verwendet.

Die am Rollenprüfstand ermittelten Kraftstoffverbräuche streuen deutlich weiter als die am Motorenprüfstand ermittelten. Welche systematischen und zufälligen Fehler können an beiden Prüfständen auftreten? Siehe Tab. 20.2.

Umgebungsluftfeuchte und –druck können mittels Korrekturrechnungen berücksichtigt werden. An der Rolle ist die Einstellung der Motordrehzahl und des Motormomentes nicht wie am Motorenprüfstand programmiert und von der Prüfstandsautomatisierung

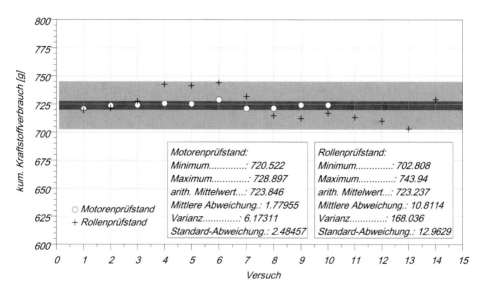

Abb. 20.20 Kumulierte Kraftstoffverbräuche im NEFZ auf Motoren- und Rollenprüfstand

Tab. 20.2 Fehlerarten und –ursachen bei der Kraftstoffverbrauchsermittlung am Motoren- und Rollenprüfstand

Motorenprüfstand	Fehlerart	Rollenprüfstand
– Schwankende Umgebungstemperatur – Schwankender Umgebungsluftdruck – Schwankende relative Luftfeuchte – Umgebungsluftgeschwindigkeit – Kraftstofftemperatur – Einregelung Motordrehzahl – Einregelung Motordrehmoment – Applikationsstand Motorsteuergerät – Adaptionswerte Motorsteuergerät	Systematisch	– Schwankende Umgebungs- temperatur – Schwankender Umgebungsluftdruck – Schwankende relative Luftfeuchte – Umgebungsluftgeschwindigkeit – Kraftstofftemperatur – Einregelung Motordrehzahl – Einregelung Motordrehmoment – Applikationsstand Motorsteuergerät – Adaptionswerte Motorsteuergerät – Reifenluftdruck – Reifendurchmesser – Achslast – Einregelung Verdünnungsfaktor
– Zeitliche Drift Kraftstoffwaage – Temperaturdrift Kraftstoffwaage – Vibrationen	Zufällig	– Fahrerverhalten – Reifenschlupf – Schräglaufwinkel – Analysatorendrift – Motorstartverhalten – Zusammensetzung Analysegase

gewährleistet, sondern vom Fahrer. Sehr gute Rollenfahrer weisen erfahrungsgemäß Reproduzierbarkeiten mit 1 % Abweichung auf. Das bedeutet, dass die Betriebspunkteinstellung auf der Rolle sowohl systematische als auch zufällige Fehleranteile enthält.

Da nur sehr geringe Stichprobenumfänge, am Motorprüfstand $n = 10$, am Rollenprüfstand $n = 14$ gefahren wurden, können wir nicht mit dem Erwartungswert μ rechnen, sondern mit dem Mittel- bzw. Schätzwert $\bar{x}$ des Erwartungswertes. Wir erhalten mit Gl. 20.6 für den Motorenprüfstand $\bar{x}_{\mathrm{MP}} = 723{,}846\,\mathrm{g}$ und für den Rollenprüfstand $\bar{x}_{\mathrm{RP}} = 723{,}237\,\mathrm{g}$. Diese beiden Schätzwerte des Erwartungswertes liegen relativ dicht beieinander, das gibt allerdings noch keine Aussage über die Qualität der Messergebnisse. Um die Streubreite der einzelnen Messwerte beurteilen zu können, berechnen wir die Stichproben-Standardabweichung s (im Gegensatz zur Standardabweichung σ bei unendlich vielen Messwerten) nach Gl. 20.30. Alternativ können auch Gl. 20.18 oder Gl. 20.19 benutzt werden, zur Eingabe in Tabellenkalkulationen ist allerdings Gl. 20.30 sehr gut handhabbar. Darin ergibt sich z aus Gl. 20.24.

$$s = \sqrt{\frac{1}{n-1}\left[\sum_1^n z_i^2 - \frac{1}{n}\left(\sum_1^n z_i\right)^2\right]} \qquad (20.30)$$

Das Quadrat der Stichproben-Standardabweichung ist die Varianz. Sie ergibt sich zu $V_{MP} = 6{,}17311$ g für die Messergebnisse des Motorenprüfstands und zu $V_{RP} = 168{,}036$ g für die der Rollenversuche. Dem Diagramm in Abb. 20.20 kann auch die Stichproben-Standardabweichung entnommen werden. Die Darstellung statistischer Werte ist in einigen Auswerteprogrammen sehr komfortabel und einfach möglich. Die Varianz (und damit zwingenderweise auch die Stichproben-Standardabweichung) ist auf dem Rollenprüfstand deutlich größer als am Motorenprüfstand, den Messergebnissen der Rolle kann also weniger vertraut werden.

Wir wollen nun herausfinden, mit welcher Abweichung wir bei welchem Vertrauensbereich rechnen müssen. Vorher überprüfen wir noch, ob unsere Messergebnisse der Gauß'schen Normalverteilung nach Gl. 20.20 unterliegen und erhalten die Normalverteilungen in Abb. 20.21. Aufgrund der geringen Messwertanzahlen sind die Normalverteilungen nur rudimentär ausgeprägt. Die Transformation in standardisierte Normalverteilungen mittels Gl. 20.25 in Abb. 20.22 lässt eine symmetrische Verteilung um $z = 0$ für beide Verteilungen erkennen. Trotz der geringen Messwertanzahl ist anhand der gezeigten Normalverteilungen davon auszugehen, dass keine groben Messfehler auftraten. Mit dieser Gewissheit kann die Messunsicherheit u berechnet werden.

Im vorliegenden Beispiel wurden nur $n_{MP} = 10$ Messwerte am Motorenprüfstand $n_{RP} = 14$ am Rollenprüfstand aufgenommen. Wir berechnen deshalb den Vertrauensbereich nach Gl. 20.29 anhand der Werte aus der Students-Tabelle in Abb. 20.19 für

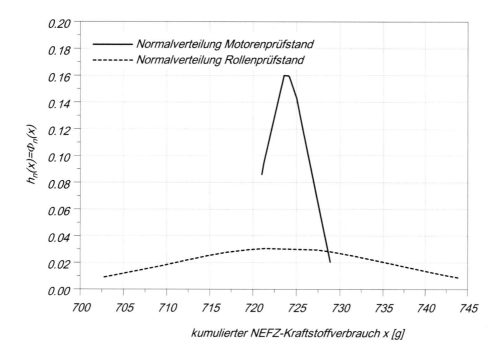

Abb. 20.21 Normalverteilungen der kumulierten Kraftstoffverbräuche

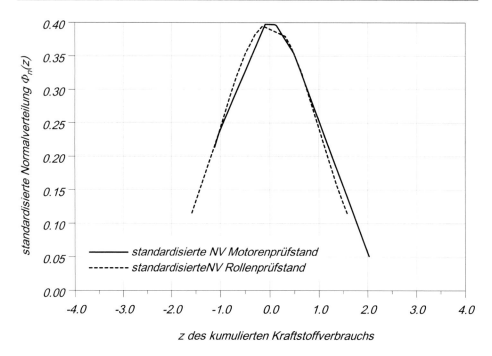

Abb. 20.22 Standardisierte Normalverteilungen der kumulierten Kraftstoffverbräuche

Messreihen mit geringer Anzahl von Messwerten. Wir erhalten für die Messwerte des Motorenprüfstands $u_{\bar{x}MP} = \pm 1{,}776\,\mathrm{g}$ und für die CVS-Werte des Rollenprüfstands $u_{\bar{x}RP} = \pm 7{,}47\,\mathrm{g}$ bei einem Vertrauensbereich von $P = 95\,\%$. Das entspricht relativen Werten von $u_{\bar{x}MP,rel.} = \pm 0{,}245\,\%$ und $u_{\bar{x}MP,rel.} = \pm 1{,}03\,\%$. Demnach können wir bei 95 % Aussagewahrscheinlichkeit am Motorenprüfstand auf 0,49 % und am Rollenprüfstand auf 2,06 % genau messen. Wird der Vertrauensbereich auf 99,73 % erhöht, ergeben sich $u_{\bar{x}MP} = 3{,}205\,\mathrm{g}$, $u_{\bar{x}MP,rel.} = \pm 0{,}44\,\%$ bzw. $u_{\bar{x}RP} = 12{,}78\,\mathrm{g}$ und $u_{\bar{x}RP,rel.} = \pm 1{,}77\,\%$. Die vollständigen Messergebnisse lauten demnach für einen Vertrauensbereich von $P = 95\,\%$:

- Kraftstoffverbrauch am Motorenprüfstand im NEFZ: $B_{\mathrm{NEFZ,\,MP},P=95\,\%} = 723{,}846\,\mathrm{g}$ $\pm 1{,}776\,\mathrm{g}$
- Kraftstoffverbrauch am Rollenprüfstand im NEFZ: $B_{\mathrm{NEFZ,\,RP},P=95\,\%} = 723{,}237\,\mathrm{g}$ $\pm 7{,}47\,\mathrm{g}$.

Literatur

1. http://www.demografie-portal.de/SharedDocs/Informieren/DE/ZahlenFakten/Bevoelkerungs-zahl.html

Formelzeichen und Abkürzungen

Formelzeichen	Bedeutung
Lateinisch	
a	Anteil, Faktor
A	Fläche, Querspantfläche
b	Kraftstoffverbrauch
B	Magnetische Feldstärke, Kraftstoffverbrauch (absolut)
c	Spezifische Wärmekapazität, Widerstandsbeiwert
C	Durchflusskonstante, elektrische Kapazität
d, D	Durchmesser, Dicke
e	Eulersche Zahl, Drehmassenzuschlagfaktor, Fehler (error)
E	Empfindlichkeit
f	Frequenz, Widerstandsbeiwert
F	Kraft, Abweichung
g	Fallbeschleunigung
G	Größe, Messgröße, Schubmodul
h	Höhe, Verteilung/Häufigkeitsdichte
H	Heizwert, Brennwert
i	Umdrehungen je Arbeitsspiel
I	Elektrische Stromstärke, Lichtstärke
k	Empfindlichkeitsfaktor, k-Faktor, Intervall/Klasse
K	Empfindlichkeit, Übertragungsfaktor
l, L	Länge
m	Masse
mol	Stoffmenge
M	Drehmoment, molare Masse
n	Drehzahl, Anzahl

Formelzeichen	Bedeutung
p	Druck
P	Leistung, Wahrscheinlichkeit
Q	Elektrische Ladung
r	Radius
R	Widerstand, Gaskonstante, Radius
Re	Reynoldszahl
s	Weg, Stichprobenstandardabweichung
t	Zeit, Students-Faktor
T	Temperatur
u	Durch Substitution entstandene Variable, Messunsicherheit
U	Spannung
v	Geschwindigkeit
V	Volumen, Varianz
W	Wärme, Arbeit, Energie
x	Messwert
X	Wertebereich
y	Übertragungsfunktion
z	Zylinderzahl
Griechisch	
α	Winkel, Faktor lineares Glied, dimensionslose Kennzahl
β	Faktor nichtlineares Glied, Durchmesserverhältnis
ε	Emissionsgrad, Verdichtungsverhältnis, Expansionszahl
η	Wirkungsgrad
φ	Winkel
κ	Isentropenexponent
ϑ	Temperatur
λ	Luftverhältniszahl, Wellenlänge
μ	Reibungskoeffizient, Poisson´sche Zahl, Erwartungswert
ν	Querzahl
ρ	Dichte
σ	Standardabweichung
ω	Kreisfrequenz
Δ	Delta, Veränderung
Φ	Normalverteilung
Θ	Temperatur, Drehträgheit

Formelzeichen	Bedeutung
Index	
0	Ursprünglich, Normzustand
a	Abtast (-frequenz)
abs	Absolut
AG	Achsgetriebe
B	Beschleunigung
DI	Direct Injection, Direkteinspritzung
e	Effektiv
eta	Den Wirkungsgrad betreffend
g	Auf das Gemisch bezogen
G	Getriebe
h	Auf eine Stunde bezogen, die Hinterachse betreffend
H	Hall, Hub
p	Bei konstantem Druck
W	Wasser, Wind
Th	Thermometer
L	Leitung, Luft
T	Auf die Temperatur bezogen
stau	Auf den Staudruck bezogen
statisch	Auf den statischen Druck bezogen
m	Im Mittel
Krst.	Kraftstoff
inj.	Injiziert, eingespritzt
i	Zählvariable
KW	Kurbelwinkel
MP	Motorenprüfstand
n	Standardisiert
N	In Normalrichtung (senkrecht auf) wirkend
Otto	Ottomotor
r	Richtig (er Wert)
ref	Auf eine Referenz bezogen
rot	Rotatorisch
R	Rollen
RP	Rollenprüfstand
s	Systematisch
St	Steigung

Formelzeichen	Bedeutung
$_{trans}$	Translatorisch
$_u$	Unterer (Wert)
$_v$	Die Vorderachse betreffend, das Licht betreffend
$_x$	In x-Richtung wirkend
$_y$	In y-Richtung wirkend
$_z$	In z-Richtung wirkend

Stichwortverzeichnis

A

Abgas, 149, 154, 156, 157, 163, 197, 217, 219
Abgasemission, 206, 214
Abgaskomponente, 147, 164
Abgasmessanlage, 197
Abgasrolle, 267
Absolutdruck, 88
Abtastfrequenz, 33, 170
Abtasttheorem, 32
Abweichung, 257
Achslast, 204
Aerodynamik, 242
AMR (Anisotrop Magnetisch Resistiven
    Effekt), 130, 229, 235
Analog/Digital-Umsetzer, 14
Anemometrie, 112
Anforderung, 29
Anisotrop Magnetisch Resistiven Effekt, 130,
    229, 235
Anpasser, 10, 12
Anpassungsabweichung, 25, 27, 52
Approximation, 253
Asynchronmaschine, 188
Aufnehmer, 10
    inkrementaler, 125
Ausgeber, 10

B

Belastungseinrichtung, 185, 186, 209, 237
Benzin, 135, 137, 147
Bernoulli-Gleichung, 89, 102, 182
Biegebalken, 83
Bolometer, 78
Bombenversuch, 137, 141

Breitbandsonde, 221
Bremse, 186, 192
Brennfunktion, 178
Brennverlauf, 178
Brennwert, 139
Brückenschaltung, 83

C

Chemolumineszenzdetektor, 152
CLD (Chemolumineszenzdetektor), 152
CLEAR (Power Binning), 166
coast down, 205, 207
Constant Volume Sampling, 162, 166, 211, 267
Coriolis-Prinzip, 112, 116, 136, 143, 267
Corioliskraft, 117, 224, 233
CVS (Constant Volume Sampling), 162, 166,
    211, 267

D

dead zero, 37
Dehnmessstreifen, 96
Dehnung, 81
Dehnungsmessstreifen, 81, 83, 119, 234, 242
Diesel, 135, 147
Differenzdruck, 88
Dimensionsanalyse, 22
Dimensionsgleichung, 22
DMS (Dehnungsmessstreifen), 81, 83, 96, 119,
    234, 242
Downsizing, 213
Drehfrequenz, 119
Drehkolbengaszähler, 105
Drehmelder, 127

Drehmoment, 119, 169, 179, 187
Drehrate, 226
Drehratensensor, 224
Drehzahl, 119, 125, 187
Drehzahlsensor, 125, 131, 174
Dreileiter, 69
Druck, 87
    hydrodynamischer, 89
    hydrostatischer, 89
Druckmessumformer, 95
Drucksensor, 171, 172
Druckverlauf, 169, 178
Durchfluss, 101
Durchflussmessung
    magnetisch-Induktive, 106
Durchlichtverfahren, 126

E
Eichen, 8
Eichung, 251
Einheitengleichung, 21
Einheitensystem, 6, 17
Einheitssignal, 36
Einschwingdauer, 41
Empfindlichkeit, 8, 38, 248
EMROAD, 166
Energiebilanz, 101, 135
Energieprinzip, 25
Erwartungswert, 256, 260, 263
extensive Größe, 19

F
Fahrerleitgerät, 162, 210
Fahrhebelsteller, 194
Fahrtwindgebläse, 125, 162, 210
Fahrwiderstand, 202
Federal Test Procedere, 214
Federdruckmanometer, 94
Fehler, 249, 256, 267
Fehleranalyse, 247
Ferritkern, 175
ferromagnetisches Material, 130
FID (Flammenionisationsdetektor), 149
Flächenpressung, 88
Flammenionisationsdetektor, 149
Flottenverbrauch, 161
Föttinger-Kupplung, 188

Fourier Transform Infrarot Spektroskopie, 156
Frequenzumrichter, 187, 210
FTIR-Spektroskopie (Fourier Transform Infrarot Spektroskopie), 156
FTP75 (Federal Test Procedere), 214

G
Gemischheizwert, 136
Gierrate, 224
Global Positioning System, 165, 230, 232
GPS (Global Positioning System), 165, 230, 232
Grenzwert, 147, 161
Größe
    extensive, 19
    intensive, 19
Größengleichung, 21
Grundgesamtheit, 261

H
Hallspannung, 128
Häufigkeitsdichte, 257
Heißfilm, 113
Heißleiter, 59
Heizfunktion, 178
Heizverlauf, 171, 178
Heizwert, 135, 139
Heizwertbestimmung, 135
Hertz`sche Pressung, 88
Histogramm, 258
Hitzdraht, 112
hydrodynamischer Druck, 89
hydrostatischer Druck, 89
Hysterese, 8

I
Impedanz, 128, 174
Indizierung, 87, 169
Infrarot, 77
Infrarotspektroskopie, 153
Infrarotstrahlung, 154, 157
Infrarotthermometer, 60
inkrementaler Aufnehmer, 125
intensive Größe, 19
Interferenz, 157
Interferogramm, 158

Interpolation, 255
Iso-Oktan, 139

K
Kalibrieren, 8, 251
Kalibriergerät, 251
Kalorimeter, 137
Kaltleiter, 56
Katalysator, 217, 219
Kelvin, 48, 130
Kenngröße, 32
Kilogramm, 5, 18
Klemmringverschraubung, 65
Klopfen, 223
Klopfsensor, 223
kohärente SI-Einheit, 19
Kompass, 5
Kontinuitätsgleichung, 102
Korrekturfunktion, 253
Kraft, 121
Kraftmessdose, 122, 190, 210
Kraftstoff, 135, 145, 197
Kraftstoffverbrauch, 133, 159, 171, 183, 206,
    215, 217, 267
Kraftstoffwaage, 141
Kreisel, 233
Kühlung, 201
Kurbelwinkel, 178
Kurbelwinkel-Aufnehmer, 127, 171
Kurbelwinkelsensor, 174

L
Ladungsverstärker, 123, 171, 174
Ladungswechsel, 179
Lambda, 64
Lambdasonde, 219
Länge, 18
Leistung, 119
Leistungsdichte, 190
Lenkradwinkelsensor, 131, 228
Lichtgeschwindigkeit, 5, 233
Lichtstärke, 18
life zero, 37
Lorentz-Kraft, 128, 227
Luftmassenmesser, 113
Luftverhältnis, 217
Luftverhältniszahl, 136

M
magnetisch-Induktive Durchflussmessung, 106
Manometer, 90, 94
Masse, 18
Massenstrom, 101, 111, 117, 135, 144
Material
    ferromagnetisches, 130
MAW (Moving Average Window), 166
Medienkonditionierung, 186, 195
Meilenstein, 4
Messblende, 102
Messen, 8
Messergebnis, 8
Messfehler, 247
Messgas, 197
Messgröße, 8, 25
Messkette, 171, 247, 253
Messobjekt, 8
Messunsicherheit, 247, 264
Messwert, 8
Meterkonvention, 5
Mitteldruck, 134, 171, 179, 217, 264
Motorprüfstand, 119, 141, 149, 185, 267
Moving Average Window, 166

N
Navigation, 224
NEFZ (Neuer Europäischer Fahrzyklus), 32,
    161, 185, 212, 267
Negative Temperature Coefficient, 59, 222
Netzfrequenz, 187
Neuer Europäischer FahrZyklus, 32, 161, 185,
    212, 267
Normalkraft, 89
Normalverteilung, 262, 269
NTC (Negative Temperature Coefficient), 59,
    222
Nullpunktverschiebung, 38, 248
Nyquist-Shannon-Theorem, 33

O
OBD-Schnittstelle, 165
Offset, 38, 248
Opazimeter, 154

P

paramagnetische Sauerstoffmoleküle, 152
Partikel, 166
Partikelemission, 154
Peiseler-Rad, 231
Peltier-Effekt, 49
PEMS (Portable Emission Measuring System), 165
Physikalisch Technische Bundesanstalt, 17, 19
piezoelektrischer Effekt, 122, 172, 234
piezoresistiver Effekt, 85, 98
Pitot-Prinzip, 166
Pitot-Rohr, 92
Poisson'sche Zahl, 81
Portable Emission Measuring System, 165
Positive Temperature Coefficient, 56, 222
Power Binning, 166
Prandtl-Sonde, 92
Prismenrolle, 209
Prüfstandsautomatisierung, 149, 162, 171, 186, 194
Pt100, 56
PTB (Physikalisch Technische Bundesanstalt), 17, 19
PTC (Positive Temperature Coefficient), 56, 222

Q

Quarz, 172, 177
Querbeschleunigungssensor, 227
Querkontraktion, 81

R

RDE (Real Driving Emissions), 165
Real Driving Emissions, 165
Redox-Potential, 50
Referenzdruck, 88
Relativdruck, 88
Resolver, 127
Retarder, 191, 238
Rolle, 162, 205, 209, 267
Rollenprüfstand, 159, 201, 267
Rußmessgerät, 154

S

Sauerstoffanalysator, 153
Sauerstoffmoleküle
    paramagnetische, 152
Schallgeschwindigkeit, 108
Scheitelrolle, 201, 209
Schlauchwaage, 90
Schlupf, 205, 208
Schneebewurf, 201
Schwebekörper-Messgerät, 104
Schwerpunktlage, 178
Schwerpunktlageregelung, 171
Seebeck-Effekt, 49
Shannon-Theorem, 33
SI-Einheit, 5, 17, 20, 90
    kohärente, 20
Signal, 12
Sonnenuhr, 5
Spannungsreihe
    elektrochemische, 50
Spektroskopie, 156
Sprungantwort, 41
Sprungfunktion, 41
Sprungsonde, 219
Standardabweichung, 262, 266
Standardelektrodenpotential, 50
Staurohr, 92
Stichprobe, 257
stöchiometrische Verbrennung, 136, 217
Stoffmenge, 18
Strahlungspyrometer, 75
Straßenlast, 202
Stromstärke, 18
Synchronmaschine, 188

T

Temperatur, 18, 43, 48
Thermistor, 59
thermoelektrischer Effekt, 49
Thermoelement, 49, 51, 66
Thermografie, 77
Thermospannung, 66
Thomson-Effekt, 49
Thomson, William, 130

TMR-Effekt (Tunnel Magneto Resistiver
    Effekt), 131
Treibhausgas, 148
Triangulation, 230
Tunnel Magneto Resistiver Effekt, 131

U
U-Rohr, 90
Übertragungsfunktion, 38, 253
Ultraschall, 108

V
Vakuum, 88, 158
Varianz, 262
Venturidüse, 164
Verbrennung
    stöchiometrische, 136
Verdünnungstunnel, 162
Vereisung, 201
Vergleichsmaßstab, 4
Vergleichsstelle, 49, 50, 66
Verstärkung, 248
Verteilungsdichte, 257
Vertrauensbereich, 264, 269
Vierleiter, 69
Vierquadrantenbetrieb, 187
Volumenstrom, 101, 145
Volumenzähler, 105

W
Waage, 242
Wärmebildkamera, 77
Wärmestrahlung, 75
Wärmestrom, 46, 101
Wasserbremse, 188
Wheatsone-Brücke, 72, 85, 99, 113, 131
Widerstandsthermometer, 56, 60, 67, 253
Windkanal, 201, 241
Wirbelstrom, 128
Wirbelstrombremse, 190, 238
Wirkdruckprinzip, 102, 164
WKS-Theorem, 33
WLTC (World harmonized light duty vehicles
    test cycle), 141, 161, 165, 166, 185, 213
World harmonized light duty vehicles test
    cycle, 141, 161, 165, 166, 185, 213

Z
Zeit, 18
Zugkraft, 210
Zündwinkel, 64
Zweileiter, 67
Zyklenschwankung, 182
Zyklus, 32, 161, 185, 212, 267

Printed in the United States
By Bookmasters